普通高等教育农业农村部“十四五”规划教材（编号：NY-1-0060）

孙健敏　任国霞　主编

中国农业出版社
北　京

内容简介 NEIRONG JIANJIE

本书以培养学生程序设计能力为目标，以程序设计基础知识、基本方法、编程能力和应用编程为主线组织内容，主要介绍程序设计基础知识、Python语言基础知识、基本控制结构、数据结构与组合数据类型、编程思维与方法、函数与模块化程序设计、文件处理、Python 编程应用等内容。教材突破传统程序设计内容组织形式，在程序设计三大结构的基础上，将数据结构和组合数据类型作为独立章节，并将编程思维与方法作为独立章节以提升学生的程序设计能力，而且还增加了数据处理与人工智能基本应用编程案例，为提升Python 程序设计在未来专业的应用奠定基础。

本书采用了“导学”编写策略，每章有本章内容提示、本章学习目标、习题和实习指导等内容，有助于明确学习目标，强化基础知识，突出重点和难点，深化对基本概念的理解，提高编程能力。本书重点讲述程序设计中分析问题、问题的数学抽象、算法设计和编程方法，注重程序设计思维的养成和提升，通过大量的实例，培养和拓展学生的程序设计能力。

为了便于读者学习程序设计和教学，教材配套高质量微视频、教学课件、实验指导、线上学习指导、习题等大量资源。本书可作为高等学校非信息类专业学生学习程序设计的通识类教材，也可作为程序设计爱好者的自学参考教材。

编写人员名单

主　编　孙健敏　任国霞

副主编　张　晶　杨　沛

编　者　杨　沛　任国霞　张　晶　郭　晨
王　莉　孙健敏　田彩丽　宋荣杰
杨　婧　苏凯悦　霍迎秋　张二磊

前 言

随着我国物联网、大数据、云计算和人工智能等领域的兴起，高等教育持续推进信息技术跨专业交叉融合，在农林高校相继开设了智慧类专业，以促进新农科人才培养，同时对学生信息技术应用能力和素养提出了新要求，更加关注计算思维和信息技术应用创新能力的培养。计算机通识类课程成为农林高校各专业人才培养课程体系中的重要组成部分，程序设计课程成为各专业通识必修课。学习程序设计是培养计算思维的有效途径，为学生应用信息技术解决专业应用问题奠定基础。

Python 是近年来最热门的语言之一，具有开源、共享、通用等特征，拥有丰富多元的计算生态，其应用涵盖了网络爬虫、数据分析、文本处理、数据可视化、图形用户界面、机器学习、Web 开发、网络应用开发、游戏开发、虚拟现实、图形艺术等多个领域。Python 是一门高级的编程语言，具有简单易学、编程方法简单、学习成本低的优势。同时，Python 语言是典型的全场景编程语言，标准库和第三方库众多，应用生态和功能强大，既可以开发小工具，也可以开发企业级应用，它不仅适合计算机专业的人员学习，也非常适合其他专业人员学习。基于 Python 易学易用且强大的编程功能，高校将 Python 作为程序设计语言的首选，通过本课程学习，为学生日后应用 Python 计算机生态编程解决专业应用问题奠定基础。

本书在吸收了现有优秀教材精华的基础上，融合了教学团队一流课程建设的经验和多年从事计算机基础教育的体会，坚持"以学生为主体"的教学理念，采用了"导学"编写策略，力求符合初学者的认知规律，做到系统性与实用性相结合、理论与实践相结合。语言表达做到简单明了，通俗易懂，深化对基本概念的理解，注重程序设计中分析问题、问题的数学抽象、算法设计和编程方法的介绍，培养学生程序设计能力，促进程序设计思维养成，并通过大量的实例，提高和拓展学生程序设计能力。

本书具有独特的内容组织形式，在程序设计三大结构的基础上，将数据结构和组合数据类型、编程思维与方法分别作为独立章节，以提升学生的程序设计能力。书中增加了数据处理与人工智能基本应用编程案例，为 Python 程序设计在未来专业中应用奠定基础，同时，也满足不同层次教学需求。全书在安排上，有以下几个

特点:

(1)组织新颖。按照本章内容提示、本章学习目标、本章小结、习题和实习指导体系组织,既有利于教师组织教学,也有助于学生预习与复习。

(2)重点突出。将 IPO 编程方法作为基本模式,教学重点始终围绕程序设计思维与算法展开,促进学生程序设计能力和水平的提高。

(3)难点破解。针对循环结构、编程方法、模块化程序设计等教学重点和难点,精讲多练,同时将常见的编程问题进行归纳总结,形成同类求解思路和编程方法,降低学生学习难度,增加和拓展同类问题练习,巩固学生对重点、难点问题的理解和掌握。

(4)习题丰富。每章配有形式多样的习题,通过练习,可使学生加强对基本概念和理论的理解,培养他们阅读程序、编写程序的能力。

(5)任务明确。为了提高学习质量和效果,以章节为单位设计了实验指导。实验中设置了实验目的、实验内容和常见错误及处理办法几部分。

本书第 1 章由杨沛编写,第 2 章由任国霞编写,第 3 章由张晶编写,第 4 章由郭晨编写,第 5 章由孙健敏和王莉编写,第 6 章由田彩丽编写,第 7 章由宋荣杰编写,第 8 章由张晶、杨婧编写,第 9 章由杨婧、苏凯悦、霍迎秋、张二磊编写。全书由孙健敏和任国霞统稿,最终由孙健敏定稿。

本书配套的数字教学资源包括:导学、教学视频、实验指导、学习自测、习题及课外阅读等。

本书在编写过程中,受到中国农业出版社和西北农林科技大学教务处以及承担 Python 课程教学的各位老师的支持,在此表示最诚挚的感谢。

由于编者水平有限,书中不足、疏漏之处在所难免,恳请广大读者提出宝贵意见。

编　者

2022 年 10 月

目 录

第1章

程序设计基础

本章内容提示

本章主要讲述计算机、计算、程序、算法、程序设计和程序设计语言等的基本概念及其逻辑关系，简要介绍Python语言的发展、特点及应用，说明Python解释器的安装方法和Python程序的运行方式，立足计算机问题求解思路，总结分析程序设计的一般方法，基于典型案例，初步介绍IPO程序编写方法，解释对象、类等面向对象编程基础知识。

本章学习目标

理解程序及程序设计的基本概念，了解程序设计语言的发展，建立对Python语言特点及主要应用的基本认识，掌握Python解释器的安装方法及Python程序的运行方式，理解IPO程序编写方法，具备面向对象基础知识，建立Python程序设计的总体概念。

1.1 程序与程序设计的基本概念

苹果公司创始人史蒂夫·乔布斯曾经说过："在这个国家，每个人都应该学习编程，因为它教你如何思考。"这句话说明了编程或程序设计对人类思考问题、解决问题的重要性。随着科技的发展，在人工智能时代，人们利用程序解决问题的需求激增，程序设计将成为未来世界人们必备的基本能力，程序设计思想也将影响人们认识世界、改变世界的方式。本节将用通俗易懂的语言基于计算机的工作原理，阐释计算、程序、算法及程序设计的基本概念，以及它们之间的关系，展现计算机保持无穷魅力的源动力。

1.1.1 计算与程序

从1946年世界上第一台通用电子计算机ENIAC诞生到今天不过短短70多年，计算机的形态已经发生了很大的变化，从体积庞大的电子管计算机，到普通个人使用的台式计算机；从便携式笔记本电脑到各种各样移动智能设备，如手机、平板电脑、导航仪等。不仅如此，计算机还被嵌入各种各样现代化设备中，如飞机、高铁、汽车、宇宙飞船、自动化机床、农田自动灌溉系统、医用CT 等。它的广泛应用极大地改变了人们的生活和工作环境，也激发了人们对计算机的研究与探索，从传统"计算工具"的构造，到各种新型"计算机器"的构造，再到应用各种新型"计算机器"进行各种各样的计算。为什么计算机能解决许多复杂问题？它究竟是怎么完成计算的？实际上，计算机就是一种能自动完成计算的机器，要理解计算机的工作过程，就需要理解计算。人们从小学甚至从幼儿园就开始接触计算，学习加、减、乘、除等计算规则。那么，什么是计算呢？

计算是一类按规则操作抽象符号(序列)的过程。例如，算术表达式 3+5×4×2 的计算，就是使用一组算术规则，从需要计算的符号序列出发，逐步变换，最后得到计算结果。随着人们不断地学习，计算规则也越来越复杂，例如，函数、微积分等，然而计算的本质是相同的。计算机是如何计算的？要理解计算机和计算，必须先理解程序的概念，理解计算与程序的关系。

生活中的"程序"通常指完成某项事务而确定的一套既定活动方式或者活动安排，也可以理解为对一系列动作进行过程的描述。日常生活中可以找到很多"程序"的例子，例如，对于做菜的"程序"可以描述如下：

步骤 1：择菜；

步骤 2：洗菜；

步骤 3：切菜；

步骤 4：炒菜；

步骤 5：装盘。

这是一个直线型序列，包含一系列简单活动(步骤)，是最简单的程序形式。如果按顺序执行序列中描述的动作，最终就完成了做菜的事务或者工作。

完成某一门课的作业是较为复杂的事务，其对应的程序可以描述为：

步骤 1：完成准备工作，比如，准备好作业本、课本、笔等；

步骤 2：找到要做的一道题目；

步骤 3：如果题目简单，直接完成，随后转到步骤 5；

步骤 4：如果题目复杂，仔细思考、分析，查阅资料，与同学讨论，然后完成；

步骤 5：如果还有未完成的题目，转到步骤 2 继续。

此程序要比做菜的程序复杂一些，主要因为它不是一个平铺直叙的直线型序列。其中，步骤 3 和步骤 4 的执行是有条件的，需要根据情况采用不同的处理方案。另外，此程序中还涉及重复的动作或动作序列。

一个程序的描述通常有开始与结束，动作者(人或机器)根据程序执行一系列动作，到达程序结束位置时，整个工作完成。在一个程序描述中，总有一批预先假定的"基本动作"。例如，在上面完成一门课作业的程序描述中，把"仔细思考、分析"看作基本动作。

计算机计算的过程实际上就是按照一定的程序，通过一系列较为简单的基本动作完成计算。以算术表达式 3+5×4×2 的计算为例，可将其分解为 3 个基本动作来实现，具体计算过程用程序描述如下：

步骤 1：计算 x=5×4("x"为临时存储中间结果的符号，"="表示赋值，即将该符号右侧的内容计算出结果送到左侧符号中临时存储)；

步骤 2：计算 y=x×2；

步骤 3：计算 z=3+y。

以上计算是每执行完一步后执行下一步。完成计算的程序，有开始和结束，有特定的基本动作，如乘法、加法等。复杂表达式计算对应的程序相对来说比较复杂。如$\frac{15+\frac{100}{(30+22)+(30-22)}}{20\times(8+7)}$，然而其计算的过程与简单表达式的计算是类似的，均在程序的控制下完成。

日常生活中程序性活动的描述可以含糊笼统，实际执行也可以有变化，不一定严格按步骤实施。而计算机程序的描述则要求绝对严格，计算机作为执行主体，按程序中的步骤一条一条、一丝不苟地执行。程序是实现计算的一种重要手段，即根据使用者使用目的的不同而对计算机基本动作进行千变万化的组合。

1.1.2　计算机与程序

为了研究能够实现自动计算的机器，数学家阿兰·图灵在 1936 年提出了一种计算模型，后来被人们称作图灵机模型。该模型解释了机器是如何实现自动计算的。图灵机模型由纸带、读写头和控制器组成，如图 1-1 所示。控制器根据规则控制读写头在纸带上读写数据。著名的丘奇·图灵论题论述了任何可以通过计算解决的问题，都可以设计一台图灵机解决。这个论题解释了什么是计算，以及计算的局限性，通过实例证明了不可计算问题的存在性。

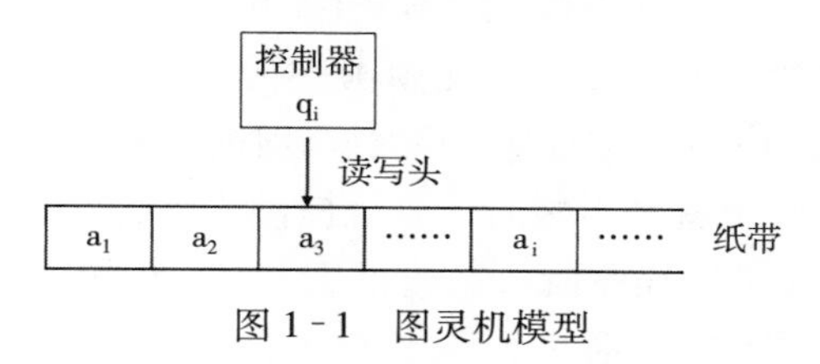

图 1-1　图灵机模型

图灵的另外一个重要贡献是在图灵机模型的基础上设计了一台通用图灵机，并证明了通用图灵机能模拟任何一台图灵机的工作过程，即能解决任何可计算问题。通用图灵机使用程序把具体图灵机表达为通用图灵机可以处理的编码表示形式，它是一种可编程的通用机器，奠定了现代通用电子计算机的理论基础，因此图灵被人们尊称为"计算机之父"。图灵机和通用图灵机分别论证了"机器是如何计算的"以及"如何设计一台机器完成各种不同的计算"。

早在 20 世纪 30 年代末，研究者们就开始基于电子技术设计并开发计算机器。这些设备只能完成一项专门的计算任务，功能固定。例如，1942 年发明的 ABC（Atanasoff-Berry Computer）计算机专门用来求线性方程组的解，图灵领导开发的 Bombe 计算机只能破译德国 Enigma 密码机生成的密码。

直到 1946 年，美国宾夕法尼亚大学开发的 ENIAC 计算机实现了可编程功能，通过程序的切换，可以完成不同的计算。但是，它的程序受到外部连线和开关设置的控制，要想换一个不同的程序，需要重新切换配电线路、改变开关状态等，既费时又费力。

ENIAC 计算机最大的缺陷是没有存储器，程序无法保存在计算机中。为了解决这个问题，著名数学家冯·诺依曼提出了"程序存储、程序控制"的解决方案，为现代计算机的发展指明了正确的方向。"程序存储、程序控制"的方案是指将预先编写好的程序，像数据一样存入计算机存储器中，然后计算机的执行部件自动提取程序中的内容，执行相应的操作。这样计算机不仅可以实现自动计算，而且切换程序也非常方便，只需要重新编写一段程序并像输入数据一样存入计算机即可。具有这种结构的计算机被称为冯·诺依曼计算机。1948 年英国曼彻斯特大学研究者开发的 Mark I 计算机，通常被认为是第一台实际投入使用的程序存储计算机。

那么计算机是如何在程序的控制下完成计算的？程序又是由什么构成的？要解答这些问题，就必须了解计算机的基本工作原理。计算机完成计算的过程实际上就是在不断执行一个个基本动作。每一个基本动作由一条计算机指令控制。在完成一个计算任务时，往往需要多条指令，人们把这种指令的序列集合称为完成该任务的程序。

从微观的角度分析，计算机的基本工作原理如图 1－2 所示。首先从程序中取出第一条指令，其次分析该指令的功能，最后执行该指令要求的操作。执行完一次完整的指令后，继续取下一条指令并执行，循环往复，直到遇到“结束”指令，计算停止。

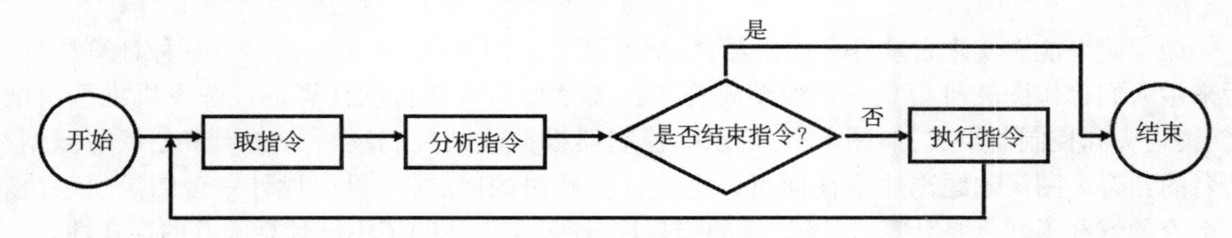

图 1－2　计算机基本工作原理

从宏观的角度分析，计算机的工作过程如图 1－3 所示。获得一个程序，执行它，然后获取下一个程序，再执行，周而复始。人们使用计算机的过程，实际上就是不断向计算机提供程序，命令计算机执行它的过程。这里的程序既可是自己编写的，也可是别人编写的，比如微软公司提供的各种软件程序。

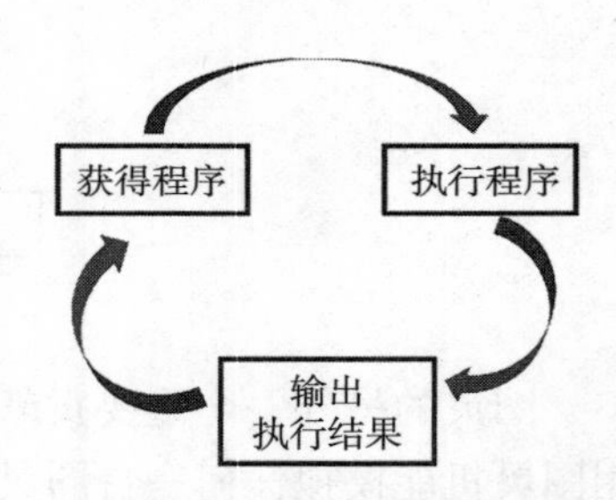

图 1－3　计算机工作过程

计算机是一种通用计算机器，通过执行不同功能的程序，可以完成不同的计算任务。例如，执行一个文字处理程序，它就变成了一台文字处理机器；执行一个游戏程序，它就变成了一台游戏机器。并且可以在同一台计算机上同时执行多个程序，把它当成多种不同功能的机器使用。

这种通用性非常重要。一方面，计算机生产商可以降低计算机研发与生产成本、提高计算机性能等；另一方面，一台计算机可以处理不同任务，甚至同时执行多个任务。这些正是计算机应用如此广泛的原因，也为信息技术的发展奠定了坚实的基础。

计算机能执行各种任务，背后离不开程序的支撑。人们为计算机开发出了数量宏大、种类繁多、功能强大的各种简单或复杂的程序。编制、构造、开发程序的工作被称为程序设计或编程，这种工作的成果或产品就是程序。现代社会中，面对不同领域复杂的综合性问题，人们往往需要借助计算机去解决，而解决问题所需的程序不是现成的，需要自己开发与设计，因此，程序设计是学生后续专业发展的重要信息素养，为创新性解决问题提供了一条有效途径。

1.1.3　算法与程序设计

程序是一系列指令序列的集合，它控制计算机按照一定的步骤完成计算任务。那么指令序列的顺序如何确定？这就要靠编程人员来设计解决具体问题的算法。所谓“算法”，可以认为是为了解决一个特定问题而采取的确定的、有限的步骤。广义上讲，解决任何问题都需要算法。例如,一个菜谱就是做菜的算法,因为它明确了厨师应按照怎样的步骤做菜;一张乐谱也是一个钢琴家演奏的算法。计算机解决问题需要设计程序,而程序设计的前提是先确定解决问题的算法,再用计算机语言来表达,进而构造出程序,最终被计算机执行。如图 1-4 所示为算法、计算机语言和程序的关系。

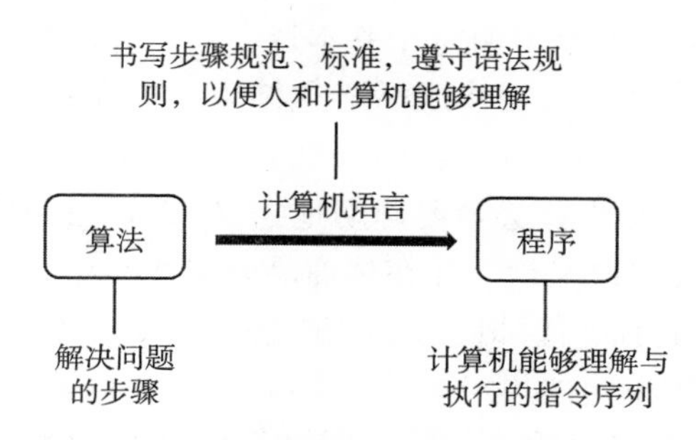

图 1-4　算法、计算机语言与程序之间的关系

计算机求解问题的关键之一是设计算法,算法是计算机学科的核心概念,不同问题需设计不同的算法。如果人们能够设计出解决某问题的算法,则可以说该问题是可计算的。诸多学者对算法的定义有不同的描述,但其内涵是一致的,较典型的定义如下:

算法就是一个有穷规则的集合,其规定了解决某一特定类型问题的运算序列。通俗地说,算法规定了任务执行或问题求解的一系列步骤。

假设现在有一个商品,它的真实价格是 100~1000 的一个整数,如何在最短的时间内猜出它的真实价格呢?

这是现实生活中的一个问题,如果要设计程序来模拟猜价格的过程,需要把问题先抽象为更利于问题描述和分析的模型。这里将商品的价格范围抽象为 100~1000 的一组有序整数。用户将猜测的价格通过键盘输入,用 guess 表示,商品真实价格用 real 表示,商品价格范围用 low 和 high 表示,且它们的初始值分别为 100 和 1000,如图 1-5 所示。这样问题就抽象为在 low~high 指定的数据范围内查找真实价格 real。如何实现高效查找?

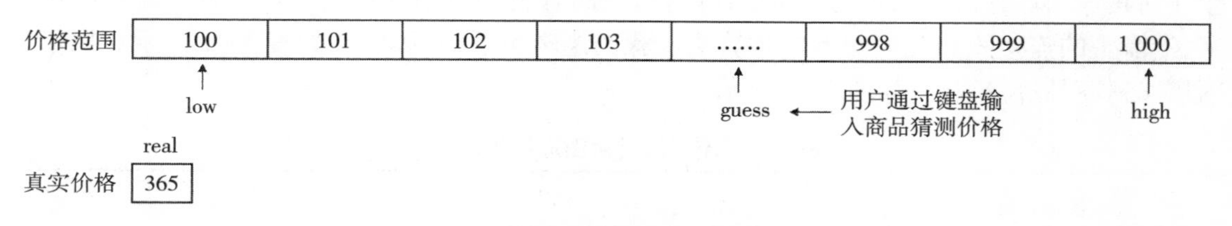

图 1-5　猜商品价格问题及抽象模型

对于给定真实价格 real,从升序排序的一组整数 low~high 的中间位置开始猜,如果猜的值 guess 等于 real,则猜对了;若 real 小于 guess 的值,则真实价格应该在价格范围的前半段,缩小猜测的范围,将 high 的值修改为 guess-1;若 real 大于 guess 的值,则真实价格应该在价格范围的后半段,缩小猜测的范围,将 low 的值修改为 guess+1。按照以上规则不断缩小猜测范围,直到猜对为止。

其实,以上问题的求解实际上使用的是二分查找算法,用自然语言描述如下:

步骤 1:设定真实价格 real 为 365;

步骤 2:指定 low 和 high 的初始值分别为 100、1000;

步骤 3:用户从键盘输入 guess 的值;

步骤 4:如果 real=guess,则输出“猜对了”,结束计算;如果 real<guess,则输出“猜大了”,缩小猜测的范围,high=guess-1;否则,输出“猜小了”,缩小猜测的范围,low=guess+1;

步骤 5:如果 low<=high,表示还没有猜完,返回步骤 3。

剖析猜商品价格算法可知,算法具有五个基本特征:

(1)有穷性。一个算法在执行有穷步之后必须结束。如在猜商品价格算法中,不断缩小查找范围,直至 real=guess 时,计算结束,算法步骤的执行都是有穷次的。

(2)确定性。算法的每一个步骤必须要确切地定义,即算法中所有有待执行的动作必须严格且确切地进行规定,不能有歧义性。如在猜商品价格算法中,步骤 3 中明确指定“用户从键盘输入 guess 的值”,而不能有类似“既可以从键盘输入 guess 的值,也可以在程序中直接设定”这类有多种可能做法但不确定的规定。

(3)输入。算法有零个或多个输入。输入即在算法开始之前,针对算法最初给出的量。如在猜商品价格算法中 guess 值的输入。

(4)输出。算法有一个或多个输出。输出即与输入有某种特定关系的量,简单地说,就是算法的最终结果。如在猜商品价格算法中,输出为猜的结果。

(5)可行性。算法中待执行的运算和操作必须是相当基本的,可以由机器自动完成。换言之,它们都是能够精确地进行,算法执行者甚至不需要掌握算法的含义即可根据该算法的每一个步骤要求进行操作,并最终得出正确的结果。例如在猜商品价格算法中,只有基本运算:加法、减法、赋值、逻辑判断,算法则不断地重复上述的基本运算。可行性的另一层含义是算法应能在有限时间内完成。

对于算法的描述,除了像上面提到的用自然语言描述外,还可以使用流程图、伪代码等描述算法。用自然语言描述算法,虽然比较容易掌握,但是不够直观,容易出现二义性、不确定性等问题。流程图是描述算法和程序的常用工具,它采用美国国家标准化协会(American National Standard Institute,ANSI)规定的一组图形符号来表达算法。用流程图表示的算法不依赖任何具体的计算机和计算机程序设计语言,从而有利于不同环境的程序设计。流程图用文字、带箭头的连接线和几何图形描述算法步骤的逻辑关系,具体含义如表 1-1 所示。用流程图描述猜商品价格算法,如图 1-6 所示。

表 1-1 流程图常用图形符号及含义

图形符号	名称	含义
	起止框	表示算法的开始和结束
	输入、输出框	表示数据的输入和输出
	处理框	表示数据的各种处理与运算操作
	判断框	根据条件的不同,选择不同的操作
	流向线	表示程序的执行方向

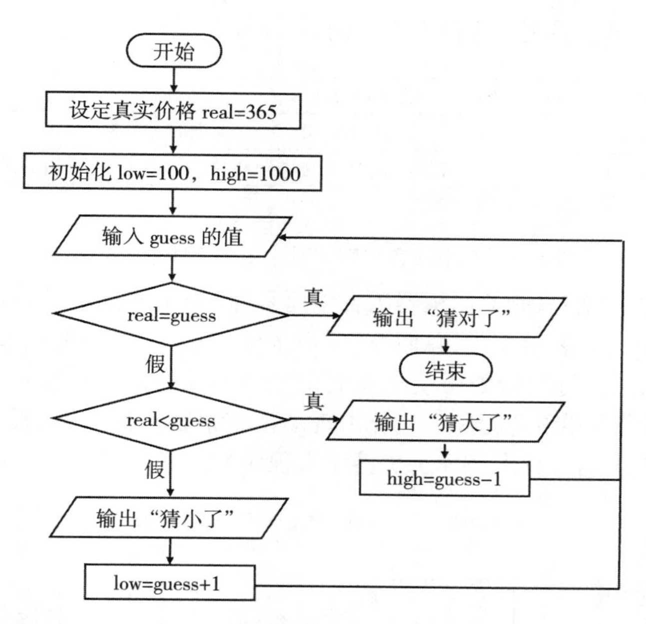

图 1－6　猜商品价格算法流程图

伪代码是自然语言和类编程语言组成的混合结构。它比自然语言更精确，描述算法很简洁，同时也可以很容易转换成计算机程序。虽然如此，计算机科学家们从来就没有对伪代码的形式达成共识，不同教材的作者会设计他们自己的“方言”（伪代码）。下面用伪代码描述二分查找算法，如图 1－7 所示。

算法设计完成后，人们便可采用任何一种计算机语言编写出相应的程序，以便能够在计算机上运行，从而实现问题求解。

```
real←365
low←100
high←1000
flag←False
输入guess的值
While(flag==False or low<=high):
    if real=guess then
        输出 “猜对了”
        flag=True
    elseif real<guess then
        输出 “猜大了”
        high←guess-1
    else
        输出 “猜小了”
        low←guess+1
```

图 1－7　猜商品价格算法伪代码

1.2　程序设计语言

算法是程序设计的灵魂，决定了问题解决的思路与步骤，那么，如何将算法转换为程序？这就需要一种人能使用、计算机也能处理的符号描述形式，这套系统的描述方式就是程序设计语言。它是一套人造语言，也常常被称为编程语言。

程序设计语言相较于人类自然语言，最突出的特点是不仅人类要理解和使用它，计算机也要能“理解”它，并按程序设计语言描述的步骤去完成需要的计算。因此，程序设计语言是人与计算机之间交流的工具。当然，程序设计语言也是人与人交流程序设计思路和方法的工具。按程序设计语言的发展历程，可以将其分为机器语言、汇编语言和高级语言。

1.2.1　机器语言与汇编语言

在计算机内部，所有的程序和数据都要以二进制的形式表示与存储。计算机内部规定了一套描述指令的二进制编码形式，这种描述形式称为机器语言，用机器语言编写的程序称为机器语言程序。计算机能直接执行这种程序。例如,计算 7+2 的机器语言程序,如图 1-8 所示。

10000110 00000111	取出数00000111（7）送到运算器
10001010 00000010	取出数00000010（2）与运算器中的数相加
10010111 00000110	存储运算器中的数至00000110（6）号存储单元中
11110100	停机

图 1-8　机器语言程序实现计算 7+2 并存储结果

计算机诞生之初,人们只能使用机器语言编写程序,由上面的例子可以看出,机器语言不易于记忆,不便于书写,容易出差错,总而言之,不方便使用。那么,怎么解决呢？可以采用如图 1-9 所示的办法,将二进制指令用便于人们记忆和书写的助记符表示,人们使用助记符编写程序,然后再翻译成机器语言程序。这就出现了汇编语言。使用汇编语言编写的程序称为汇编语言程序。将汇编语言程序翻译为机器语言程序的翻译程序称为汇编程序。

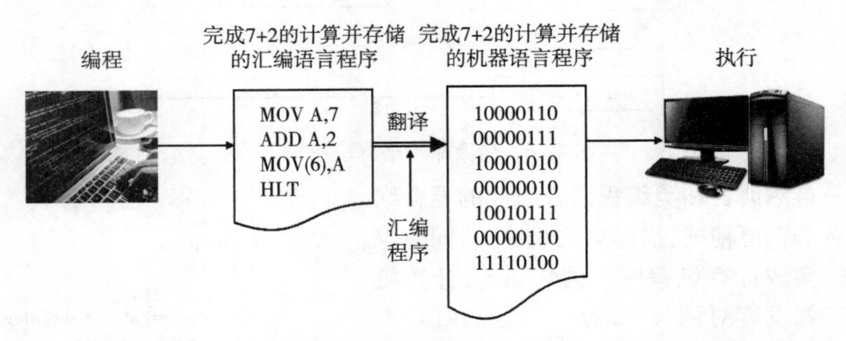

图 1-9　汇编语言程序实现计算 7+2 并存储结果

虽然汇编语言采用了助记符替代了二进制,比机器语言方便人们使用,但仍存在许多不便之处,比如,一条一条指令地书写程序就不方便。编写一个如图 1-8 所示的加法程序,就需要若干行指令,而且不同计算机指令系统的助记符是不同的。而且,像科学计算、工程设计及数据处理等方面涉及的计算往往比较复杂,还会涉及函数、开方、对数等运算,在这种情况下,用汇编语言编写程序就相当困难了。那么,怎么解决呢？能不能像写数学公式“result = 7+2”一样编写程序而不用考虑计算机指令系统的差异呢？这就需要高级程序设计语言。

1.2.2　高级语言

人们设计了一套用自然语言和数学符号编写程序的规范或标准,被称为高级语言。用高级语言编写的程序被称为高级语言程序。用高级语言描述前面的程序只需要一行“result = 7+2”,这行程序要求计算机算出“=”号右边表达式的值,最后用 result 记录计算的结果。这种表示方式接近人们熟悉的数学形式,明显更容易理解。不同于汇编语言和机器语言,高级语言具有机器无关性,即人们在用高级语言编写程序时无须了解计算机硬件内部结构和指令系统。一行高级语言程序的功能往往相当于十几条甚至几十条汇编语言的指令,从而提高了编程人员的工作效率,但高级语言程序是不能直接被计算机执行的,需要被翻译为机器语言程序。那么,如何翻译呢？

高级语言处理程序就是专门开发的一套特殊程序,用来实现将高级语言程序翻译为机器语言程序。其翻译方式分为两种:编译方式和解释方式,相应的翻译程序也被称为编译器和解释器。

1. 编译方式

在编译方式下,编译器对整个源程序进行编译处理,产生一个与源程序等价的目标程序,目标程序还不能直接运行,因为目标程序中可能还要调用一些其他程序或者库函数,所有这些程序通过连接程序将目标程序和相关的程序库打包在一起,就形成了一个可执行程序。生成的可执行程序可以脱离源程序和编译器独立存在并反复使用,因此编译方式的语言具有执行快的特点,但是每次修改源程序,都必须重新编译。编译方式的基本处理过程如图 1 - 10 所示。C、C++等大多数高级语言都采用编译方式,这些语言也被称为编译型语言,是静态语言。

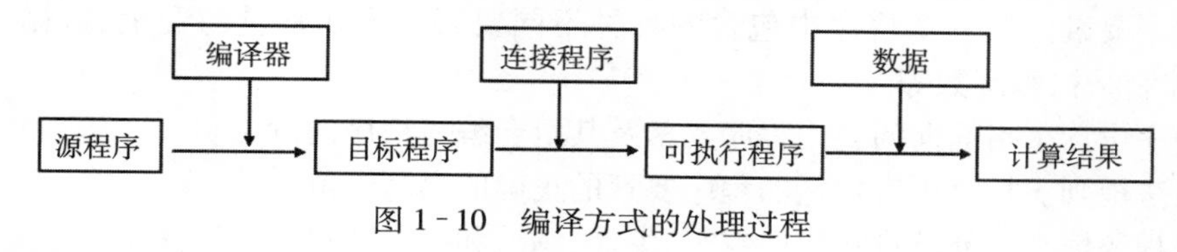

图 1 - 10　编译方式的处理过程

2. 解释方式

在解释方式下,解释器对源程序进行逐句分析,从源程序中读入一条语句,如果该条语句没有错误,将该语句翻译成机器语言指令,然后立即执行这些指令。因此,解释的过程是读入一条语句,翻译一条语句,执行一条语句。如果在解释的过程中,解释器发现源程序有错误,会立即停止、报错并提醒用户更正源程序。解释方式不生成目标程序或者可执行程序,下次运行还要使用源程序。解释方式的处理过程如图 1 - 11 所示。相对编译方式的语言,解释方式的语言处理速度较慢。Python、JavaScript、PHP 等语言采用解释的工作方式,它们也被称为解释型语言,是脚本语言。

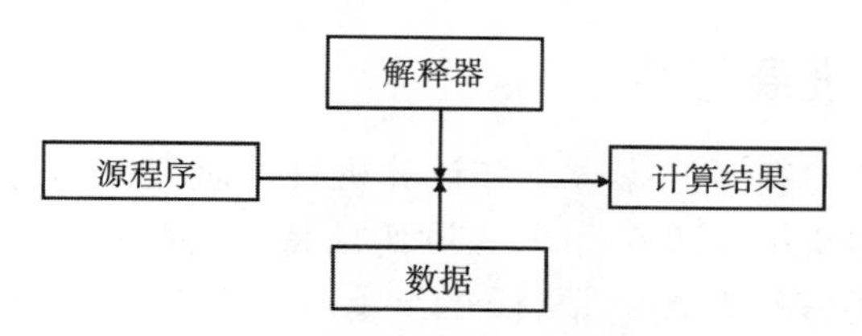

图 1 - 11　解释方式的处理过程

编译方式的优点是对于相同源程序,编译所产生的目标代码执行速度更快,目标代码不需要编译器就可以运行,在同类型操作系统上使用灵活;解释方式的优点是程序纠错和维护十分方便,只要安装解释器,源程序便可以在任何操作系统上运行,可移植性好。

1. 2. 3　程序设计语言的要素

程序设计语言是一种人造语言,设计目的是实现人与计算机之间的交流和沟通,因此其形式必须满足两方面的需求:一方面,程序设计语言应该具有用户比较容易使用和理解的形式,便于人阅读、理解和使用;另一方面,为了使计算机能够处理和执行程序,程序设计语言必须有严格定义的形式。一门使用广泛的程序设计语言都是在这两者之间取得了较好的平衡。

从语言学的角度理解,语言应包括三个要素:语法、语义和语用。这是针对"自然语言"的说法,而程序设计语言也具备这三要素,并且在语法、语义方面的要求比自然语言更严格。

语法是一套严格定义的规则,规定了程序设计语言中数据类型、表达式、语句、各种控制结构等的合法形式,不合乎语法格式的程序是无法运行的。

语义是另一套明确的规则,说明程序中各部分的含义,也就是说,计算机在执行这部分时会如何处理。语义是人们在程序设计中最需要关心的问题。

语用是人们在使用程序设计语言编程过程中形成的技术积累。比如许多问题具有一定的共性或相似性,人们开发了一些有用的程序设计框架,构建了解决问题的方法,这些都属于语用的范畴。

程序设计语言究竟应该如何学习呢？一般而言,可以围绕该门语言的三要素进行学习,具体包括以下 4 个方面:

(1)程序要素。指一个程序中包含的各种不同要素。比如常量与变量、数据类型、表达式、语句、控制结构和函数等。

(2)程序设计。指面向问题用程序要素及其组合编写程序的方法。

(3)语法规则。指该语言规定的程序要素的正确的书写规范。

(4)编程环境。指能够进行程序编写、编译、调试和执行的集成开发环境。

本书主要针对程序设计语言 Python 进行介绍,读者完全可以采用相同的思路和方法学习其他高级语言,尽管不同语言的语法略有不同,但程序基本要素是各种语言都普遍支持的。对于初学者来说,要先掌握用基本的程序要素进行程序设计的方法,然后再学习更深入的内容。

1.3 Python 语言简介

本节主要介绍 Python 语言的发展与特点,以及其在各个领域的应用情况,然后介绍 Python 语言开发工具的安装与使用等方面的内容。

1.3.1 Python 语言发展与特点

Python 语言的创始人是荷兰国家数学和计算机科学研究中心的程序员吉多·范罗苏姆(Guido van Rossum)。1989 年圣诞节期间,在阿姆斯特丹,吉多为了打发圣诞节的无趣,决定开发一个新的脚本解释语言作为 ABC 语言①的继承。由于吉多是英国喜剧团体 Monty Python 的粉丝,因此他将“Python(蟒蛇)”作为该程序设计语言的名字。

Python 语言是开源项目的优秀代表,其解释器的全部代码都是开源②的,可以在 Python 语言的官方网站自由下载。Python 语言现在由 Python 软件基金会(Python Software Foundation, PSF)管理和开发。PSF 是一个非营利性的国际组织,该组织致力于更好地推进并保护 Python 语言的开放性。

2000 年 10 月,Python 2.0 正式发布,解决了解释器和运行环境中的诸多问题,迈入了 Python 广泛应用的新阶段。2010 年,Python 2.x 系列发布了最后一个版本 Python 2.7,随后 2.x 系列不再做大的升级,PSF 只会对其做有限的修改完善。

---

① ABC 语言是由 NWO(荷兰科学研究组织)旗下 CWI(荷兰国家数学与计算机科学研究中心)的 Leo Grurts, Lambert Meertens, Steven Pemberton 主导研发的一种交互式、结构化高级语言,旨在替代 BASIC、Pascal 等语言,用于教学及原型软件设计。Python 创始人 Guido van Rossum 于 20 世纪 80 年代曾从事 ABC 系统开发工作数年。

② 开源(open source,开放源码)被非营利软件组织(美国的 Open Source Initiative 协会)注册为认证标记,并对其进行了正式的定义,用于描述哪些源码可以被公众使用,并且此软件的使用、修改和发行也不受许可证的限制。

2008 年 12 月，Python 3.0 正式发布，该版本在语法层面和解释器内部做了较大的调整，解释器采用面向对象的方式实现。同时，Python 3.x 系列无法兼容 Python 2.x 系列的已有语法，因此已有的基于 Python 2.x 系列编写的库函数都必须修改后才能被 Python 3.x 系列解释器运行。

Python 语言版本的更迭从 2008 年开始，经历了一段痛苦的过程，几万个函数库版本升级，至今，绝大部分 Python 函数库和 Python 程序员都采用 Python 3.x 系列语法和解释器。由于上述情况，本书选择 2021 年 10 月发布的 Python 3.10 版本作为程序开发环境。

Python 语言作为被广泛使用的高级通用脚本程序设计语言，具有诸多优点，主要表现在以下几个方面：

（1）语法简洁。编写具有相同功能的程序时，Python 语言的代码行数仅为其他语言程序的 1/10～1/5。

（2）与平台无关。Python 作为一种脚本语言，其执行只与解释器有关，与操作系统没有关系，因此，用该语言编写的程序可以不经修改地在不同操作系统平台上运行，可移植性很好。

（3）扩展性好。Python 语言通过接口或者函数库等方式可以方便地在程序中调用其他编程语言编写的代码，将它们整合在一起。此外，Python 语言本身提供了良好的语法和执行扩展接口，能够整合各类程序代码。这也是 Python 被称为“胶水语言”的原因。

（4）开源理念。Python 语言开源的解释器和函数库以及开源理念，吸引了无数编程爱好者，源源不断地贡献自己的智慧和力量，推动该语言蓬勃发展。

（5）类库丰富。Python 解释器提供了几百个内置类和函数库，加上覆盖不同领域的众多开源的第三方函数库，开发者可以利用已有的内置或第三方库开发程序，这样大大提高了开发效率。

（6）支持中文。Python 3.x 系列解释器采用 UTF-8 编码方式，可以表达英文、中文、韩文、法文等各类语言。因此，Python 程序在处理中文时更加灵活且高效。

通过对本书后续章节的学习，读者将更深入地理解 Python 语言的特点，在利用 Python 语言解决问题的过程中，建议大家再次回到本小节，仔细阅读和体会 Python 语言的魅力。

1.3.2　Python 语言的主要应用

Python 语言已经被广泛应用到各个领域，国际上许多知名公司和机构都将其作为主要开发语言，如美国的 Google、Yahoo、Dropbox 等大公司，以及欧洲原子能研究中心 CERN、美国国家航空航天局 NASA 等重要机构，还有许多较小的公司和机构。Python 语言在国内各大公司和机构中的应用正在蓬勃发展，如知乎、网易和腾讯等公司。

1. Web 开发

Python 语言提供了许多优秀的 Web 开发框架，如 Django、Tornado、Flask 等，其中学习门槛比较低的是 Python+Django 架构，其应用较广泛，能够帮助开发者快速搭建起可用的 Web 服务。

2. 数据分析与可视化

随着 Matplotlib、Numpy、Pyecharts、Pandas、Scipy、Plotly、Statsmodels 等众多第三方库的开发和完善，Python 语言越来越适合做科学计算和数据分析。它不仅支持各种数学运算，还可以绘制高质量的 2D 和 3D 图像。与科学计算领域最流行的商业软件 Matlab 相比，Python 所采用的脚本语言的应用范围更广泛,可以处理更多类型的文件和数据。

3. 网络爬虫

网络爬虫是大数据时代获取数据的常用技术之一。许多编程语言都能够编写网络爬虫程序,但 Python 语言绝对是其中的主流之一。Python 自带的 Urllib 库、第三方 Requests 库和 Scrappy 框架让开发爬虫变得非常容易。

4. 人工智能

Python 在人工智能大范畴领域内的机器学习、神经网络、深度学习等方面都是主流的编程语言。最流行的神经网络框架如 Facebook 的 PyTorch、Google 的 TensorFlow 都采用了 Python 语言。Python 丰富的第三方库降低了人工智能应用学习的门槛。

5. 游戏开发

很多游戏使用 C++语言编写图形显示等高性能模块,而使用 Python 语言或者 Lua 语言编写游戏的逻辑和服务器。相较于 Python 语言,Lua 语言的功能更简单、体积更小,然而 Python 语言则支持更多的特性和数据类型。Python 语言的 PyGame 库也可用于直接开发一些简单游戏。

除了上述领域外,Python 语言在云计算、自动化运维等方面也具有优异的表现。

1.3.3 Python 语言开发工具

Python 是一门高级程序设计语言,其编写的程序称为 Python 源程序。前面小节中提到的高级语言源程序是不能被计算机直接执行的,需要语言翻译程序来实现从高级语言到机器语言的翻译。Python 语言采用的翻译方式是解释方式,因此需要在计算机上安装解释器来实现翻译。

1. Python 解释器的安装

Python 语言解释器安装程序可以从 Python 的官方网站中下载。如图 1-12 所示,可以下载不同操作系统对应的不同版本的 Python 语言解释器安装程序,如 Windows、Linux/UNIX、macOS 等。

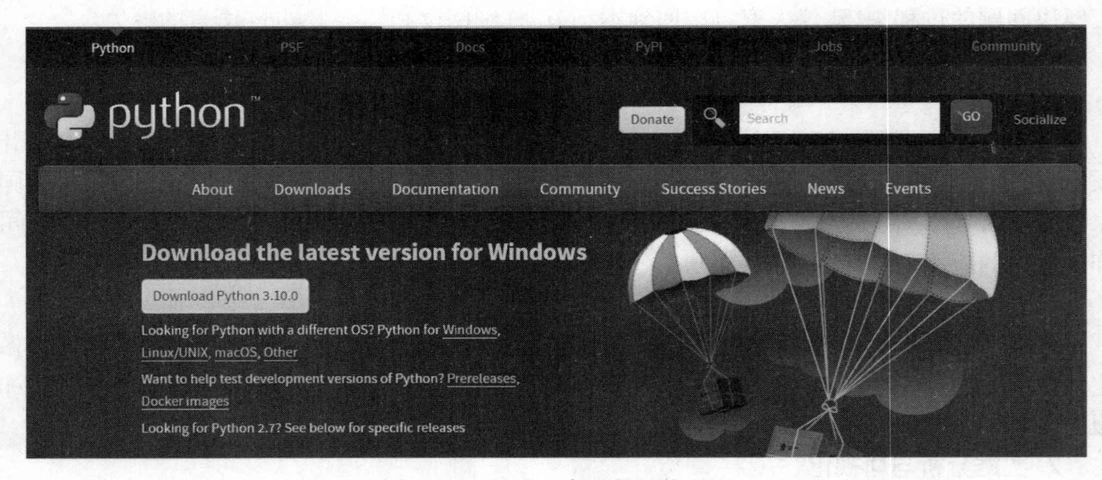

图 1-12 Python 官网的下载页面

下载完成后,运行安装程序,在如图 1-13 所示的对话框中选中"Add Python 3.10 to PATH"复选框。第一个安装选项"Install Now"为默认安装,由安装程序自动选择安装组件和安装路径。第二个安装选项“Customize installation”为自定义安装,用户可以根据需要选择安装哪些组件及安装路径。

安装完成后,用户的计算机中将会安装上与 Python 程序编写和运行相关的若干程序,其中最重要的是 Python 命令行和 Python 集成开发环境(Python's integrated development environment, IDLE)。

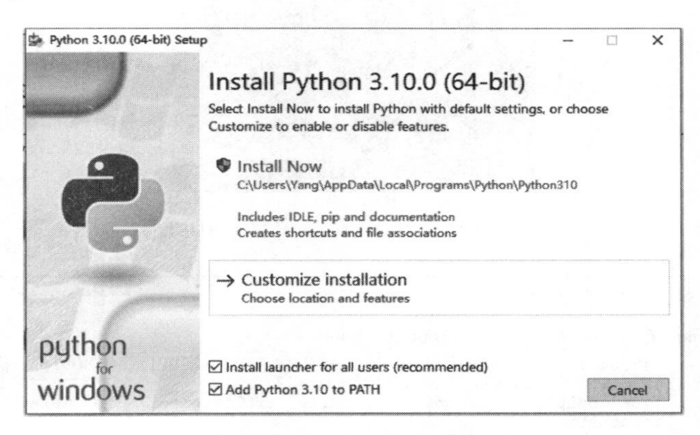

图 1－13　Python 安装示意图

2. Python 程序的运行方式

Python 程序的运行方式有两种:交互式和文件式。交互式指 Python 解释器即时响应用户输入的每条代码,给出输出结果。文件式指用户将 Python 程序写在一个或多个文件中,然后启动 Python 解释器批量执行文件中的代码。交互式一般用于调试少量代码,文件式则用于调试代码量较大的程序。下面以 Windows 10 操作系统下的 Python 3. 10 为例具体介绍两种方式的启动和执行方法。

(1)交互式。交互式有两种启动和运行方法。

第一种方法,启动 Windows 操作系统命令行工具(在“开始”菜单中,单击“Windows→Windows 系统→命令提示符”),在控制台中输入“Python”后按 Enter 键,在命令提示符“>>>”后输入如下程序代码:

```
print("Hello World")
```

按 Enter 键后,输出字符串"Hello World",如图 1－14 所示。

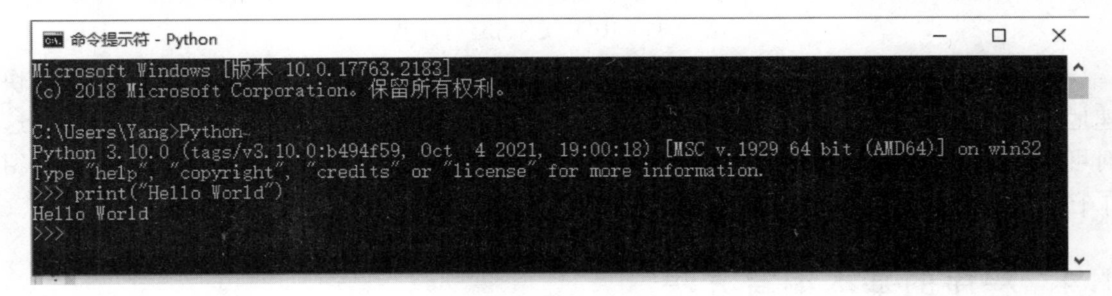

图 1－14　通过命令行启动交互式运行环境

在“>>>”提示符后输入 exit()或 quit()可以退出 Python 运行环境。

第二种方法,通过调用安装的 IDLE 来启动 Python 运行环境。在 Windows 10 操作系统的

“开始”菜单中单击“Python 3.10→IDLE(Python 3.10 64-bit)”,如图 1-15 所示,启动 IDLE。在 IDLE 环境中运行 Hello World 程序的效果如图 1-16 所示。

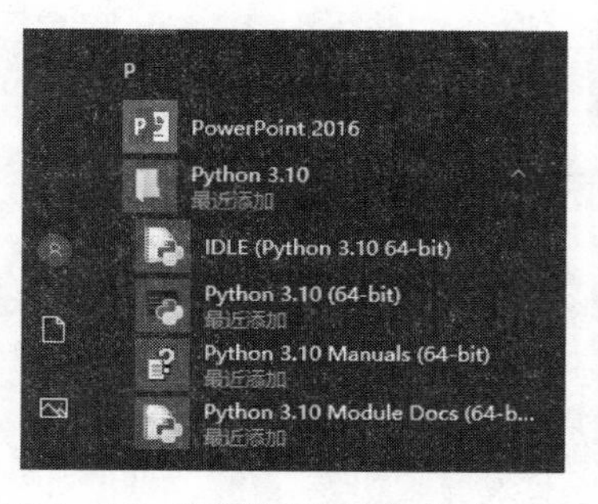

图 1-15 “开始”菜单中启动 IDLE

```
IDLE Shell 3.10.0
File  Edit  Shell  Debug  Options  Window  Help
    Python 3.10.0 (tags/v3.10.0:b494f59, Oct  4 2021, 19:00:18)
    [MSC v.1929 64 bit (AMD64)] on win32
    Type "help", "copyright", "credits" or "license()" for more
    information.
>>> print("Hello World")
    Hello World
>>> |
                                              Ln: 5  Col: 0
```

图 1-16 IDLE 交互式运行环境

(2)文件式。文件式是指新建一个扩展名为 . py 的文件,将程序代码都写在该文件里,然后由解释器统一运行。

启动 IDLE,单击“File→New File”选项,打开如图 1-17 所示的文本编辑窗口,输入 Hello World 程序,单击“File→Save As”选项,将文件保存为 hello. py。按快捷键 F5 或单击“Run→Run Module”选项运行该程序。

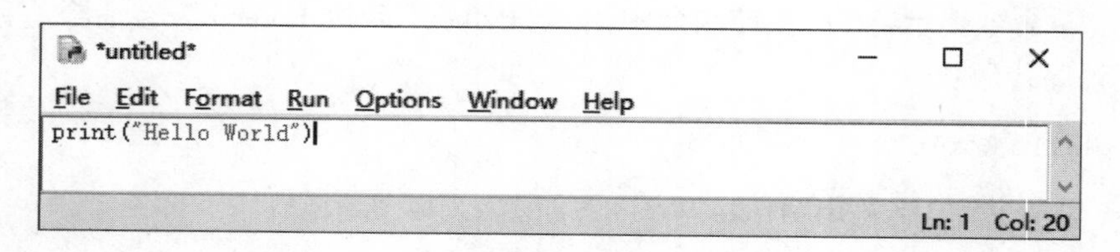

图 1-17 IDLE 文件式运行环境

IDLE 是一个简单有效的集成开发环境,无论交互式还是文件式,它都可以帮助初学者快速地编写和调试程序,然而随着后续学习的深入,开发的程序或软件相对较复杂,规模较大,这时可以选择比 IDLE 功能更强大的集成开发环境,比如 PyCharm、Anaconda 等。附录 1 中介绍了它们的安装与配置方法,感兴趣的读者可以参考学习。

1.4 程序的基本编写方法

作为初学者,在学习任何一门程序设计语言时,不能仅仅关注语言细节内容的学习,更应从宏观的角度,学习程序设计的方法,养成良好的编程习惯。本节将简单阐述程序设计的一般流程和 IPO 程序编写方法，只有掌握了正确分析问题和设计程序的方法，才能在后续的学习中做到事半功倍。

1.4.1　程序设计基本流程

程序设计的一般流程主要包括问题分析、算法设计、编写程序和调试程序 4 个步骤，如图 1-18 所示。下面依次对这 4 个步骤进行简要说明。

1. 问题分析

利用程序设计解决问题与在其他领域解决问题类似，必须先弄清楚问题是什么，确定到底需要做什么。要从计算和程序的观点出发，采用逐层分解的方法分析问题。

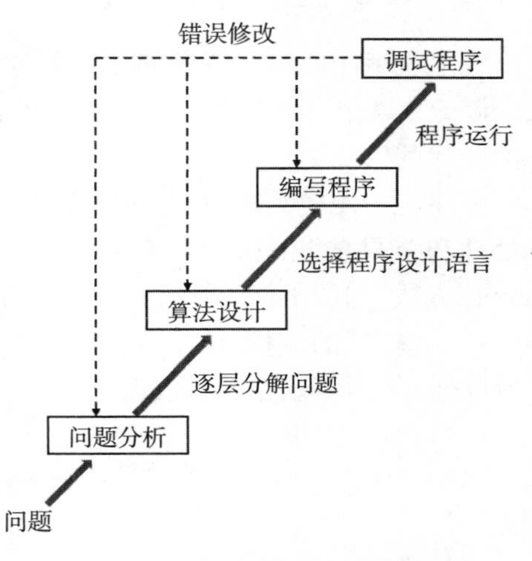

图 1-18　程序设计一般流程

比如 2018 年我国有 77 个小麦新品种通过了国家审定，现需要设计一个程序实现对数据的处理与分析，主要包括不同小麦品种数据的编辑（增加、删除、修改、查找）、找到产量最大的小麦品种、按产量对小麦品种进行排序。首先，从宏观角度按逻辑次序梳理出需解决的主要问题：数据的输入、数据编辑、找最大数、数据排序、结果输出。这时就把一个复杂的大问题分解为了若干相对简单的小问题。其次，从微观角度深入分析，将这些小问题进一步细化为更小的问题，如数据编辑问题可以分解为数据增加、数据删除、数据修改、数据查找等问题。如果有必要可以再进一步分解细化，如将数据修改问题分解为找到待修改的数据、对数据进行修改、保存数据。这种逐步分解问题的过程，既实现了对问题宏观层次的抽象，又体现了对问题微观层次的抽象，有助于编程者理解程序的全局和细节。初学者在设计复杂程序时，往往容易在微观层次上分析问题，对程序的整体功能很难把握，这就像站在森林中，只见树木不见森林。因此，在设计程序时，应对问题从宏观到微观进行逐层分解，这是下一步制订解决方案的基础。

2. 算法设计

根据问题的分析，设计解决方案，即算法设计。关于算法的基本概念在前面 1.1.3 章节中已经介绍过，这里不再赘述。基于不同的问题模块，设计有效算法，同时还需考虑问题之间算法的处理流程。

3. 编写程序

采用某种程序设计语言，如 Python、C 等，依据算法，编写解决问题的程序。原则上，任何通用程序设计语言都可以用来编写程序，在正确性上没有区别。然而，不同程序设计语言在性能、可读性、可维护性等方面具有较大差异，在编写程序时要根据需求合理选择。

4. 调试程序

运行程序，通过单元测试和集成测试检测程序的错误，并予以改正。实际上，编程与调试程序经常交替进行或同时进行。开发一段程序后，为了验证阶段性结果，编程者会先运行这段程序，然后再根据测试结果决定后续编程步骤。此外，程序错误不一定都是由编写程序错误造成的，有时可能是由前面的问题分析或算法设计导致的，发现后需返回前面阶段，再次修改并调试。

综上所述，程序设计一般流程的 4 个步骤中的前两个步骤是以问题为导向的分析与设计阶段，与具体的程序设计语言无关，可以看作是解决方案的形成阶段；后两个步骤涉及具体程序设计语言，将设计变成可以执行的程序，可以看作是具体解决方案的计算机实现阶段，需要熟练掌握编程方法和灵活使用编程语言。由此可见，编写程序只是程序设计流程的一个环节，只有将其他环节做好，才能发挥系统效应，从而解决问题。

1.4.2 IPO 程序编写方法

在上一节中介绍了复杂问题求解过程中程序设计的一般流程，通过分析逐层细化问题，将大问题分解为若干小问题。针对每个小问题进行算法设计和程序编写时，是否能构建一种统一的模式呢？

程序无论规模大小，都是用来解决特定计算问题的，而计算的一般流程包括数据输入、数据处理和结果输出三个环节，这样就形成了基本的程序编写方法——IPO（input，process，output）方法，如图 1-19 所示。在编写程序时，编程人员可以使用该方法梳理思路，按照“输入→处理→输出”的流程，依次分析程序待处理的数据来源、数据处理的具体方法、结果输出方式等问题，从而高效完成算法设计与程序开发。

图 1-19　IPO 基本程序编写方法

1. 输入

输入（input）是一个程序的开始。程序需处理的数据有多种来源，主要包括文件输入、网络获取、用户输入、程序内部参数输入、其他程序输入等。

（1）文件输入。程序在获得文件控制权后，按照文件中的数据存储方式，从其中读出数据，进而进行计算处理。例如，从文本文件中读取字符数据，统计字符个数。

（2）网络获取。程序通过一定的网络协议和网络接口，连接到互联网上，获取网络数据。例如，使用网络爬虫技术获取网络数据。

（3）用户输入。当用户与程序间存在交互时，用户通过键盘等设备输入数据。例如，程序根据用户输入的数据，计算该数的平方并输出结果。

（4）程序内部参数输入。以程序内部定义的初始化数据或变量作为输入，尽管程序看似没有从外部获取数据，但程序之前的初始化为后续计算提供了数据。例如，在程序中初始化变量 a 的值为 2，计算 a+5 的值并输出结果。

（5）其他程序输入。程序所需数据来自其他程序的输入，比如求阶乘的自定义函数 fact(a)，参数 a 的数据来自主程序的输入。

2. 处理

处理（process）是程序根据输入数据计算结果的过程，它是程序算法设计中最重要的部分。

3. 输出

输出（output）是程序呈现计算结果的方式。程序的输出方式主要包括控制台输出、图形输出、文件输出、网络输出、操作系统内部变量输出等。

(1)控制台输出。通过程序运行环境中的命令行打印输出结果。这里“控制台”指程序的运行环境,如命令提示符窗口、IDLE 集成开发环境等。

(2)图形输出。将运算结果以图形的方式绘制在图形输出窗口。

(3)文件输出。将计算结果输出到指定的文件中。

(4)网络输出。访问网络接口输出数据。例如,程序向搜索引擎自动提交查询关键字。

(5)操作系统内部变量输出。程序将计算结果输出到计算机系统内部变量中,这类变量包括管道、线程和信号量等。

以查找小麦新品种亩①产量最大值为例,其 IPO 描述如下:

输入:从键盘输入小麦亩产量数据 data

处理:找出亩产量最大值 max

输出:亩产量最大值 max

可以看出,IPO 描述能够帮助初学者构建一个正确的算法框架,了解程序的计算模式,在此基础上进一步设计算法细节。例如,在查找小麦新品种亩产量最大值 IPO 描述的基础上,设计算法流程,如图 1－20 所示。

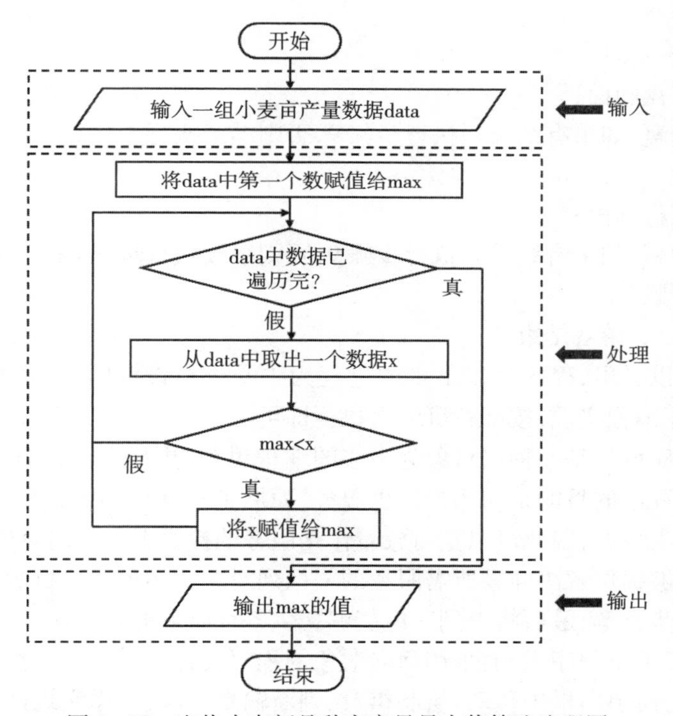

图 1－20　查找小麦新品种亩产量最大值算法流程图

1.5　面向对象编程基础

计算机通过程序控制其执行的顺序或步骤,每一步要运行什么指令,要以程序的形式事先

① 亩为非法定计量单位,1 亩≈666.67m^2。

安排好,也就是说计算机的程序执行是面向过程的。早期的计算机程序设计语言几乎都是面向过程的,这与计算机执行指令序列的工作原理有密切的关系。

对于内容简单、流程线性、规模较小的程序,编程者可以从解决问题的流程和步骤出发,设计面向过程的程序,详细地描述每一步的操作。但对于功能复杂、规模较大的程序,要事先安排一切既定步骤是非常难的。面向对象的程序设计就是为了解决此类问题而产生的。那么,什么是面向过程的程序设计?什么是面向对象的程序设计?两者有什么不同?深入理解面向对象程序设计的基本概念,是掌握并利用 Python 面向对象特性,解决实际问题的基础。因此本小节将重点介绍面向对象程序设计的基础知识。

1.5.1 面向过程与面向对象

面向过程的程序设计是一种以过程为中心的编程思想,按照"自顶向下,逐步求精"的方法,对问题进行深入分析,梳理出解决问题所需要的步骤,然后针对每个步骤编程实现,最终按照明确的逻辑步骤整合程序。以五子棋程序为例,采用面向过程的程序设计方法,首先对问题进行分析,设计出下棋的具体步骤,如下所示:

步骤 1:开始游戏;
步骤 2:黑棋走一步;
步骤 3:绘制棋盘画面;
步骤 4:判断输赢,如果有结果则执行步骤 9,否则继续执行步骤 5;
步骤 5:白棋走一步;
步骤 6:绘制棋盘画面;
步骤 7:判断输赢,如果有结果则执行步骤 9,否则继续执行步骤 8;
步骤 8:返回步骤 2;
步骤 9:输出结果,游戏结束。

从以上步骤可以看出,程序是以下棋的过程为中心进行设计的,一旦解决问题的步骤确定,只需按逻辑顺序编程实现,按部就班依次执行即可。

面向对象的程序设计是一种以对象为中心的编程思想,更接近人们日常生活中处理问题的思路。我们设计程序的目的是向用户提供服务,而服务在面向对象的程序中是通过使用各个对象提供的服务实现的,因此可以把对象看作是服务的提供者。面向对象程序设计的目的,就是定义或重用能够提供解决问题所需服务的一系列对象。实现这一目的的主要方法是将程序要实现的服务逐步分解,最后将得到一组能够提供各种服务的对象。

例如,同样以五子棋程序为例,采用面向对象的程序设计方法,首先对问题进行分析,确定程序需要提供的服务:黑白棋子移动、绘制棋盘、判断输赢,其次考虑实现这些不同的服务需要什么对象。经过分析,可以分别定义三个对象提供上述服务:棋子、棋盘、规则,如图 1-21 所示。"棋子"对象提供黑白棋子移动的服务,"棋盘"对象提供棋盘绘制的服务,"规则"对象提供输赢判断的服务。对象之间通过"消息"实现互操作。"棋子"对象接收用户的输入后,通过"消息"告知"棋盘"对象棋盘布局的变化,"棋盘"对象接收到"消息"后,在屏幕上重新绘制棋盘,接着"规则"对象对输赢进行判断。

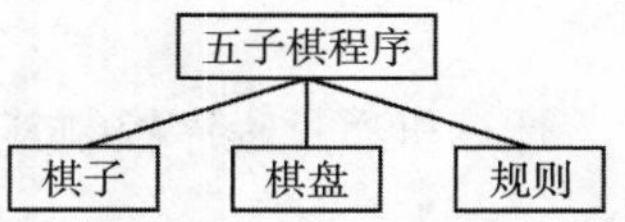

图 1-21 五子棋程序对象模型

可以明显地看出,面向对象是以功能来划分问题的,而不是步骤。同样是绘制棋局,这样的行为在面向过程的设计中分散在了多个步骤中,很可能出现不同的绘制版本,因为通常设计人员会考虑实际情况进行各种各样的简化。而在面向对象的设计中,绘图只可能在"棋盘"对象中出现,从而保证了绘图的统一。

面向对象的程序设计提供了新的解决问题的思路,用程序来模拟现实世界的客观存在,即让计算机世界向现实世界靠拢。这一点与面向过程的程序设计中把现实世界中的问题抽象为计算机可以理解和处理的数据结构的思路,即现实世界向计算机世界靠拢的思路是完全不同的。这使得应用程序易于设计、维护和扩充,避免了面向过程的问题求解方法所面临的多种问题。然而,面向过程与面向对象的程序设计究竟哪个更好?这个问题很难回答,关键要看具体的应用问题及场景。如果待解决的问题对执行效率要求高、处理流程简单,可以选择面向过程的程序设计方法,而如果问题复杂,对扩展性、可维护性等要求较高,则可以选择面向对象的程序设计方法。

Python 语言支持面向过程程序设计,也支持面向对象的程序设计,在本书的前 8 章中主要采用面向过程的程序设计方法,在第 8 章中将集中介绍面向对象的程序设计方法。

1.5.2　对象与类

面向对象程序设计中有两个基本概念:对象和类,整个 Python 语言就是围绕着对象和类的概念构造起来的,它支持基于对象和类的编程。

1. 对象

对象是面向对象程序设计的核心概念,也是理解面向对象技术的关键。现实世界中的一个客观实体可以看作是一个具体的对象,如电视机、自行车、汽车等。同时,生活中的一个逻辑结构,如班级、社团,甚至一篇文章、一个图形等都可以看作是对象。对象是构成系统的基本单位。系统可大可小,对象也可大可小。在实际生活中,完成一项系统任务,会涉及若干相关对象,通过对象间的交互和通信,最终解决问题。

现实世界的对象具有两个特征:属性与行为,如图 1-22 所示。比如,将一辆自行车作为对象时,其属性是自行车的颜色、型号、轮子数目、齿轮数目等,它具有刹车、加速、减速等行为(操作)。面向对象程序设计中的对象是以现实世界中的对象为模型构造的,是程序中的基本运行实体,是代码和数据的集合,具有一定的属性与行为。比如 Python 程序中的一个字符类型数据"hello",就是 Python 世界中的一个具体对象,它有字符长度、种类等属性,程序可以对它进行字符串索引、大小写转换、字符串拼接、输出等操作,即它具有行为。Python 语言中通过方法或函数实现对象的操作。比如字符类型数据对象"hello"可以调用 upper()方法将其转换为大写字符"HELLO",可以调用 print()函数将其在屏幕上打印输出。本书第 2 章将介绍 Python 语言中常用的数据类型,以及方法和函数的调用方法。

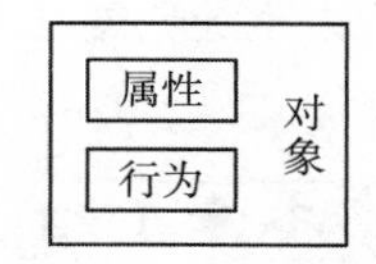

图 1-22　对象的特征

当定义一个对象时,这个对象就包括了相应的属性和行为,它是独立的逻辑单元。这是面向对象程序设计方法的一个重要特点,即封装性。所谓"封装",有两方面的含义:一是将相关的属性和行为代码封装在一个对象中,形成一个基本单位,各个对象之间相互独立,互不干扰;二是将对象中某些部分对外隐藏,即隐藏其内部细节,只对外留下少数接口,以便与外界联系,接收外界的消息。这种对外界隐蔽内部实现细节的做法称为信息隐蔽。信息隐蔽还有利于数据安全,防止外部代码修改数据。Python 中对象所具有的行为或操作是通过方法或函数实现的,方法名或函数名就是对象与外界联系的接口,外界可以通过方法名或函数名来调用这些方法或函数来实现某些行为与操作。比如程序要判断字符数据对象“hello”是否为全小写,可以调用 islower()方法实现,这样就建立了程序与字符数据对象之间的联系,但 islower()方法具体是如何实现判断的,对编程者是“隐藏”的,也就是说,把对象的内部实现和外部行为分隔开来。编程者在外部控制对象,而具体的操作细节是在内部实现的,对外界是透明的。这就好比日常生活中的手机,人们能使用它进行拍照操作,但人们对手机的拍照工作原理和内部结构一无所知,只需按下按键拍照即可。

2. 类

在现实世界中,人们往往将具有相同属性与行为的对象抽象为一类。例如,现实世界中具体的人,如李华、赵乐、Jane 等,将他们的共有属性与行为进行抽象就构成了“人”类;将各种品牌的自行车归纳为一类,称为“自行车”类,这就是一种“抽象”。在实际生活中,人们只看到一辆辆具体的自行车,而看不到抽象的“自行车”类。抽象的过程是将有关事物的共性归纳、集中的过程。抽象的作用是表示同一类事物的本质。Python 语言中的数据类型就是对一批具有共同特征具体的数的抽象,例如,“整数”类型是对 12、128 等所有整数的抽象,“字符型数据”是对所有字符数据的抽象。

对象是具体存在的,如一个圆是一个对象,10 个不同半径的圆是 10 个对象。这 10 个圆具有相同的属性和行为,可以将它们抽象为一类,称为“圆”类。类是对象的抽象,而对象是类的特例。Python 语言中的类分为两种:一种是内置类型,这种类是 Python 语言定义好的,编程者只需要掌握基于内置类型生成对象的方法即可,如整数类型、字符类型等;另一种是用户自定义类,编程者需要先定义类,然后就可以像使用内置类型一样,建立该类的对象,该对象称为类的实例。在后续章节中会详细介绍 Python 语言用户自定义类的具体方法。一个类被定义后,就可以从类中创建具体的对象,而来自同一类的不同对象,具有该类所定义的共同属性和行为。

以上关于对象与类的基本概念是很重要的,在后面各章学习过程中将会用到。

本章小结

本章基于计算机的工作原理,深入分析程序、算法、程序设计语言、程序设计等基本概念及其之间的关系,简要介绍了 Python 语言的发展及其主要应用,对 Python 语言解释器的安装及 Python 程序的运行方式进行了详细说明,通过上机实践,学习者可以进一步熟练掌握 Python 语言开发工具的使用方法。同时,本章解释了面向问题求解的程序设计的一般流程和 IPO 程序编写方法,对比分析了面向过程程序设计与面向对象程序设计的区别。对象与类的概念及关系是本章难点,需在后续学习中不断深入理解。

习　题

一、单选题

1. 关于程序及程序设计的描述哪一项是错误的?(　)

A. 程序是存储在计算机内的指令序列,能够指挥计算机完成一系列基本动作

B. 人们为了利用计算机解决问题,使用某种计算机程序设计语言设计与编写程序的工作称为程序设计或编程

C. 现实世界中所有的问题都能够编写出对应的程序,从而让计算机运行程序解决问题

D. 人们进行程序设计的目的还是让计算机来帮助人们解决具体问题

2. 关于程序设计语言描述正确的是(　)。

A. 程序设计语言是人与计算机进行交流沟通的基本媒介,计算机能够按程序设计语言编写的程序去完成计算工作

B. 程序设计语言只需要让计算机能理解即可,人不需要理解它

C. 计算机可以直接识别与执行高级程序设计语言程序

D. 机器语言程序方便人理解和使用

3. 以下对程序设计基本流程描述正确的是(　)。

A. 分析问题、建立模型、设计算法、编写程序、运行

B. 设计算法、编写程序、运行调试

C. 分析问题、建立模型、设计算法、编写程序

D. 分析问题、编写程序、运行

4. 请按照 IPO 程序编写方法分析下面“鸡兔同笼”问题的程序算法,哪一部分属于 Input (数据输入)?(　)

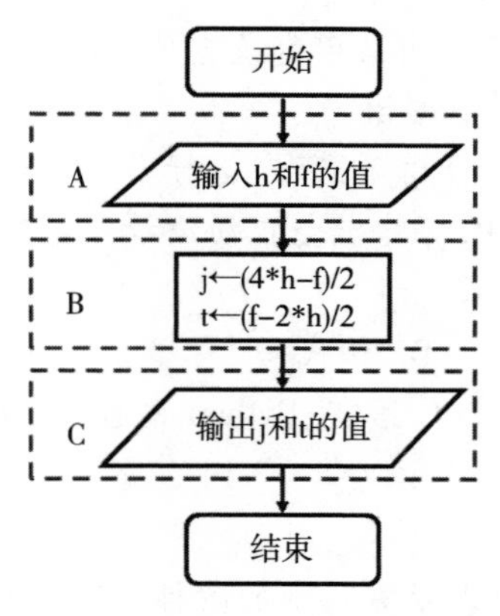

A. A　　B. B　　C. C　　D. A 和 B

5. 以下不属于程序设计语言的是(　)。

A. 机器语言　　B. 汇编语言　　C. 高级语言　　D. 自然语言

6. 以下语言可以被机器直接识别和执行的是(　)。

A. Python　　B. Java　　C. C　　D. 机器语言

7. 下列程序设计语言不属于高级语言的是(　)。

A. 汇编语言　　B. Python　　C. Java　　D. C

8. 以下哪一种不能用于算法的描述?(　)

A. 自然语言描述　　B. 伪代码　　C. 流程图　　D. E-R 图

9. 下列选项中,不是一个算法一般应具有的基本特征是(　)。

A. 有穷性　　B. 确定性　　C. 有效性　　D. 有零个输出

10. 以下选项中,不属于 IPO 程序编写基本方法的是(　)。

A. 输入数据(input)　　B. 处理数据(process)

C. 输出数据(output)　　D. 程序(program)

11. 对象是现实世界中的一个实体,下列不属于其特性的是(　)。

A. 必须有一个关键字,以示区别

B. 每一个对象必须有一个名字以区别于其他对象

C. 用属性来描述对象的某些特征

D. 有操作

12. 以下不能描述对象与类的关系的是(　)。

A. 类是同种对象的抽象　　B. 类是创建对象的模板

C. 对象是类实例化的具体结果　　D. 对象定义了类的属性及行为

二、多选题

1. 关于高级程序设计语言的编译和解释方式,说法正确的是(　)。

A. 编译方式会生成目标程序和可执行程序

B. 解释方式会生成目标程序和可执行程序

C. Python 语言采用的是解释方式翻译程序

D. 编译方式相对于解释方式执行效率高

2. 以下关于算法描述正确的是(　)。

A. 算法是解决一个特定问题而采用的确定的、有限的步骤

B. 算法是程序设计中一个重要环节

C. 一个具体问题的算法设计错了,程序运行不会受到影响,结果依然正确

D. 算法不需要人进行设计,计算机会自动设计所解决问题的算法

3. 算法的描述方式分为以下哪几种?(　)

A. 自然语言描述　　B. 伪代码

C. 用某种程序设计语言(如 C 语言、Python 语言)描述

D. 流程图

三、判断题

1. 流程图中判断框(即菱形)表示算法中的条件判断操作。

2. 一个正确的算法必须在执行有限操作步骤后终止。

3. 算法中的任何一步都可以具有二义性。

4. 算法可以具有零个或多个数据输入。

5. 一个完整的算法至少会有一个输出。

6. 在文件模式下,Python 解释器即时响应用户输入的每条代码,给出输出结果。

7. 在文件运行模式下,编程人员将 Python 程序写在一个或多个文件中,然后启动 Python 解释器批量执行文件中的代码。

8. 人们为了利用计算机解决问题,使用某种计算机程序设计语言,设计与编写程序的工作称为程序设计。

9. 程序设计的基本流程:将实际问题抽象为计算机可以计算的问题,即可计算问题,建立能够反映问题的模型,其次设计出解决问题的步骤即算法,接着再通过程序设计语言编写程

序,调试程序,最终让计算机执行程序实现问题的自动求解。

10. 高级语言的翻译方式有编译方式和解释方式两种,解释方式翻译以后会生成可执行程序。

11. 算法是为了解决一个特定问题而采用的确定的、有限的步骤。

12. 面向对象思想是将问题按照功能分解,建立若干完成相应功能的对象,通过若干对象及对象的组合解决问题。面向对象是模拟人类现实生活求解问题的思维方式,用对象来理解和分析问题。

13. Python 程序运行方式主要有两种:交互式和文件式。

参考答案

实验指导

1. 实验目的

本实验要求同学们熟练掌握 Python 解释器的下载与安装方法,通过对现有程序的验证,熟练掌握基于 IDLE 交互模式和文件模式编写与运行程序的方法。

2. 实验内容

从 Python 官网下载 Python 3.10.0 解释器,或从课程资源中下载,完成安装。由于尚未开始学习 Python 语言语法,请在 IDLE 集成开发环境中运行下列程序,并观察运行结果。

(1)在交互模式下,运行下列代码。

```
>>> 1+2
>>> (3+4)*5
>>> a=1
>>> b=a+1
>>> b
>>> s=input("请输入一个数据:")
>>> print("该数据是:",s)
```

(2)在文件模式下,运行下列程序。

①根据用户输入的半径值,求相应圆形的面积。

```
r=eval(input("请输入圆的半径:"))
area=3.14*r*r
print("圆面积为:",area)
```

②根据用户输入的半径和高度值,求圆柱体的体积。

```
r=eval(input("请输入圆柱体的半径:"))
h=eval(input("请输入圆柱体的高度:"))
volume=3.14*r*r*h
print("半径为",r,"高为",h,"的圆柱体体积为:",volume)
```

③整数序列求和。用户输入一个正整数 N,计算从 1 到 N(包含 1 和 N)相加之后的结果。

```
n=eval(input("请输入整数 N:"))
sum=0
```

```
for i in range(n):
    i=i+1
    sum=sum+(i)
print("1 到 N 求和结果:",sum)
```

④工整地打印出常用的九九乘法表。

```
for i in range(1,10):
    for j in range(1,i+1):
        print(i,"*",j,"=",i*j,"  ",end="")
    print("")
```

第2章

Python语言基础

本章内容提示

本章主要介绍 Python 语言的基础语法，包括数据与数据类型、常量、变量、内置函数、表达式与语句、代码书写规则，以及 Python 库等相关内容。

本章学习目标

通过简单案例的学习，理解数据对象与数据类型的基本概念、功能和关系，掌握常量与变量、内置函数与方法、表达式与混合计算的基本知识，理解语句与代码书写规则以及标准库 math 和 random 的相关知识，并学会简单问题的分析、代码编写和调试。通过编程练习和上机调试程序，掌握简单的程序编写方法。

2.1 数据类型与变量

本节通过一个经典实例，直观地讲解 Python 语言的基本语法元素。

例 2-1 已知一个华氏温度值，要求将其转化为摄氏温度后输出。

问题分析：解决这个问题的算法非常简单，根据 IPO 程序编写方法，第一步考虑是已知的华氏温度数据值的输入(input)，第二步找到换算公式处理输入的数据值(process)，第三步输出处理后的摄氏温度值(output)。换算公式如下：

$$摄氏温度值=\frac{5}{9}(华氏温度值-32)$$

根据问题分析，对应每一步骤写出求此问题的 Python 程序代码，如下所示：

```
1  #例 2-1 华氏温度转化为摄氏温度
2  F=eval(input("输入一个华氏温度值:"))  #输入数据
3  C=5*(F-32)/9  #处理数据:华氏温度转化为摄氏温度
4  print("F=", round(F,2), "C=", round(C,2))  #输出数据:华氏温度和摄氏温度值
```

上述代码执行结果如下：

```
输入一个华氏温度值:90
F= 90  C=32.22
```

上述代码中有很多 Python 语言的基本语法要素。例如,第 1 行的“#例 2-1 华氏温度转化为摄氏温度”是注释;第 2 行中的"输入一个华氏温度值:"是字符串常量;第 3 行中的 5、9 是数值常量;程序中多次出现的 F、C 是变量;input( )、eval( )、round( )和 print( )是函数;第 3 行中的“5 * (F-32)/9”是表达式。这些都是构成 Python 程序的基本语法要素,简单但很重要,就像英语中 26 个英文字母和单词一样,不掌握英文字母和足够的单词是不可能学好英语的。同理,只有掌握 Python 语言的基本语法元素,才能为使用 Python 语言编写程序打下坚实的基础。

不同的数据,像例 2-1 中的数值常量 5 和字符串常量"输入一个华氏温度值:",它们在内存中的存储方式和处理方法有所不同。例如,数值型数据可以进行加减乘除运算,而字符串不行,但字符串可以进行连接、索引和切片等操作。

2.1.1 Python 数据类型

为了方便保存和处理数据,人们将数据分成了不同的类型。数据类型是一组值的集合和定义在这个值集上的一组操作的总称。通过数据类型,可将数据明确规定为特定类型,同时也明确了数据运算及操作规则。

在程序设计语言中,“类型”是对数据的抽象和分类,类型相同的数据有相同的表达形式、存储格式,以及相关操作,而不同类型的数据其存储和处理方式有所不同,并且类型不同的数据间的相互运算,在机器内部的执行方式也是不一样的。

Python 语言分为内置和自定义两种数据类型。内置数据类型是指可以直接使用的数据类型,例如,属于基本数据类型的数字(数值)类型、布尔类型和字符串类型,还有组合数据类型,包括元组、集合、列表、字典等类型。自定义数据类型一般以类的形式,根据需要组合以上内置类型成为独特的数据类型。本章主要介绍 Python 语言基本数据类型,其他数据类型将在后续章节中进行阐述。

1. 数字(数值)类型

Python 语言中数字类型是不可变对象,可以表示任意大的数值,数值大小只受限于运行 Python 程序的计算机内存大小。Python 语言提供 3 种数字类型:整数、浮点数和复数。

(1)整数(int)。Python 语言中整数类型的数据和数学中整数的概念一致,有正负数之分,其中正号(+)可以省略不写。整数可以用二进制、八进制、十进制和十六进制四种形式表示。

①十进制整数:默认形式,如 0,-3,123 等。

②二进制整数:以 0b 或 0B 开头,使用两个数码 0 或 1 来表示的整数,如 0b101,0B1100 等。

③八进制整数:以 0o 或 0O 开头,使用八个数码 0,1,2,3,4,5,6,7 来表示的整数,如 0o1061,0O72053 等。

④十六进制整数:以 0x 或 0X 开头,使用十个数码 0,1,2,3,4,5,6,7,8,9 和 a,b,c,d,e,f(或 A,B,C,D,E,F)来表示的整数,如 0x10fe,0X7d3A 等。

(2)浮点数。Python 语言中浮点类型的数据就是带有小数的数值,有十进制和指数两种表示形式。

①十进制形式:类似于数学中的小数形式,必须包含一个小数点,如-0.3345,3.14159,

2.0 等。

②指数形式:也称科学计数法,是使用 e 或 E 作为幂运算符号用来表示以 10 为基数,例如,123.45e-2 表示数学中的 $123.45\times10^{-2}=1.2345$,即十进制表示的小数 1.2345。注意:只要写成指数形式就是小数,即使它的最终值看起来像一个整数,如 12E3 等价于 12000,但 12E3 是一个小数 12000.0。Python 只有一种小数类型,就是浮点类型 float。

Python 语言浮点数运算可以最多输出 17 位数字长度的结果,但只有前 16 位数字是确定正确的,最后一位由计算机根据二进制计算结果确定,存在误差。例如,100/3 运算结果为 33.333333333333336,第 17 位也就是最后一位的 6 存在误差。

(3)复数。Python 语言中的复数与数学中的复数类似,都是由实部和虚部构成的,并且用 j 或 J 来表示虚部。例如,12.6+5J,123.45e-2+85j 等。对于复数 x,可用 x.real 和 x.imag 分别获得 x 的实部与虚部数据,用 x.conjugate()获得共轭复数(如果两个复数的实部相等,虚部互为相反数,就称这两个复数为共轭复数)。例如:

```
>>> x=12.345e-2+85j
>>> x.real   #获得复数 x 的实部
0.12345
>>> x.imag   #获得复数 x 的虚部
85.0
```

2. 布尔类型(逻辑类型,bool)

布尔类型用于表示某个事情的真(对或成立)或假(错或不成立),如果某件事情是正确的,或者条件成立,用 True 表示;如果某件事情是错误的,或者条件不成立,用 False 表示。Python 语言中一般使用逻辑值 True 或 False 表示条件判断结果,即用 True 表示条件成立,用 False 表示条件不成立。例如:

```
>>> 5>2  #条件成立值为 True
True
>>> "apple"=="APPLE"  #条件不成立值为 False
False
```

3. 字符串类型(str)

字符串类型是若干个字符组成的集合,它可以包含任何内容。在 Python 语言中定义字符串很简单,可以使用英文状态下的一对单引号(')、一对双引号(")、一对三个单引号(''')或者一对三个双引号(""")作为定界符。定界符用于说明字符串的起止范围,定界符之间的内容为字符串内容(即内容不包括定界符)。

如果字符串内容跨行,则使用一对三个单引号或者一对三个双引号作为定界符,例如:

```
>>> print('''三更灯火五更鸡,
正是男儿发奋时。
黑发不知勤学早,
白首方悔读书迟。''')
三更灯火五更鸡,  # print 函数输出的结果
正是男儿发奋时。
黑发不知勤学早,
```

白首方悔读书迟。

如果字符串内容包含某种形式的引号,则用另一种形式的引号作为定界符,例如:

```
>>> s="I'm a student."  #单引号为字符串内容,则用双引号作为字符串定界符
>>> print(s)
I'm a student.  #print 函数输出的结果
```

上述例子中要输出的字符串内容有单引号字符,所以用双引号作为字符串"I'm a student." 定界符,这样就不会出现二义性。

针对 Python 语言中的字符串做以下几点说明:

(1)一对三个双引号或者三个单引号还有另外的一层意义,即注释。注释是大多数编程语言中一项很有用的功能,用来对语句、函数、数据结构或方法等进行说明,提升代码的可读性。注释是代码的辅助性信息,会被编译或解释器略去,不被计算机执行。

Python 语言有两种注释方法:单行注释和多行注释。单行注释以"#"开头,多行注释以一对三个单引号(''')或者一对三个双引号(""")开头、结尾。例如,例 2-1 程序代码第 1 行为单行注释。

若将一组代码用一对三个双引号或者三个单引号括起来,那么这组代码就变成了注释,程序运行时这组代码不会被执行。如果想再次执行这组代码,则删除这对引号即可。这也是调试程序时经常使用的小技巧。

(2)转义字符。在字符串中用一些字符的组合实现特定的功能,改变了原来字符表示的含义,因此称为"转义"。转义字符以反斜线"\"开头,后跟一个或几个字符。例如,在 Python 语言中,"\n"和"\\"本身是一个反斜杠与一个字符,但在字符串中却被赋予了特殊的意义,用"\n"来表示换行,"\\"表示字符串中的一个"\"字符等。Python 语言中常用的转义字符如表 2-1 所示。

表 2-1 Python 常用的转义字符

转义字符	功能描述	转义字符	功能描述
\(在行尾时)	续行符	\n	换行符
\\	反斜杠符	\0yy(\后是零)或\yyy	八进制数 yy 或 yyy 代表的字符
\'	单引号	\r	回车符
\"	双引号	\t	横向制表符
\a	响铃	\v	纵向制表符
\b	退格(Backspace)	\xyy	十六进制数 yy 代表的字符
\f	换页符	\000	终止符,其后的字符串全部忽略

例如:

```
>>> print('\060,\x30')  #将 Unicode 值分别是八进制数 60、十六进制数 30 所对应的两个字符输出
0,0
```

(3)字符串基本操作。字符串在内存内部存入的方式为顺序存储,即存入方式是有序的,所以字符串可以进行索引和切片操作,还可以通过字符串相关的函数和方法对字符串进行各种处理。这部分详细内容将在后续章节中阐述。

2.1.2　常量与变量

在编写程序中,表示数据的量可以分为两种:常量和变量。

常量是指在程序运行过程中其值不能发生改变的量。如 1、5.3、"abc"等。

变量是指在程序运行过程中其值可以发生改变的量。与数学中的变量一样,需要为 Python 中的每一个变量指定一个名字,如 x、y 等。Python 中的所有变量都是值的引用,即变量通过绑定的方式指向其值,变量的数据类型由所指向值的类型决定。

无论是变量还是常量,在创建时都会在内存中开辟一块空间,用于保存常量或变量的值。基于变量保存的数据类型,解释器会分配相应的内存空间。

1. 常量

Python 基本常量包括数字(数值)、字符串、布尔值和空值(Null)。

如果需要定义常量,则 Python 常量命名规范中通常要求用大写字母命名(用以区分变量)。例如:

```
PI=3.1415926
DEFAULT_VALUE ='小行星 3763 命名为"钱学森星"'
APP_NAME = "运动健康"
```

2. 变量

对象是 Python 中对数据的抽象,Python 程序中的所有数据都是由对象或对象间的关系来表示的。Python 中所有常量、序列、集合、字典、类与类的实例、函数、方法、异常等都被称为对象。

数据对象在内存中创建后,内存单元(区域)存放数据对象的值,对象是内存中储存的数据实体,将变量指向(绑定)对象后,程序通过变量名访问内存单元(区域)中的数据,通过变量实现对数据的引用。

Python 语言中存放数据的类型决定了变量类型,即变量不需要声明类型,可以直接使用,这是动态语言的特性。由于变量是对象的引用,因此变量和对象是分离的,两者是独立的个体。常提到的不可变类型的变量,指的是该变量绑定值不可变。如果要更改变量的值,则会创建一个新值与变量绑定,而旧值如果没有被引用就等待回收。

针对 Python 语言中的变量有以下几点说明:

(1)在编程语言中,将数据放入变量的过程叫作赋值(assignment)。Python 使用等号"="作为赋值运算符。每个变量在使用前都必须赋值,当变量被赋值时,解释器(因为 Python 为解释性语言)先为数值开辟一块存储空间,变量则指向这块空间。当变量改变值时,改变的并不是这块空间中保存的值,而是改变了变量指向的地址,使变量指向另一个存放新值的内存空间。在 Python 语言中,变量本身没有数据类型的概念,通常所说的"变量类型"是变量所引用(或指向)对象的类型,或者说是变量值的类型。

例 2-2　给出以下代码的执行过程。

```
1  #例 2-2
2  x=0.618   #x 为浮点类型变量
3  x="中华民族"   #x 为字符串类型变量
4  print(x)   #输出 x 指向的数据值
```

中华民族

代码的执行过程如图 2-1 所示。

上述代码执行结果如下：

①跳过第 1 行的注释先执行第 2 行的 x=0.618。Python 解释器在内存中创建一个 0.618 的浮点数对象，然后在内存中创建一个名为 x 的变量，并将 x 指向 0.618。

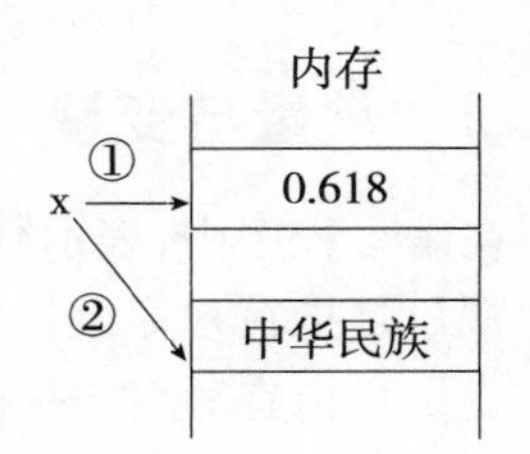

图 2-1　例 2-2 代码执行过程

②再执行第 3 行的 x="中华民族"。Python 解释器在内存中创建一个“中华民族”的字符串对象，然后让变量 x 指向“中华民族”。

③最后执行第 4 行的 print(x)。输出变量 x 指向的字符串数据"中华民族"。

（2）标识符与命名。在程序设计语言中往往需要给出模块、函数和变量等对象的名称，这些名称统称为标识符。Python 语言对标识符的命名是有要求的，具体的标识符构成规则如下：

①标识符由数字、字母、下划线等字符组成，但首字符不能是数字，中间不能出现空格。

②标识符不能使用 Python 语言中的关键字。关键字（keyword），也称保留字，指被程序设计语言内部定义、具有特定意义并有专门用途的标识符。其实每种程序设计语言，像 Java、C 语言等，都有一套自己的保留字，目前 Python 3.x 版本共有 35 个保留字：

False	assert	continue	except	if	nonlocal	return
None	async	def	finally	import	not	try
True	await	del	for	in	or	while
and	break	elif	from	is	pass	with
as	class	else	global	lambda	raise	yield

③标识符区分大小写，例如，Name 和 name 是两个不同的标识符。

④标识符命名时尽量做到“见名知义”，而且推荐使用驼峰法或者下划线命名方式（不是必须使用）：

- 驼峰法：每个单词的首字母大写，例如，AppName、ApplePrice 等。
- 下划线：用下划线分隔单词，例如，app_name、apple_price 等。

⑤模块名一般不含下划线，尽量简短且字母全小写；类名、异常名通常为驼峰法；函数名、全局变量名、方法名、实例变量全小写，可以加下划线增强可读性。

⑥一个前导下划线仅用于不想被导入的全局变量、内部函数和类，以及不打算作为类的公共接口的内部方法和实例变量中；两个前导下划线用来表示类私有的名字，只用来避免与类中的属性发生名字冲突。

（3）变量具有三个特征属性：内存地址、数据类型和变量指向的数值，可以用 id()、type() 和 print() 函数来分别获取变量的这三个特征属性。例如：

```
>>> a="Python"
>>> b=a   #变量 a 和 b 都指向字符串"Python"
>>> id(a)  #返回 a 指向对象的唯一内存地址
2922128039152
>>> id(b)  #返回 b 指向对象的唯一内存地址
2922128039152
```

```
>>> type(a)  #返回变量 a 指向对象的类型
<class 'str'>
>>> type(b)  #返回变量 b 指向对象的类型
<class 'str'>
>>> print(a,b)  #输出变量 a 和 b 指向对象的值
Python Python
```

从上面语句执行结果以及图 2-2 函数和语句执行结果示意图中可以看出,执行 id(a)和 id(b)的值是一样的,即 a 和 b 指定内存同一个地址,所以,执行 type(a)和 type(b)的值都为 <class 'str'>,即变量 a 和 b 都为字符串类型 str(变量的类型由变量指向的对象类型决定),值都为字符串数据"Python"。

图 2-2　函数和语句执行结果示意图

2.2　内置函数与方法

函数是具有特定功能的一段代码,程序通过函数名调用指定函数,运行该段代码,实现具体功能。函数可以实现代码复用(使代码更简洁),同时保证代码一致性(修改函数代码,所有调用该函数的地方都能得到体现)。函数对代码实现了封装,程序调用函数时,通过指定不同参数,实现对不同数据的处理,并返回结果。函数的调用方式一般为:

函数名([参数])

其中[ ]为说明符号,表示参数是可选项。

方法与函数类似,同样封装了特定功能的一段代码,但它依赖于类或对象,用于实现对象的特定操作。方法的调用方式一般为:

对象.方法名([参数])

其中[ ]为说明符号,表示参数是可选项。

方法和函数的调用方法大致上是相同的,但有两个主要的不同之处:

(1)方法中的数据是隐式传递的。

(2)方法可以操作类内部的对象(对象是类的实例化,类定义了一个数据类型,而对象是该数据类型的一个实例化)。

Python 语言函数主要有内置函数、标准库函数、第三方库函数、用户自定义函数等,本节主要介绍内置函数。

Python 语言内置函数(也称为内建函数)指包含在 Python 语言 utils 模块中的函数,特点是可以直接使用,使用方式为:

函数名([实参])

Python 语言内置函数根据处理数据的不同分为数值运算函数(表 2-2)、字符串处理函数和方法(表 2-3 和表 2-4)、类型转换函数(表 2-5)等。本节主要介绍最常用的 input()、eval()、print()、type()等内置函数。

表 2-2　常用内置数值运算函数和功能

函数	功能描述及例子
abs(x)	返回 x 的绝对值,例如,abs(-4.6)的值为 4.6
divmod(x,y)	返回元组形式(x//y,x%y)的值,例如,divmod(8,5)的值为(1, 3)
pow(x,y)或 pow(x,y,z)	返回 x ** y 或(x ** y)%z 的幂运算的值,例如,pow(-3,2)的值为 9,pow(2,3,5)的值为 3
round(x)或 round(x,d)	返回 x 四舍五入的整数值,或者 x 保留 d 位小数,第 d+1 位四舍五入的值,例如,round(-3.56)的值为-4,round(-3.56,1)的值为-3.6
max($x_1,x_2,\cdots,x_n$)	返回 $x_1,x_2,\cdots,x_n$ 的最大值,例如,max(5,-9,6.8,0)的值为 6.8
min($x_1,x_2,\cdots,x_n$)	返回 $x_1,x_2,\cdots,x_n$ 的最小值,例如,min("apple","orange","banana")的值为'apple'

表 2-3　常用内置字符串处理函数和功能

函数	功能描述及例子
len(x)	返回字符串 x 的长度,例如,len("Python 语言")的值为数值 8
str(x)	返回任意类型 x 对应的字符串形式,例如,str(2 * 2.5)的值为字符串'5.0'
chr(x)	返回 Unicode 编码 x 对应的单字符,例如,chr(97)的值为单个字符'a'
ord(x)	返回单字符 x 表示的 Unicode 编码,例如,ord("0")的值为数值 48
hex(x)	返回十进制数 x 对应的十六进制数的小写形式字符串,例如,hex(28)的值为字符串'0x1c'
oct(x)	返回十进制数 x 对应的八进制数的小写形式字符串,例如,oct(28) 的值为字符串'0o34'

注意:Python 语言中的字符串以 Unicode 编码形式存储,因此,字符串中一个英文字符和一个中文字符(汉字)一样,都是 1 个字符,即长度都为 1。

表 2-4　字符串常用处理方法和功能

方法	功能描述及例子
str.lower()	返回字符串 str 的副本,全部字符小写,例如,"EDU".lower()的值为字符串'edu'
str.upper()	返回字符串 str 的副本,全部字符大写,例如,"edu".upper()的值为字符串'EDU'
str.capitalize()	返回字符串 str 的副本,字符串第一个字母大写,例如,"china".capitalize()的值为字符串'China'
str.swapcase()	返回字符串 str 的副本,大小写互换,例如,"Edu".swapcase()的值为字符串'eDU'
str.title()	返回字符串 str 的副本,字符串内所有单词的首字母大写,例如,"honest brave".title()的值为字符串'Honest Brave'
str.split(sep=None)	返回一个由 sep 分隔(默认为空格)的列表,例如,"study hard".split()的值为列表对象['study', 'hard']
str.count(sub)	返回 sub 子串出现的次数,例如,"day day up".count("ay")的值为整数 2
str.replace(old,new)	返回字符串 str 的副本,所有 old 子串被替换成 new,例如,"好好学习".replace("好好","努力")的值为字符串'努力学习'

（续）

方法	功能描述及例子
str. center(width,fillchar)	字符串在 width 宽度内居中,fillchar 是 str 之外的填充字符(可选项),例如,"学习中勿打扰". center(10," * ")的值为字符串' ** 学习中勿打扰 ** '
str. strip(chars)	从字符串 str 中去掉在其左右 chars 中列出的字符,例如,' ** 学习中勿打扰 ** '. strip(" * ")的值为字符串'学习中勿打扰'
str. join(iter)	将 iter 对象除最后元素外每个元素后增加一个 str 字符串,例如,",". join("123456")的值为字符串'1,2,3,4,5,6'

表 2-5　常用内置类型转换函数和功能

函数	功能描述及例子
int(x)	将 x 转换成整数,x 可以是浮点数或含负号和数字的字符串。例如,int(23. 567)的值为整数 23,int(2. 1e3)的值为整数 2100,int("-85")的值为整数-85
float(x)	将 x 转换成浮点数,x 可以是整数或含负号和数字的字符串。例如,float(35)的值为浮点数 35. 0,float("-2. 45")的值为浮点数-2. 45
complex([real[,image]])	用于创建一个值为 real+imag * j 的复数或者转化一个字符串或数为复数。如果第一个参数为字符串,则不需要指定第二个参数。例如,complex(1,-4)的值为(1-4j),complex(5)的值为(5+0j),complex("1+8j")的值为(1+8j)

2. 2. 1　input( )函数

input( )函数是从控制台(主要指键盘)接收用户输入的一行数据,函数返回值是字符串类型。input( )函数可以包含一些提示信息,如果有提示信息,则用双引号或单引号作为界定符号。input( )函数的一般使用格式为:

```
<变量>=input(["提示信息"])
```

其中[ ]为说明符号,表示参数是可选项。例如:

```
>>> s=input("请输入一个学号:")   #"请输入一个学号:"为提示信息,可以省略不写,例如 input()
请输入一个学号:2021012001
>>> s   #变量 s 为字符串类型
'2021012001'
```

2. 2. 2　eval( )函数

eval(str)函数用来执行一个字符串表达式,并返回表达式的值,其功能是对字符串中的表达式进行实际的计算,不论是数字计算还是函数等形式都可以实现。其使用的一般格式为:

```
<变量>=eval(字符串)
```

例如,eval('3+5')的值为 8,即计算 3+5 的值为 8;eval('abs(-3. 14)')的值为 3. 14;eval("'3+5'")的值为'3+5'。

s1_Math=eval(input("输入数学成绩:")),即将键盘获得的数字字符串(如"90")变成数值,再赋值给变量 s1_Math,此时变量 s1_Math 为数值型变量,可以进行各种数值运算操作。

2.2.3 print( )函数

print( )函数的功能是输出信息,根据输出内容的不同,常有如下三种用法:

(1)单项输出。使用格式为:

```
print( <对象>)
```

例如,执行 print(3.14*2)的值为 6.28。

(2)多项输出。使用格式为:

```
print( <对象 1>,<对象 2>,…,<对象 n>)
```

输出结果的各数据项之间用一个空格分隔。例如,执行 print("x=","Python","y=",5*20)的值为 x= Python y= 100。

(3)print( )函数中可以加上 sep、end 等参数,具体格式为:

```
print(value,…,sep=' ', end='\n',file=sys.stdout,flush=False)
```

参数说明:

①参数 value 为需要输出的对象,可以是一个或多个,书写时各个对象之间用逗号分隔。

②参数 sep 用于指定输出多个数据项时,各个数据项之间的分隔字符。若省略该参数,则各个数据项之间以空格分隔。例如:

```
>>> print('abcd',1234)  #书写 print 函数时各个输出项之间的分隔符为逗号
abcd 1234  #输出时各数据项之间的分隔符为默认的空格
>>> print('abcd',1234, sep=',')  #sep 参数中人为设置各个输出项之间的分隔符
abcd,1234  #输出项间的分隔符为逗号
```

③参数 end 指定最后一项 value 后面的字符,若省略 end 参数,则默认最后一项 value 后面的字符是'\n',即省略 end 参数时,用 print( )函数输出数据后光标会自动移到下一行。若 end 参数设置为其他字符,例如,end=';',则用 print( )函数输出数据后会输出分号,此时光标停留在分号字符后(不换行)。

例 2-3 分析以下代码的输出结果。

```
1  #例 2-3
2  print("每个人")  #输出数据后自动换行
3  print("都在学习的路上")  #输出数据后自动换行
4  print("每个人",end=",")  #输出数据后不换行,且最后一个数据末尾有逗号(,)
5  print("都在学习的路上")  #输出数据后自动换行
```

上述代码执行结果如下:

```
每个人
都在学习的路上
每个人,都在学习的路上
```

代码执行过程:跳过第 1 行的注释,执行第 2 行和第 3 行的 print( )函数后都会自动换行,所以"每个人"和"都在学习的路上"这两个字符串在两行显示;当执行第 3 行 print( )函数后,光标自动移动到下一行的行首,所以执行第 4 行的 print( )函数时,由于 print( )函数有"end"

参数,所以输出字符串“每个人”后不换行,输出一个逗号后(end 参数引号中的符号)接着输出第 5 行的字符串“都在学习的路上”。

④参数 file=sys. stdout 表示程序运行结果指定输出到屏幕(屏幕也是 file 参数省略时默认的输出位置)。也可以设置输出到文件中,例如指定 file=file1. txt,即将程序运行结果输出到 file1. txt 文件中,此时需要先用 open 命令新建或者打开文件 file1. txt。关于文件的操作在第 7 章介绍。

⑤flush=False,该参数主要是刷新,默认为 False,表示不刷新,为 True 时表示刷新。

平常使用 print()函数输出数据时,不一定需要用到所有的参数,可以根据实际要求或者实际情况选择合适的参数用于输出。另外,想了解更多有关参数的内容,读者可以自行收集和整理资料,这里不再详细介绍。

(4)格式化输出。在解决现实问题时,很多时候会对输出内容有格式要求,例如需要对输出的数据居中显示、保留小数位等。由于 print()函数直接输出浮点数时会有很多小数位数,如下所示,此时就可以通过 print()函数的格式化形式实现。

```
>>> a=15/7
>>> print("a=",a)   #输出字符串 a=和变量 a 的值
a=2.142857142857143   #浮点数变量 a 的值
>>> print("{:.2f}".format(a))   #格式化形式输出 a 的值
2.14
```

在 Python 中,可以通过字符串 format()方法和字符串格式化运算符“%”实现数据的格式化输出。

①format()方法:将需要输出的数据整理为期望输出格式,具体来说,print()函数用占位符“{}”和 format()方法将输出项与字符串结合到一起输出。

format()方法的每个占位符“{}”中,还包括参数序号和控制信息,而参数序号和控制信息根据实际情况都可以省略。具体格式如下:

print("{<参数序号>:<格式控制标记>}{<参数序号>:<格式控制标记>},…".format(参数 1,参数 2,…))

其中,参数序号从 0 开始编号,由左向右依次递增 1,如果占位符大括号中指定了使用参数序号,则按照序号对应的参数来替换各个占位符的位置,并按格式控制标记输出各个参数。例如:

3.14, Python, 100

'''#3 个占位符 {} 中没有写序号,则 format 中三个参数 3.14、'Python' 和 5*20 的值从左向右依次替换字符串" {}, {}, {} " 中的三个 {},然后输出替换后的字符串'''

```
>>> print ( " {1}, {2}, {0} ". format ( 3.14, 'Python' , 5*20 ) )
Python, 100, 3.14
```

'''3 个占位符 {} 中有序号,则按序号顺序将 format 中 3 个参数 'Python'、5*20 的值和 3.14 从左向右依次替换字符串 "{}, {}, {}" 中的三个 {},然后输出替换后的字符串'''

print( )函数占位符“{}”中可以有格式控制标记,用来控制参数显示的格式,包括<填充>、<对齐>、<宽度>、<,>、<精度>和<类型>6 个字段,这些字段都是可选项,也可以组合使用。格式具体内容如图 2-3 所示。

冒号“:”为格式引导符，参数做格式处理时不能省略冒号，否则可以省略冒号

:	<填充>	<对齐>	<宽度>	,	<精度>	<类别>
	用于填充的单个字符	< 左对齐 > 右对齐 ^ 居中对齐	槽的设定输出宽度	数字的千位分隔符 适用于整数和浮点数	浮点数小数部分的精度或字符串的最大输出长度	整数类型 B,c,d,o,x,X 浮点数类型 e,E,f,%

图 2-3　print( )函数占位符“{}”中各个格式控制标记

针对各个格式控制标记做以下几点说明:

● 冒号“:”为格式引导符号,若占位符大括号“{}”中有格式控制标记,则必须先写冒号。

● <填充>指<宽度>内除了参数外的字符采用的表示方式,默认采用空格填充,也可以通过<填充>字符来替换空格。

● <对齐>指参数在<宽度>内输出时的对齐方式,分别使用<、>和^三个符号表示左对齐、右对齐与居中对齐。

● <宽度>指设定当前占位符对应的参数输出宽度,如果该占位符对应的 format( )参数长度比<宽度>设定值大,则按参数实际长度输出。如果该值的实际位数小于指定宽度,则位数将默认用空格字符补充。

<填充>、<对齐>和<宽度>是 3 个相关字段,例如:

```
>>> print("{:☆^20}".format("伟大的中华民族"))
☆☆☆☆☆☆伟大的中华民族☆☆☆☆☆☆☆
#字符串"伟大的中华民族"在屏幕上显示时占20列,居中,空余部分用“☆”符号填充
```

● 逗号“,”用于显示数字数据的千位分隔符,例如:

```
>>>print("{:-^15,} ".format(123456789))
--123,456,789--  #先在数值千分位加上逗号,数据占15列,居中,空余部分用“-”符号填充
```

● <精度>表示两个含义。其一,对于浮点数,由小数点(.)开头,如 .2f,表示小数部分输出的有效位数为 2。建议浮点数输出时尽量使用<. 精度>表示小数部分的宽度,有助于更好地控制输出格式;其二,对于字符串,精度表示输出的最大长度。例如:

```
>>> print("{:<10.2f}".format(3.1415927))
3.14
#浮点数3.1415927保留两位小数,数据显示时占10列,居左,空余部分用空格符号填充
>>> print("{:>10.2}".format('小麦新品种'))
        小麦
#截取字符串“小麦新品种”前两个字符,数据显示时占10列,居右,空余部分用空格符号填充
```

● <类型>表示以不同的格式输出整数和浮点数,例如,整数 26 可以以二进制、十进制等形式输出。对于整数类型,常见的输出格式有 6 种,对于浮点数类型,常见的输出格式有 4 种(各种符号及功能描述详见表 2-6)。例如:

```
>>> print ( " {:b}, {:c}, {:d}, {:o}, {:x}, {:X} ". format ( 65, 65, 65, 65, 65, 65 ))
'1000001, A, 65, 101, 41, 41'      # 不同类型格式符（表2-7）输出不同形式的数据
>>> print ( " {:e}, {:E}, {:f}, {:%} ". format ( 0.618, 0.618, 0.618, 0.618 ))
'6.180000e-01, 6.180000E-01, 0.618000, 61.800000%'      # 浮点数输出默认有6位小数
>>> print ( " {:.2e}, {:.2E}, {:.2f}, {:.2%} ". format ( 0.618,0.618,0.618,0.618 ))
'6.18e-01, 6.18E-01, 0.62, 61.80%'
```

其中，{:%}和{:.2%}表示将数据 0.618 按百分数的形式输出，{:%}输出的百分数默认有 6 位小数，{:.2%}有 2 位小数。

表 2-6　格式输出符号集

数据类型	格式符号	功能描述	数据类型	格式符号	功能描述
整数	b	输出整数的二进制形式	浮点数	e 或 E	输出浮点数对应的小写字母 e 或大写字母 E 的指数形式
	c	输出整数对应的 Unicode 字符			
	d	输出整数的十进制形式		f	输出浮点数的标准浮点形式
	o	输出整数的八进制形式		%	输出浮点数的百分形式
	x 或 X	输出整数的小写或大写十六进制形式			

②字符串格式化运算符%：将字符串和处理项同时格式化处理形成一个新的字符串。一般组成为：字符串、百分号%和处理项。其中“%”是分隔符号，用来分隔字符串和处理项。

执行字符串格式化操作时，将字符串中的格式符号替换成处理项中相应位置上的数据。

注意：用这种方式处理字符串时，字符串中格式符的顺序和个数，应该与处理项中的数据保持一致。例如：

```
>>> print ( "a=%.2f, b=%.2f" % ( 88 ,95.5 ))      “%”为分隔符号
a=88.00, b=95.50   # 格式符 %.2f 被处理项替换后的字符串输出
```

其中，字符串"a=%.2f,b=%.2f"中的%.2f是表 2-7 中提到的格式符号，可以根据处理项类型的不同选择合适的格式符；字符串"a=%.2f,b=%.2f"和处理项(88,95.5)之间的百分号“%”是分隔这两项的分隔符号。

2.2.4　type( )函数

type( )函数的功能是查看对象的数据类型，其返回值表示对象数据类型信息。语法格式为：

```
type(对象)
```

例如：

```
>>> type('3.14')
<class 'str'>   #'3.14'为字符串类型数据
>>> type(3.14)
<class 'float'>   #3.14 为浮点类型数据
```

2.3 表达式与混合计算

运算是对数据进行加工的过程，描述运算的符号称为运算符，参与运算的数据（对象）称为操作数，由运算符和操作数组成的描述运算关系的算式称为表达式。即表达式由运算符、常量、变量、函数和配对的圆括号等要素构成，表达式运算结果称为表达式的值。

Python 语言中有算术表达式、关系表达式、逻辑表达式、赋值表达式、位表达式、成员表达式和身份表达式等。表达式的书写规则是：所有符号均写在一行，同一级运算符由左向右进行运算（特殊的运算符除外）。本节主要介绍算术表达式、字符串表达式、关系表达式、逻辑表达式和混合计算。

2.3.1 算术表达式

算术表达式是表示算术运算关系的式子，由常量、变量、函数和圆括号等对象连接起来组成，其值为数字（数值）类型。常见的算术运算符及功能如表 2-7 所示。

表 2-7 常见算术运算符及功能

操作符	功能描述	表达式举例	结果
+	x 与 y 之和	3+5.6	8.6
-	x 与 y 之差	3-12	-9
*	x 与 y 之积	-2 * 8.3	-16.6
/	x 与 y 之商，结果为浮点数	3/2	1.5
//	x 与 y 整取商，即取 x/y 运算结果的最大整数	3//2	1
%	x 与 y 之余数，也称为模运算	15%12	3
**	x 的 y 次幂，即 x^y	5 ** 2	25

针对 Python 语言中的算术表达式做以下几点说明：

（1）常见算术运算符优先级由高到低的顺序为：**（最高）> *，/，%，//（次之，同一级）> +，-（最低，同一级）。例如，表达式 3 ** 2-18%2 ** 3 的值为 7。这个表达式的执行过程为（图2-4）：

第①步执行表达式中最左侧优先级最高的“ ** ”运算符，即执行表达式 3 ** 2，值为 9。

第②步执行表达式中余下的“-”“%”“ ** ”这三个运算符中优先级最高的“ ** ”，即执行表达式 2 ** 3，值为 8。

第③步执行表达式中余下的“-”和“%”运算符中优先级高的“%”，即执行表达式 18%8，值为 2。

第④步执行表达式中最后一个运算符“-”，即执行表达式 9-2，值为 7，即整个表达式的值为 7。

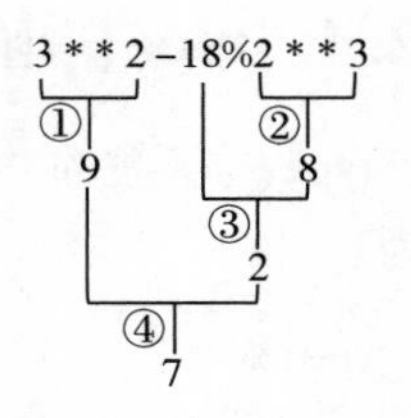

图 2-4 表达式执行过程

（2）“+”除了完成加法运算外，还可以对序列类型数据，像列表、元组和字符串进行连接运算，但不支持数字和字符串数据之间进行相加或连接运算，详细内容见第 4 章。

(3)"＊"除了完成乘法运算外,还可以对序列类型数据,像列表、元组、字符串进行与整数相乘的运算,表示序列数据重复,生成新的序列对象,详细内容见第 4 章。

2.3.2　字符串表达式

字符串表达式用于表示字符串的运算关系,由字符串运算符、常量、变量、函数和圆括号等对象构成,其值可以是字符串、数字或布尔类型。常用字符串运算符及功能如表 2-8 所示。

表 2-8　常用字符串运算符及功能

运算符	功能描述	表达式举例	结果
+	字符串连接	'教室'+' N8406 '	'教室 N8406 '
*	重复输出字符串	' 123 ' * 3	' 123123123 '
in	成员运算符:字符串中包含给定的字符时返回 True,否则返回 False	"n" in "China"	True
not in	成员运算符:字符串中不包含给定的字符时返回 True,否则返回 False	"n" not in "China"	False

2.3.3　关系表达式

关系表达式是表示比较两个运算对象大小关系的式子,也称比较表达式,由关系运算符(也称比较运算符)、常量、变量、函数、算术表达式和圆括号等构成。关系表达式的值为逻辑值:真(True)或假(False),在程序设计中用于表示简单条件判断。关系运算符及功能如表 2-9 所示。

表 2-9　常用关系运算符及功能

运算符	使用方法	功能描述
>(大于)	x>y	如果 x 大于 y 成立,则 x>y 值为 True,否则为 False
>=(大于等于)	x>=y	如果 x 大于等于 y 成立,则 x>=y 为 True,否则为 False
<(小于)	x<y	如果 x 小于 y 成立,则 x<y 为 True,否则为 False
<=(小于等于)	x<=y	如果 x 小于等于 y 成立,则 x<=y 为 True,否则为 False
==(等于)	x==y	如果 x 等于 y 成立,则 x==y 为 True,否则为 False
!=(不等于)	x!=y	如果 x 不等于 y 成立,则 x!=y 为 True,否则为 False

注意:关系表达式中同数据类型数据对象才能进行比较,若数据对象的类型不同则会出错。

例如:

```
>>> '456'<'1234'     #字符串之间可以比较大小
False
>>> 'a'!=0     #字符 a 的 Unicode 值与 0 比较
True
>>> 3>True     #逻辑值 True 和 False 参与运算时分别为 1 与 0
True
```

```
>>> 5>4>3      #关系运算符可以连写
True
>>>'123'>12   #字符串和数值无法比较大小,会出错
Traceback (most recent call last):
    File "<pyshell#4>", line 1, in <module>
        '123'>12
TypeError: '>' not supported between instances of 'str' and 'int'
```

2.3.4 逻辑表达式

逻辑表达式是表示逻辑运算的式子,也称布尔表达式,通常是用逻辑运算符将关系表达式连接起来形成的式子。逻辑表达式的值为逻辑值,在程序设计中用于表示组合条件(复杂条件)判断,常用来判断两个或多个组合条件是否成立。常用的逻辑运算符及功能如表 2-10 所示。

表 2-10 常用逻辑运算符及功能

运算符	使用方法	功能描述
and(逻辑与)	x and y	如果 x 和 y 都为 True,则 x and y 的值为 True,否则为 False
or(逻辑或)	x or y	如果 x 和 y 都为 False,则 x and y 的值为 False,否则为 True
not(逻辑非)	not x	如果 x 为 True,则 not x 为 False;如果 x 为 False,则 not x 为 True

例 2-4 给出下面描述中满足条件的表达式。

问题描述:学校某单位选拔年轻干部,要求同时满足年龄为 30~50,职称为副教授或教授,政治面貌为中共党员三个条件。

问题分析:同时满足三个条件需要用 and 运算符,其中条件"年龄为 30~50"可以用 30<=age<=50 表示,条件"职称为副教授或教授"可以用 title=="副教授" or title=="教授"表示,政治面貌为中共党员用 party=="中共党员"表示。

完整逻辑表达式:

```
30<=age<=50 and (title=="副教授" or title=="教授" ) and party=="中共党员"
```

针对 Python 语言中的逻辑表达式做以下几点说明:

(1)逻辑表达式有逻辑短路的特点,即并非所有运算符都被执行,只有在必须执行下一个运算符才能求出逻辑表达式的值时,才执行该运算符。例如:

```
>>> 1<2 or x>y      #执行 1<2 即能够算出整个表达式的值为 True,所以不会执行到 x>y
True
>>> 1<2 and x>y     #执行 1<2 不能算出整个表达式的值,必须执行 x>y,但 x 和 y 没有值,故出错
Traceback (most recent call last):
    File "<pyshell#8>", line 1, in <module>
        1<2 and x>y
NameError: name 'x' is not defined
```

(2)执行运算符 and 和 or 并不一定返回 True 或 False,而是得到最后一个被计算的表达式的值,但运算符 not 一定会返回 True 或 False。另外,非 0 值表示 True,0 表示 False。例如:

```
>>> not 3-3      #相当于 not(3-3),即先进行减法运算,再进行 not 运算
True
>>> (not 3)-3     #圆括号优先级最高, not 3 的值为 0
-3
>>> (not 0) * 3     #not 0 的值为 1
3
```

2.3.5　混合计算

混合计算是指一个表达式中包含多种类型的运算符,例如,表达式 2-3 * 8//4+2 中有-, * ,//和+运算符,此时需要考虑这些运算符执行时的先后顺序,因为运算符执行顺序不同,会得到不同表达式的值。所以,所有编程语言都规定各类运算符的执行顺序,运算符的执行顺序称为运算符的优先级。

Python 语言对混合计算规定如下:

(1)遵从圆括号优先原则,可以用圆括号改变运算符的优先级。

(2)常用的各类运算符优先级由高到低为:算术运算符或字符串运算符(高)>关系运算符(次高)>逻辑运算符(低)。优先级高的运算符先运算,同级运算符自左向右运算(特殊运算符除外)。

(3)运算符决定操作对象的类型,例如,执行"Python" +9//3 表达式时,因为字符串连接运算符"+"无法将字符串和整数连接起来,所以会出现"TypeError: can only concatenate str (not "int") to str"语法错误提示信息。

例 2-5　给出表达式 3<1+2 or "a" not in "abc" 的执行过程以及表达式的值。

通过分析这个表达式的执行过程(图 2-5)得出表达式的值。

分析表达式的执行过程如下:

第①步,从左向右遍历表达式,在最左边两个运算符"<"和"+"中,"+"的优先级高,所以执行表达式 1+2,值为 3。

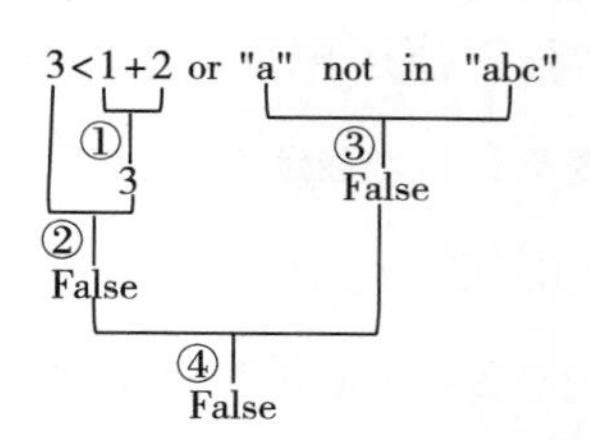

图 2-5　表达式执行过程示意图

第②步,针对余下的运算符 "<""or"和"not in",由于第 2 个是逻辑运算符"or",通过前面 2.3.4 章节的内容得知,逻辑运算符有逻辑短路的特点,所以"not in"运算符是否执行由"or"左侧表达式的值来决定,故要执行"<"运算符,即执行表达式 3<3,值为 False。

第③步,由于逻辑运算符"or"左侧表达式的值为 False,所以还需要执行"or"右侧表达式后才能得知整个 or 逻辑表达式的值,故要执行"not in"运算符,即执行表达式"a" not in "abc",值为 False。

第④步,执行表达式中最后一个运算符"or",即执行表达式 False or False,值为 False。

通过上面的分析,得出整个表达式的值为 False。

2.4　语句与代码书写规则

用编程语言解决实际问题时,经常会将常量、变量、函数、语句等语言的语法元素按照特定

的格式组织在一起,构成源代码(source code,也称为源码或代码),而源代码一般由各种不同的语句组成。

2.4.1 语句和赋值语句

语句的作用是向计算机系统发出操作指令,要求执行相应的操作。一个语句经过翻译后可能产生若干条机器指令。Python 语言有很多种类型的语句,例如,赋值语句、条件语句、循环语句等,本节主要介绍赋值语句。

赋值语句的一般格式为:

<变量名>=<表达式>

赋值语句的功能:先计算赋值号"="右侧表达式的值,然后将该值赋给左侧的变量,即左侧的变量指向这个值。

例如,t= "校训:"+"诚朴勇毅",先计算字符串表达式"校训:"+"诚朴勇毅"的值为字符串"校训:诚朴勇毅",然后将字符串"校训:诚朴勇毅"赋给左侧的变量 t,即变量 t 指向字符串"校训:诚朴勇毅"。

针对 Python 语言中的赋值语句做以下几点说明:

(1)赋值号可以连写(即链式赋值),采取自右向左的结合方式。例如,a=b=3 相当于 a=(b=3)。

(2)可以同时给多个变量赋值(即解包赋值)。例如,将变量 a=5,b=2 的值互换的表达式为 a,b=b,a。

(3)若在所有二元运算符(即有两个操作数的运算符)后加上赋值运算符"=",则会形成增强赋值运算符。例如,+=、-=、*=、/=、//=、%=、**=等。

增强赋值运算符构成的赋值语句的一般格式为:

<变量名><增强运算符><表达式>

该语句等价于:

<变量名>=<变量名><运算符><表达式>

语句功能:先将增强运算符左侧的变量和右侧表达式进行运算,然后再将运算结果赋值给左侧变量。

例如,x*=y+10 等价于 x=x*(y+10),其中的圆括号不能省略。注意:x*=y+10 与 x=x*y+10 是两个不同的赋值语句。

(4)增强赋值运算符不能连写。例如,执行 x+=y-=2 语句时,会出现"SyntaxError: invalid syntax"语法错误提示信息。

2.4.2 代码书写规则

Python 语言的代码书写比较灵活,但也有一定的书写规范,主要书写规则如下:

(1)强制缩进。缩进是指每行代码开始前的空白区域,用来表示代码之间的包含和层次关系,一般只使用空格缩进,4 个空格表示 1 个缩进层次,可通过 Tab 键进行缩进,但尽量不使用 Tab 键,更不能混合使用 Tab 和空格。不需要缩进的代码顶行编写,不留空白。

例如,在下面代码中,第 3 行到第 5 行语句是 for 循环语句的循环体,需要整体缩进 4 个空格。而第 5 行语句又是循环体语句中 if 语句条件满足时要执行的语句,是被包含的关系,所以第 5 行共缩进 8 个空格。

```
1   #输出正数
2   for x in range(5):
3       n=eval(input("输入一个数值数据:"))
4       if n>0:  #判断 x 是否为正数
5           print(n)
```

(2)虽然允许使用分号(;)将多个语句写在一行内,但尽量一行只写一个语句,尤其是 if、for、while 等语句中,即使执行语句只有一个,也尽量另起一行。

(3)每行长度限制在 79 字符内,可以在行末使用反斜杠(\)和回车实现一行信息在多行显示的功能。注意:字符“\”和回车符之间没有空格。例如:

```
>>> str="少年智则国智,\
少年富则国富,\
少年强则国强,\
少年自由则国自由!"
>>> str
'少年智则国智,少年富则国富,少年强则国强,少年自由则国自由!'   #str为一个字符串
```

“\”加上“回车符”完成续行功能

(4)所有的分隔符,如逗号、分号、引号、括号等都是英文半角状态下输入的符号(字符串中的字符除外)。例如,赋值语句 F=eval(input("输入一个华氏温度值:"))中的双引号("),如果变成(“)或(”),则执行这条语句时会出现“SyntaxError: invalid character in identifier”的语法错误提示信息,而字符串"输入一个华氏温度值:"中的冒号“:”是字符串的内容,所以不属于规定范畴。

(5)在代码适当位置添加合适的注释是一个程序员基本的素养,当一段代码发生变化时,第一件事就是要修改注释,不能出现错误的注释。

2.5 Python 库

库是指 Python 语言中完成一定功能的代码集合,是 Python 语言的特色之一。Python 语言具有强大的标准库和第三方库。

标准库是随 Python 安装包一起发布、不需要另外安装的库。通常用 import 引入这些库后,即可随时使用这些库中的库函数和库方法等。常用的标准库有 math、random、os、time、json 等。本节以 math 和 random 库为例,讲解标准库的相关内容。

第三方库由世界各地程序员通过开源社区发布,目前有几十万个第三方库,这些库的功能几乎覆盖了计算机技术的各个应用领域。例如,用于数据分析和可视化的 Matplotlib 库、用于机器学习的 NLTK 库、用于网络爬虫的 requests 库等。程序使用第三方库时,需要先安装,才能通过 import 引入后调用其函数或方法等。依照安装方式的灵活性和难易程度,第三方库有三种安装方式:pip 工具安装、自定义安装和文件安装。一般优先选择采用 pip 工具安装,如果安

装失败,则选择自定义或者文件安装。另外,如果需要在没有网络的条件下安装 Python 第三方库,则直接采用文件安装方式。

需要强调的是,一行一般只使用 import 导入一个库或包。在实际应用中 import 导入顺序为:标准库、相关主包、特定应用,而且每组导入之间一般放置 1 行空行(不是必需的),所有的导入使用包的绝对路径。

有关第三方库的更多信息,读者可以查阅相关资料,这里不再详细介绍。

2.5.1 math 库简介

math 库是 Python 语言中数值计算标准库,目前提供了 4 个数学常量(表 2-11)和 40 余个函数(详见附录 2)。在程序中需要用保留字 import 导入后才可以使用其模块中的常量、函数或方法。math 库的导入方式有以下两种(也是所有库的导入方式):

方式一:import math

以这种方式导入 math 库后,可以用“math. 函数名( )”形式来使用 math 库中各个常量、函数或方法。例如:

```
>>> import math      #引入 math 库
>>> math.sqrt(20)      # 利用 sqrt()函数计算 20 的平方根
4.47213595499958
```

方式二:from math import <函数名>或者 from math import *

以这种方式导入 math 库后,可以直接采用“函数名( )”形式来使用 math 中各个常量、函数或方法。例如:

```
>>>from math import sqrt    #引入 math 库中的 sqrt 函数
>>> sqrt(20)     #只写函数名(实参),不写库名
4.47213595499958
>>> from math import pi      #引入 math 库中的 pi 常量
>>> 2 * pi
6.283185307179586
```

表 2-11 math 库中的数学常量

常量	功能描述
math. pi	圆周率,值为 3. 141 592 653 589 793
math. e	自然对数,值为 2. 718 281 828 459 045
math. inf 或-math. inf	正无穷大或负无穷大,值分别为 inf 或-inf
math. nan	非浮点数标记,值为 nan(not a number)

2.5.2 random 库简介

随机数广泛使用在工程、科学和社会等众多领域,例如,密码加密、数据生成、蒙特卡洛算法等都需要随机数的参与。Python 内置的 random 标准库采用梅森旋转算法(Mersenne Twister)生成伪随机数序列。使用 random 库的主要目的是生成随机数,所以,只需要查阅该库中的随机数生成函数,找到符合使用场景的函数即可。

random 库也像 math 库一样，需要用 import 先引入该库然后再使用 random 的各个库函数。random 常用库函数如表 2-12 所示。

表 2-12　random 常用库函数

函数	功能描述
seed(x=None)	初始化随机数种子，默认值为当前系统时间
random()	生成一个[0.0,1.0)的随机小数
randint(x,y)	生成一个[x,y]范围内的随机整数
getrandbits(n)	生成一个 n 比特长度的随机整数
randrange(start,end[,step])	生成一个[start,end)范围内以 step 为步长的随机整数
uniform(x,y)	生成一个[x,y]范围内的随机小数
choice(seq)	从序列类型(如列表)中随机返回一个元素
shuffle(seq)	将序列类型中的元素随机排列，返回打乱后的序列
sample(pop,n)	从 pop 类型中随机选取 n 个元素，以列表类型返回

例如：

```
>>> from random import *
>>> randint(100,200)   #生成一个[100,200]范围内的随机整数
130
>>> seed(6)   #设置随机数种子为 6,生成伪随机数序列
>>> print(random(),random())
0.793340083761663 0.8219540423197268
>>> seed(6)      #再次设置随机种子为 6,则产生和前面第 4 行一样的伪随机数序列
>>> print(random(),random())
0.793340083761663 0.8219540423197268
```

2.6　应用案例

鸡兔同笼是中国古代著名趣题之一。大约在 1500 年前，《孙子算经》中就记载了这个有趣的问题。

例 2-6　“今有雉兔同笼，上有三十五头，下有九十四足，问雉兔各几何?”这四句话的意思是，有若干只鸡兔同在一个笼子里，从上面数，有 35 个头，从下面数，有 94 只脚。笼中各有几只鸡和兔?

问题分析：设有 x 只鸡，y 只兔，鸡和兔的总头数为 h，脚数为 f。根据题意可以写成下面的方程式：

$$\begin{cases}x+y=h\\2x+4y=f\end{cases}\xrightarrow{\text{可以推出求 x 和 y 的表达式}}\begin{cases}x=\dfrac{4h-f}{2}\\y=\dfrac{f-2h}{2}\end{cases}$$

根据问题分析中对应求 x 和 y 的方程式，给出解决问题的 Python 程序代码如下：

```
1  #例 2-4 鸡兔同笼
2  h=int(input("输入总头数:"))
```

```
3  f=int(input("输入总脚数:"))
4  x=(4*h-f)//2  #计算鸡的只数
5  y=(f-2*h)//2  #计算兔的只数
6  print("笼中的鸡有{}只,兔子有{}只。".format(x,y))  #format 方式输出结果
```

上述代码的执行结果如下:

```
输入总头数:35
输入总脚数:94
笼中的鸡有 23 只,兔子有 12 只。
```

本章小结

本章主要介绍 Python 语言的基础语法,包括数据对象、常量、变量、函数、表达式等基本概念,讲述了代码书写规则,解释了 math 库与 random 库的功能及使用方法。语言基础知识是程序设计的基础,在学习过程中,首先要理解语言元素的概念,其次是理解其在程序设计中的用途,最后是掌握其使用的基本方法。

习　　题

一、单选题

1. 关于 Python 的复数类型,以下选项中描述错误的是(　　)。
   A. 复数类型表示数学中的复数
   B. 对于复数 x,可以用 x. real 获得它的实数部分
   C. 对于复数 x,可以用 x. imag 获得它的实数部分
   D. 复数的虚数部分通过后缀“j”或“J”来表示
2. 关于代码书写原则,以下选项中描述错误的是(　　)。
   A. 所有代码都需要强制缩进
   B. 可以不写注释,不影响程序执行结果
   C. Python 3. x 规定标识符名中可以出现汉字
   D. 标识符名不能是关键字
3. 下列代码的输出结果是(　　)。

```
x=10
y=3
print(divmod(x,y))
```

   A. (3,1)　　　　B. 10,1　　　　C. (1,3)　　　　D. 3,10
4. 关于 eval 函数,以下选项中描述错误的是(　　)。
   A. print(eval("10")+eval("5"))的值是数字 15
   B. eval()函数的作用是将输入的字符串去掉最外层引号
   C. 执行 eval("Python")和 eval("'Python'")会得到相同的结果
   D. 采用 eval(input())语句可以将输入的纯数字串变成对应的数值

5. 下面代码的输出结果是(　)。

```
x=10
y=-1+2j
print(x+y)
```

A. 11　　B. 9　　C. 2j　　D. (9+2j)

6. 表达式 10>5 or a>b 的值为(　)。

A. True　　B. False　　C. 有语法错误　　D. 没有结果

7. 下面代码的输出结果是(　)。

```
f='*'
v=12345678
print("{0:{2}^{1},}\n{0:{2}>{1}}".format(v,20,f))
```

A. ***** 12,345,678 *****
　 ************ 12345678

B. ***** 12,345,678 *****
　 ******* 12345678 *****

C. *****　***** 12,345,678
　 ************ 12345678

D. *****　***** 12,345,678
　 ******* 12345678 *****

8. 以下选项中,不是 Python 语言保留字的是(　)。

A. for　　B. while　　C. goto　　D. continue

9. 以下选项中,Python 语言代码注释使用的符号是(　)。

A. //　　B. /*……*/　　C. !　　D. #

10. 关于 Python 语言的变量,以下选项中说法正确的是(　)。

A. 随时命名、随时赋值、随时变换类型　　B. 随时声明、随时使用、随时释放

C. 随时命名、随时赋值、随时使用　　D. 随时声明、随时赋值、随时变换类型

11. Python 语言提供的三种基本数字类型是(　)。

A. 整型类型、二进制类型、浮点数类型

B. 十六进制类型、二进制类型、十进制类型

C. 整型类型、复数类型、浮点数类型

D. 整型类型、十进制类型、浮点数类型

12. 以下选项中不属于 IPO 模式一部分的是(　)。

A. input(输入)　　B. output(输出)　　C. program(程序)　　D. process(处理)

13. 以下选项中,属于 Python 语言合法二进制整数的是(　)。

A. 0b123　　B. 0B010100　　C. 0b11014　　D. 0ba2ff

14. 关于 Python 语言数值操作符,以下选项中描述错误的是(　)。

A. x/y 表示 x 与 y 的商

B. x//y 表示 x 与 y 的整数商

C. x ** y 表示 x 的 y 次幂,且 y 必须是整数

D. x%y 表示 x 与 y 相除的余数,也称模运算

15. 假设以下语句中变量 x 和 y 初值都为 5,则不是 Python 语言合法赋值语句的是(　)。

A. x,y=4,8　　B. x=y=0　　C. x-=10-y　　D. x+y=10

16. 执行下列代码,最后显示的结果是(　)。

```
>>>a,b=3,7
>>>a,b=b,a
>>>a,b
```

A. 7, 7　　B. (7, 3)　　C. (3, 7)　　D. 3, 3

17. 执行 abs(-3+4j) 语句的结果是(　)。

A. 3.0　　B. 4.0　　C. 5.0　　D. 执行错误

18. 执行下面代码后 x 的值是(　)。

```
>>> x=2
>>> x *=4+2 ** 3
```

A. 24　　B. 16　　C. 432　　D. 120

19. 执行 print(0.1+0.2==0.3) 语句的结果是(　)。

A. 0　　B. -1　　C. True　　D. False

20. 执行 print(complex(12.34)) 语句的结果是(　)。

A. 12.34+0j　　B. (12.34+0j)　　C. 12.34　　D. 0

21. 以下选项中,正确的函数形式是(　)。

A. input()　　B. eval(1+2)　　C. print 1+2　　D. int("123ab")

22. 以下选项中值为 False 的是(　)。

A. print('1234'<'13')　　B. print('123'<'1234')

C. print(''<'1')　　D. print('1234'>'45')

23. 在一行上写出多个 Python 语句时使用的分隔符号是英文状态下的(　)。

A. 分号　　B. 冒号　　C. 逗号　　D. 小数点

24. 执行 print(eval('3.14+10')) 语句的结果是(　)。

A. 系统报错　　B. 13.14　　C. 3.1410　　D. 3.14+10

25. 执行 bin(10) 语句的结果是(　)。

A. '0x1010'　　B. '0d1010'　　C. '0b1010'　　D. '0o1010'

26. 执行 a,b,c,d='1234' 语句后变量 b 的值为(　)。

A. '1'　　B. '2'　　C. '3'　　D. '4'

27. 执行 a=b=c=10 语句后,变量 a,b,c 的值分别为(　)。

A. 0,0,10　　B. 0,10,10　　C. 10,10,10　　D. 0,0,0

28. 下面代码的输出结果是(　)。

```
a='tea'
b=a.capitalize()
print(a,end=',')
```

```
print(b)
```

A. tea,Tea　　B. Tea,tea　　C. Tea,Tea　　D. tea,tea

29. 以下选项中描述正确的是(　)。

A. 条件 20<=40 and <60 是合法的表达式

B. 条件 20<=40<60 是合法的表达式,且输出为 True

C. 条件 20<=40<60 是不合法的

D. 条件 20<=40 and 40<26 是合法的表达式,且输出为 True

30. 执行 print(pow(5,0.5) * pow(5,0.5)==5)语句的输出结果为(　)。

A. 5　　B. False

C. True　　D. pow(5,0.5) * pow(5,0.5)==5

二、填空题

补充程序,分别计算并输出字符串 s 中汉字和标点符号的个数。

```
#统计标点符号和汉字的个数
s="生吾炎黄,育我华夏。待之有为,必报中华。"
h=0    #汉字个数
ch=0    #标点符号个数
ch=s.count(",")+____①____    #计算标点符号个数
h=__②__-ch    #计算汉字个数
print("汉字个数为{},标点符号个数为{}。".format(h,ch))  #输出两类字符的个数
```

三、编程题

1. 假设一名公司职员月工资为 9852 元,试计算发放工资时所用人民币各面值的张数,要求按 100 元、50 元、20 元、10 元和 1 元的顺序计算并输出(要求优先选用大面值人民币)。

2. 由键盘输入任一个三位数的整数,计算并输出这个三位数每位数字之和。例如,输入 405,则输出 4+0+5=9。

3. 由键盘输入任意三个电阻值,要求计算并输出并联后的电阻值。

提示:$1/R_{总}=1/R_1+1/R_2+1/R_3$,即并联后总电阻值的倒数等于各分电阻值的倒数之和。

4. 据测算,近年来我国每年因过度加工造成的粮食浪费超过 75 亿 kg。而面粉加工越精细,等级越高,价格也越高,虽然口感好,但营养流失严重。若按 50kg 小麦出产 35kg 面粉来计算,现有 10.5t 小麦,请计算并输出产出的面粉数量和浪费的小麦数量(单位:kg)。

5. 将通过键盘输入的字符串倒序输出。例如,输入"123a",输出"a321"。

6. 将 2022 年北京冬奥会和冬残奥会主题口号"一起向未来"竖向输出,即一行输出一个汉字。

参考答案

实验指导

1. 实验目的

具有在交互模式(命令行模式)和文件模式下熟练调试代码的能力,通过完成验证性实验内容,理解数据对象、变量和函数的概念,理解变量赋值、表达式运算操作及用途,熟悉常用内置函数与方法。通过编写简单代码,提高利用 Python 语言解决实际问题的能力。

2. 实验内容

(1)验证性实验。在交互模式下运行下列代码,验证和分析运行结果。

```
>>> 100
>>>id(100)
>>>type(100)
>>> x=100
>>> id(x)
>>> type(x)
>>> a,b,c=10,20,20
>>> id(a),id(b),id(c)
>>> a+b+c
>>> a,b,c
>>> c=a-b
>>> a,b=b,a
>>> a,b,c
>>> abs(-5)
>>> divmod(15,12)
>>> round(3.1415926,2)
>>> pow(2,4)
>>> max(3,2,7,5,4)
>>> x="中华儿女的家国情怀"
>>> len(x)
>>> str(125)
>>> str(2*3)
>>> "hello"=="Hello"
>>> a,b=10,20
>>> a is not b
>>> 0<b<50
>>> a>b>0
>>> ord("a")
>>> s="red green blue"
>>> s.find("blue")
>>> s.index("blue")
>>> s.find("purple")
>>> s.index("purple")
>>> s.split()
>>> s="She is a CEO."
>>> s.lower()
>>> s.upper()
>>> s.isupper()
>>> "运行结果".center(10,"-")
```

(2)设计性实验。在文件模式下,完成习题中编程题的程序代码的编写,进行程序调试和运行,并验证输出结果是否正确。

第3章

基本控制结构

本章内容提示

本章介绍程序设计中问题抽象与数学模型建立的基本方法，主要介绍三种基本控制结构（顺序结构、分支结构和循环结构）程序设计的一般方法，相应的例题采用基于 IPO 程序设计的问题分析和代码设计方法。

本章学习目标

理解三大基本程序控制结构的问题特征和流程控制特点，掌握基于 IPO 程序设计的问题分析和编程方法；熟练掌握顺序结构中为变量提供数据和输出数据的基本方法；熟练掌握分支结构中条件逻辑设计和代码设计方法；熟练掌握循环结构中循环体推导与构建方法，while 和 for 循环结构的设计方法；理解嵌套结构的逻辑关系和缩进书写规则，并能够根据实际需求，正确选择和使用控制结构编写应用程序。

3.1 问题抽象与程序控制结构

计算机处理问题需要将问题抽象转化为可计算的数学模型，依据算法编写程序时，程序中会涉及顺序、分支与循环三种基本控制结构，任何程序都可由三种基本控制结构的一种或多种组合构成。

3.1.1 程序设计求解问题的过程

问题求解是指人们在生活生产中面对新问题时，由现成有效对策来寻求问题答案的复杂活动的过程。借助计算机进行问题求解时，思维方式和求解过程大致包括问题分析、构建问题的数学模型、确定数据结构和算法设计、编写代码、运行代码和验证输出结果等几个阶段。

（1）面对需要求解的问题时，先要进行问题分析，即明确该问题是什么样的问题、需要达成什么目的、根据现有的条件和技术是否可行等。

（2）分析问题后，需要对待求解的问题进行抽象，从多个同类问题中抽象出共性问题，找到解决问题的模型(大多指的是数学模型),需要用到模型思维。

(3)建立模型后,根据问题确定数据在计算机中的存储结构,即数据结构;并在数据结构的基础上探究和设计解决问题的方法与步骤,即算法设计。

(4)代码编写。基于前面的工作,需要应用某种人和计算机能够“交流”的程序设计语言来描述数据结构与算法,使之变成有规则的程序代码。可以认为,程序设计的过程就是使用各种程序设计语言将人们在现实世界遇到的问题(问题域)映射到计算机世界的过程。

(5)运行代码。在问题求解程序的基础上,通过语言编译器对程序进行编译,得到在计算机上可以执行的目标程序,然后在计算机上执行并得到输出结果,即“问题的解”。

(6)结果验证。用输出结果去验证是否符合求解问题的要求,验证程序设计是否正确。

其实在问题求解过程中,还需要调试、测试、维护等,穿插在确定数据结构和算法、编程描述解题过程、执行代码和输出结果这几个阶段之间,有时候需要在这几个阶段之间来回进行多次才能得到正确的算法和正确的解。程序设计是一个不断迭代的过程。

3.1.2 问题模型与抽象

计算机进行问题求解时,需要将所求解的问题抽象为一个相应的数学模型,依据数学模型进行算法设计。问题分析和抽象是构建数学模型的基础。

1. 模型与数学模型

数学是精确定量分析的重要工具,定量分析思维则是指从客观实际问题中提炼出数学问题,并抽象为数学模型,再借助数学运算或计算机等工具求出此模型的解或近似解,然后通过实际问题进行检验,并在必要时不断修正模型,使该模型能够更符合实际,能够具备更广泛、更通用的应用。

模型是什么?模型的作用是什么?

模型并非客观事物,它是对客观事物的简化表示。在现实生活中,运用合适的模型,可以把握事物的发展规律,简化问题求解的过程。例如,众所周知的万有引力定律就是物理学中非常重要的模型之一,它为天文观测提供了一套计算方法,可以只凭少数观测资料,算出天体周期运行的运动轨道,科学史上哈雷彗星、海王星、冥王星的发现,都有万有引力定律的功劳。

在数字化时代,模型是连接现实世界和数字化世界的桥梁,绝大多数模型是数据驱动的。

数学模型是用数学语言和方法对各种实际对象进行抽象或模仿而形成的一种数学结构。将要求解的实际问题转化为数学问题,构造出相应的数学模型,并通过对数学模型的研究和解答,使原来的实际问题得以解决,这就是数学模型方法,或者称为模型思维。

2. 问题抽象与模型建立

下面通过一个案例阐述如何从现实问题中抽象并建立数学模型。

例如,有一个工程队,需要检测某栋楼房所有房间里楼板承力点数 w。假如他们进入某一间房,发现房子里有一张方桌,需要 4 个承力点;一张床,需要 4 个承力点;2 把椅子,每把椅子需要 4 个承力点;一个圆形底座落地灯,需要 1 个承力点;站着 3 个人,每个人各需要 2 个承力点;还有一只猫,需要 4 个承力点。该房间楼板的承力点数可以通过每个物品的承力点乘以数量再加和的方式求得。其算式如下:

$$w=4\times1+4\times1+4\times2+1\times1+2\times3+4\times1=27$$

这个算式只能计算这一间房楼板的承力点数,并没有通用性,无法适用于其他房间,如果把方桌、床、椅子、灯、人、猫的数量抽象掉,分别用x,y,z,m,n,l来表示,则可以得到如下算式:

$$w=4\times x+4\times y+4\times z+1\times m+2\times n+4\times l$$

此时,本算式就具备一定的通用性,只需要代入某房间内方桌、床、椅子、灯、人、猫对应的数量,即可以计算出当前房间里楼板的承力点数。将这个算式继续抽象,将每个物体的腿数也进行抽象,分别用A,B,C,D,E,F代表方桌、床、椅子、灯、人、猫腿的数量,则可以得到:

$$w=A\times x+B\times y+C\times z+D\times m+E\times n+F\times l$$

这样,算式的通用性就会更强。此时,当前房间里没有出现过的衣架(3腿)、大书案(6腿)等物体可另行计算。

如果分别用X_1代表1条腿的物体,其数量为Y_1,X_2代表2条腿的物体,其数量为Y_2,X_3代表3条腿的物体,其数量为Y_3,以此类推,则X_j代表有j条腿的物体,其数量为Y_j。则可以得到一个更为通用的算式:

$$w=\sum_{i=1}^{j}X_iY_i$$

通过分析不难发现,该问题已经抽象成一个累加求和的问题,即得到了这类问题的通用解决模型,通过后面内容的学习,可以轻松通过循环结构来编程实现求这类问题的解。

3.1.3　基本控制结构

在现实生活中,人们处理问题通常有三种基本类型和方法,一是按顺序处理问题,其处理步骤具有先后次序,按步骤从前到后依次处理,不能颠倒;二是选择性地处理问题,在处理过程中根据不同的情况(条件),有选择地进行不同问题的处理;三是重复性地处理问题,通过多次相同(类似)的重复操作,实现问题求解。

对应于上述三类解决问题的方法,应用计算机程序求解问题时,对应的程序也具有三种基本控制结构:顺序结构、选择(分支)结构和循环结构。流程控制对于每一门程序设计语言都至关重要,它提供了按照设计算法的要求,控制执行程序代码的方法与步骤。

一个功能相对独立的程序段一般包括三部分,第一部分为数据输入,第二部分为运算处理,第三部分为结果输出。其中,第一部分是程序运行的基础;第二部分是程序设计的核心,将用到本章所讲述的基本控制结构;第三部分是程序处理结果的展现。

语句是程序的基本单位,一段程序是由若干条语句按特定的序列组成的,解决某一问题的若干语句被称为程序段或者模块(第6章介绍模块设计相关内容)。程序是按照逐句逐段遵循"自顶向下"的顺序执行的。

(1)当用程序设计解决简单问题时,可以直接通过简单语句按照语句的先后顺序执行,这种简单的结构被称为顺序结构;对应IPO编程方法,一个程序可看作包含Input、Process和Output三个部分。一个顺序结构的程序,其组成和执行流程如图3-1所示。

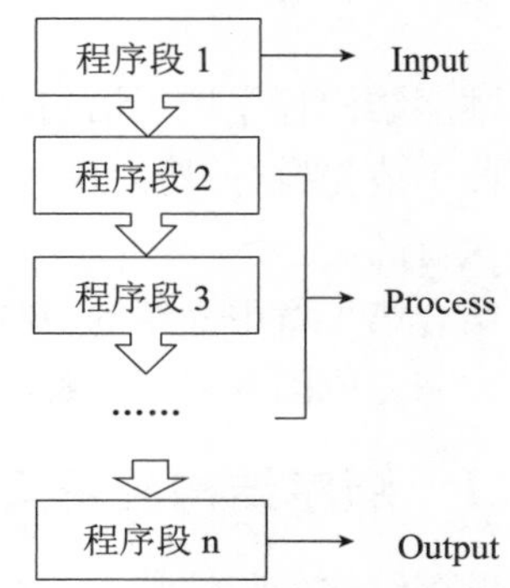

图3-1　顺序结构程序的执行流程

(2)在现实生活中常遇到根据不同情况分别进行处理的问题,通常在Process程序段中加入根据条件判断分类解决问题的语句来进行处理,该结构被称为分支结构,也称为选择结构。分支结构的程序在执行时,能够依据判断条件成立与否,选择性执行对应语句,程序执行流程如图 3-2 所示。其特点是,在程序一次的执行过程中,无论分支多寡,选择其一执行。

(3)对于需要通过多次重复处理的问题,程序设计中需要对重复执行的语句的(循环体)进行循环控制,实现循环体的重复执行,这种程序结构称为循环结构。通常需要在 Process 中应用能够控制计算机根据条件重复执行的语句(称为循环控制语句)。循环结构程序执行流程如图 3-3 所示。

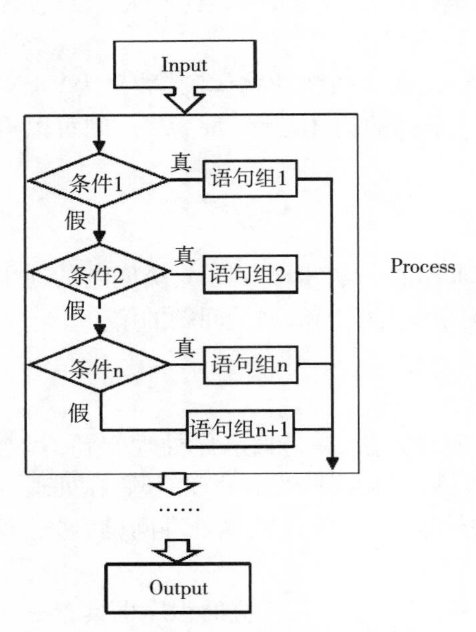

图 3-2 选择结构程序的执行流程

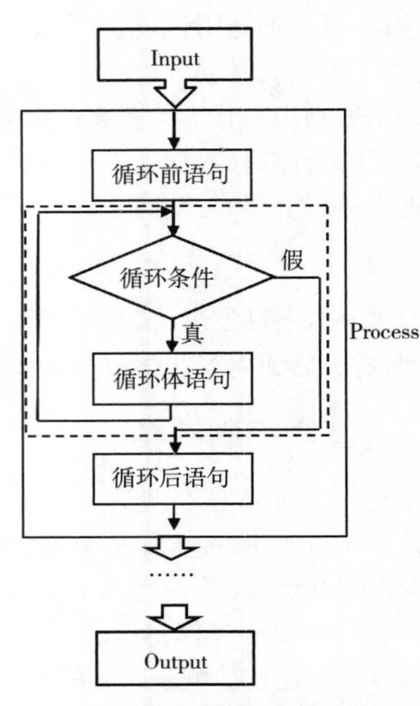

图 3-3 循环结构程序的执行流程

顺序结构、分支结构和循环结构被称为程序设计中的基本控制结构,有理论证明,任何可计算问题的求解都可以用顺序、条件和循环这三种控制结构来描述,这也是结构化程序设计的理论基础。

3.2 顺序结构

顺序结构程序按照语句书写顺序从前向后依次执行,顺序结构执行流程如图 3-1 所示。程序段 1 最先执行,然后执行程序段 2……最后执行程序段 n,各程序段间是按照书写的先后顺序执行的。

结合第 1 章中介绍的 IPO 程序编写方法进行程序设计时,可以从 Input、Process、Output 这三部分来完成问题求解过程分析。

3.2.1 顺序结构应用案例

顺序结构的程序特点是算法简单,一般用于解决简单的按顺序处理的问题。

例 3-1 已知三角形三边 a=3,b=4,c=5,计算三角形的面积。

提示:已知三角形三边 a,b,c 的值,可以利用海伦公式来求该三角形的面积。海伦公式为 $S=\sqrt{p(p-a)(p-b)(p-c)}$,其中 $p=(a+b+c)/2$。应用 IPO 程序设计方法对该题进行分析:

Input:　　已知三角形三边 a,b,c,应用赋值语句赋值。
Process:　应用海伦公式求面积 S,中间变量为 p,计算过程如下:
　　　　　①先计算 p 的值,p=(a+b+c)/2;
　　　　　②根据 p 的值计算面积 S 的值,$S=\sqrt{p(p-a)(p-b)(p-c)}$。
Output:　 输出面积 S。

根据分析,该问题的算法处理流程如图 3-4 所示。程序代码如下:

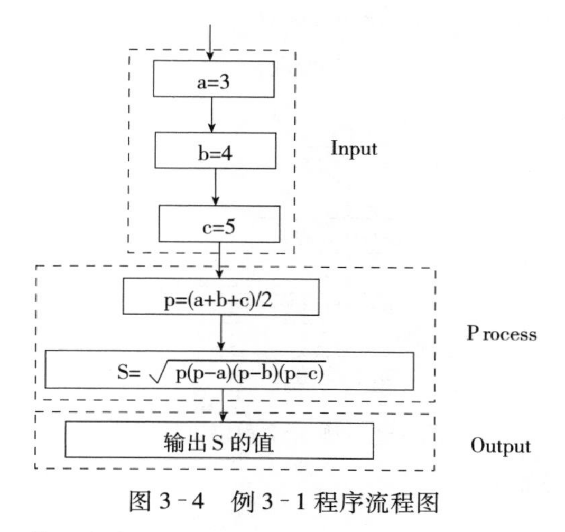

图 3-4　例 3-1 程序流程图

```
1  import math   #导入第三方库 math
2  a=3
3  b=4
4  c=5
5  p=(a+b+c)/2  #Process,完成 p 的计算
6  S=math.sqrt(p*(p-a)*(p-b)*(p-c))    #Process,完成面积 S 的计算
7  print("三角形面积 S=",S)    #Output,输出 S 的值
```

程序运行结果如下:

```
三角形面积 S=6.0
```

上述应用程序完成了已知三角形三边,计算三角形面积的一个简单任务,各语句之间属于“顺序”关系,所以应用顺序结构即可解决该问题。

3.2.2　程序中的数据输入

程序中的数据输入方式较多,通常有以下三种基本方法。

1. 应用赋值语句实现数据输入

对于数据确定的情况,可以通过赋值语句输入程序需要处理的数据。

在例 3-1 中,三角形三条边 a,b,c 的值在代码中通过简单赋值语句将对应的数据对象分别赋给变量。该方法的基本格式为：

变量名=数据对象

通常数据对象可以是具体的值、常量或者表达式，若是给多个变量赋同一个值，可以采用链式赋值，格式为：

变量1=变量2=…=变量n=数据对象

若需要给多个变量赋不同的值，除了可以用多个简单的赋值语句外，还可以采用序列解包形式赋值，格式为：

变量1,变量2,…,变量n=数据对象1,数据对象2,…,数据对象n

例 3-2 应用序列解包模式实现例 3-1 的功能。

IPO 分析同例 3-1，程序流程如图 3-5 所示。

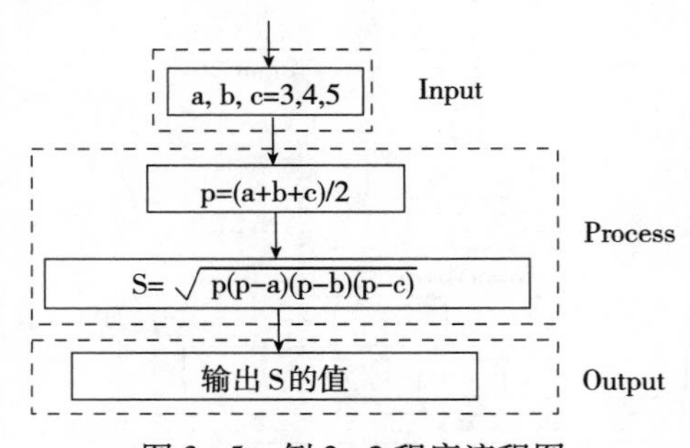

图 3-5 例 3-2 程序流程图

根据流程图，该题代码如下：

```
1  #用序列解包实现赋值
2  import math   #导入第三方库 math
3  a,b,c=3,4,5   #Input,分别给 a,b,c 赋值
4  p=(a+b+c)/2   #Process,完成 p 的计算
5  S=math.sqrt(p*(p-a)*(p-b)*(p-c))     #Process,完成面积 S 的计算
6  print("三角形面积 S=",S)     #Output,输出 S 的值
```

程序运行结果如下：

```
三角形面积 S=6.0
```

对比两段代码，使用序列解包进行变量赋值，程序段会更紧凑，但要注意，序列解包过程中赋值号左边变量个数与赋值号右边数据对象的个数必须一致，否则会出现错误。

注意：如果出现序列解包赋值时变量个数与数据对象个数不等的情况，可以借助“*”来解决，有兴趣的读者可以查看附录资料。

应用赋值语句为程序提供数据，虽然容易实现，但其弊端是每测试一组数据都需要通过修改源代码来实现，会影响代码调试效率。

2. 应用 input()函数实现数据输入

当数据不确定时，可以用 input()函数实现数据的输入，在程序运行后从键盘输入所需数据。应用 input()函数输入数据的语句格式为：

变量名=input(提示字符串)

其中,“提示字符串”是 input()函数的参数,属于可选项,用于对输入的数据进行提示说明。

通过 input()函数接收键盘输入的数据属于字符串类型,无论输入什么内容,都会被转化成字符串,该字符串是除去行末回车符后的内容。例如:

```
1  >>>x=input("请输入一个数据:")
2  请输入一个数据:12
3  >>>x
4  '12'
```

在上述交互模式代码中,“请输入一个数据:”是 input()函数的提示字符串,12 是从键盘输入的内容,第 3 行代码表示将变量 x 的值显示出来,12 表示输出的内容是字符串“12”。

如果需要输入的数据是数值类型,则需要使用 eval()、int()或 float()函数进行转换,读者可以对比它们用法的异同。例如:

```
#eval()函数
>>>a=eval(input("请输入一个数据:"))
请输入一个数据:12
>>>a
12
#int()函数
>>>b=int(input("请输入一个数据:"))
请输入一个数据:12
>>>b
12
#float()函数
>>>c=float(input("请输入一个数据:"))
请输入一个数据:12
>>>c
12.0
```

其中,eval()函数结合 input()函数可以实现多个数据的输入并分别赋值,例如:

```
>>>a,b,c=eval(input("a,b,c="))
a,b,c=1,2,3
>>>a
1
>>>b
2
>>>c
3
```

在上述代码中,变量 a,b,c 的值由键盘一次性输入,该操作相当于执行一个序列解包赋值。

例 3-3　用 input()函数输入数据,完成例 3-1 的任务。

IPO 分析同例 3-1,程序流程如图 3-6 所示。

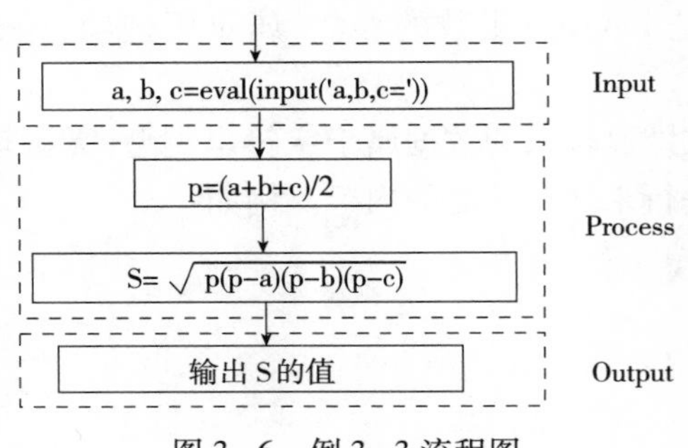

图 3-6　例 3-3 流程图

根据流程图,该题代码如下:

```
1  #用 input()函数实现数据输入
2  import math  #导入第三方库 math
3  a,b,c=eval(input('a,b,c='))    #Input,用 eval()函数和 input()函数分别给 a,b,c 赋值
4  p=(a+b+c)/2     #Process,完成 p 的计算
5  S=math.sqrt(p*(p-a)*(p-b)*(p-c))     #Process,完成面积 S 的计算
6  print("三角形面积 S=",S)     #Output,输出 S 的值
```

程序运行结果如下:

```
a,b,c=3,4,5
三角形面积 S=6.0
```

再次运行程序,输入时更换 a,b,c 的值,即可得到新的面积,如下所示:

```
a,b,c=6,8,10
三角形面积 S=24.0
```

注意:此处代码中的 a,b,c=eval(input('a,b,c='))也可以分开,写成三句代码实现对三个变量的赋值。代码如下:

```
1  #用三句 input()函数实现数据输入
2  import math  #导入第三方库 math
3  a=eval(input('a='))
4  b=eval(input('b='))
5  c=eval(input('c='))     #Input,用 eval()函数和 input()函数分别给 a,b,c 赋值
6  p=(a+b+c)/2     #Process,完成 p 的计算
7  S=math.sqrt(p*(p-a)*(p-b)*(p-c))     #Process,完成面积 S 的计算
8  print("三角形面积 S=",S)     #Output,输出 S 的值
```

程序运行结果如下:

```
a=3
b=4
c=5
三角形面积 S=6.0
```

使用 input( )函数输入数据,有以下三个特点:

(1)当程序执行到 input( )函数时,会停下来等待用户输入,只有输入完成后,程序才会继续向下执行。

(2)使用 input( )函数输入数据时,一般需要将输入的数据赋值给某一变量,再由该变量参与程序运算。

(3)input( )函数会把接收到的任何数据都转成字符串,再参与程序运行。

通过 input( )函数输入数据的方法,在面对数据量较小的数据输入时是比较方便的,但如果数据量较大,或者需要多次通过键盘进行数据输入时,运算效率会变得比较低。

3. 通过读取文件实现数据输入

当大量数据需要通过程序进行处理时,用 input( )函数会降低效率,此时可以先将需要处理的大量数据存放在文件中,再通过读取文件中的数据实现数据输入功能。如下代码所示:

```
1  #通过读取文件实现数据输入
2  file1=open('num.txt','r')     #读模式打开文件 num.txt
3  s=file1.readline()    #readline 读取一行
4  while s!='':
5      s1=eval(s.strip('\n'))  #去掉空格,转为数值型,并赋值给变量 s1
6      if s1%2==0:
7          print(s1)
8  s=file1.readline()
9  file1.close()
```

上述代码中,先打开文件 num. txt,再读取文件中的数据,并通过循环方式赋值给变量 s1,实现数据输入,再通过程序进行进一步处理。文件中数据的读取将在第 7 章详细介绍,此处仅做案例展示,不再赘述。

输入数据的方法较多,在进行程序设计时,可以根据实际问题选择合适的数据输入方法,尽量保证程序的执行效率。

3.2.3　程序中的数据输出

程序执行产生的处理结果通常需要以一定的方式呈现出来。Python 中常用 print( )函数将运行结果输出到屏幕上,或者将数据输出到文件中。

1. 使用 print( )函数输出数据

使用 print( )函数简单输出数据时,不需要设置其他参数,只需要将要输出的各数据项写在括号中即可。如例 3-1 代码中输出数据时采用的语句“print("三角形面积 S=",S)”,print( )函数中只包含两个数据项,字符串"三角形面积 S="和变量值 S,最终在屏幕上显示的输出结果“三角形面积 S=6. 0”就只包含这两项数据。

这种输出数据的方式虽然简单易行,但是输出数据的格式简单,而在解决现实问题时,很多时候对输出内容有格式要求,例如需要对输出的数据保留指定位数的小数,当通过 print( )函数直接输出时,小数位数会比较多,如下所示,此时就需要通过格式化输出来实现。

```
>>>a=15/7
```

```
>>>print("a=",a)
a=2.142857142857143
```

通常使用 print()函数输出数据时,函数不一定需要用到所有的参数,可以根据实际要求或者实际情况选择参数用于输出。

在 Python 中,可以通过字符串格式化运算符“%”、内置函数 format()和字符串的 format()方法来实现数据的格式化输出,详见第 2 章的相关内容(2.2.3)。

2. 将数据输出到文件中

当程序运行所得的结果数据较多时,输出在屏幕上不方便查看,也不方便保存,此时可以采用文件的写操作,将数据存入文件中,如下代码所示:

```
1  将程序运行结果输出到文件中
2  import random
3  file1=open('num.txt','w')       #相对路径,代码和文件在一个文件夹下
4  for i in range(0,200):
5    x=random.randint(0,100)
6    s=str(x)+'\n'      #将数值型变量 x 的数据转成字符型,并在每一个数据项后面加回车
7      file1.write(s)      #将字符型数据 s 依次写入文件 num.txt 中
8  file1.close()
9  print("ok")      #告知运行结束
```

上述代码打开文件 num.txt,通过循环得到变量 x 的值,并将其转换成字符型,每一项后面加上回车后赋值给变量 s,接下来将变量 s 所对应的数据写入文件 num.txt 中,实现大量数据的输出并保存。写入文件的操作将在第 7 章介绍。输出数据的方法可以根据任务要求或需求进行自由选择。

3.3 分支结构

分支结构是在程序控制流程中,加入能够依据不同条件选择执行不同处理的控制语句,该语句在程序执行时产生分支控制,Python 中使用 if 语句实现分支选择控制。

3.3.1 分支结构解决的问题类型

需要根据不同条件分别进行处理的问题,都可以用分支结构来解决。例如,分段函数求解、成绩等级分段、分段计费、分段收税、分情况选择等相关的问题都可以通过分支结构予以实现。

例如,某班 Python 程序设计测试结束后,需要将学生成绩分为“优秀”(90~100 分)、“良好”(80~89 分)、“中等”(70~79 分)、“及格”(60~69 分)、“不及格”(0~59 分)5 个等级。这个问题将分数段作为判断条件,属于可应用分支结构解决的问题类型。程序执行后,依据输入的成绩,通过条件处理和判断,转化成对应等级。

3.3.2 程序实现分支类问题求解

应用分支结构求解问题时,在 IPO 分析的 Process 部分需要搞清楚“有几个条件、每个条件对应的处理是什么”再进行程序设计。

1. 多分支及其应用

当需要处理的问题是多个条件判断对应多个语句块时,采用的分支结构被称为多分支结构。在 Python 中,用 if 语句实现分支控制,语法格式如下:

```
if 条件 1:
    语句块 1
elif 条件 2:
    语句块 2
……
elif 条件 n:
    语句块 n
else:
    语句块 n+1
```

执行过程如下:

(1)从上到下依次判断条件,当遇到第一个条件被满足后,便执行相应的语句块,执行完后,执行分支结构后面的后续语句。即首先判断第一个条件是否成立,若成立,执行语句块 1,再执行整个分支结构的后续语句;如果条件不成立,判断由 elif 引导的第二个条件,处理办法同第一个条件,以此类推。

(2)如果所有条件都不成立,则执行 else 对应的语句块 n+1,最后执行整个分支结构之后的语句。

分支结构执行流程如图 3-7 所示,在该流程中一个条件对应一个语句块,当有多个条件被满足时,只会执行最先满足的判定条件对应的语句块。

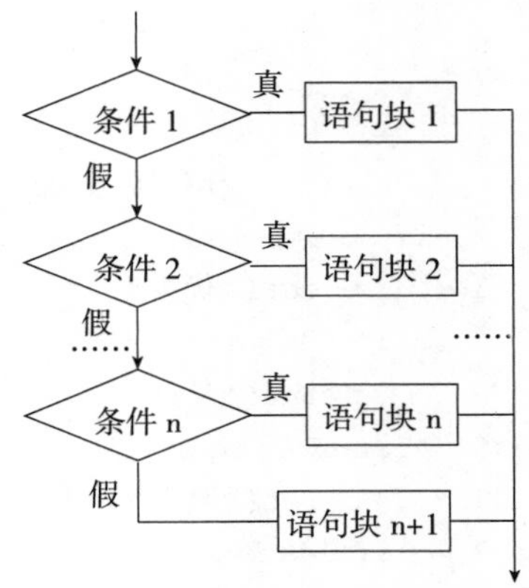

图 3-7　分支结构执行流程图

例 3-4　某班 Python 程序设计测试结束后,编程实现从键盘输入成绩,输出其成绩对应的等级。已知成绩等级划分如下:成绩大于等于 90 分,显示等级为“优秀”;成绩大于等于 80 分,小于 90 分,显示等级为“良好”;成绩大于等于 60 分,小于 80 分,显示等级为“及格”;成绩小于 60 分,显示等级为“不及格”;若成绩为 0,显示“缺考”。

应用 IPO 程序设计方法对该题进行分析:

```
Input:    从键盘输入成绩 score。
Process:  从已知条件可知,该例题属于多个条件对应多个操作,需要用多分支结构,过程如下所示。
          ①score>=90 时,等级为“优秀”;
          ②80<=score<90 时,等级为“良好”;
          ③60<=score<80 时,等级为“及格”;
          ④0<score<60 时,等级为“不及格”;
          ⑤score=0 时,显示“缺考”。
Output:   输出成绩等级信息。
```

根据分析,该任务的流程如图 3-8 所示,依据流程图,代码如下:

```
1  score=eval(input("请输入您的成绩:"))      #Input,从键盘输入成绩
```

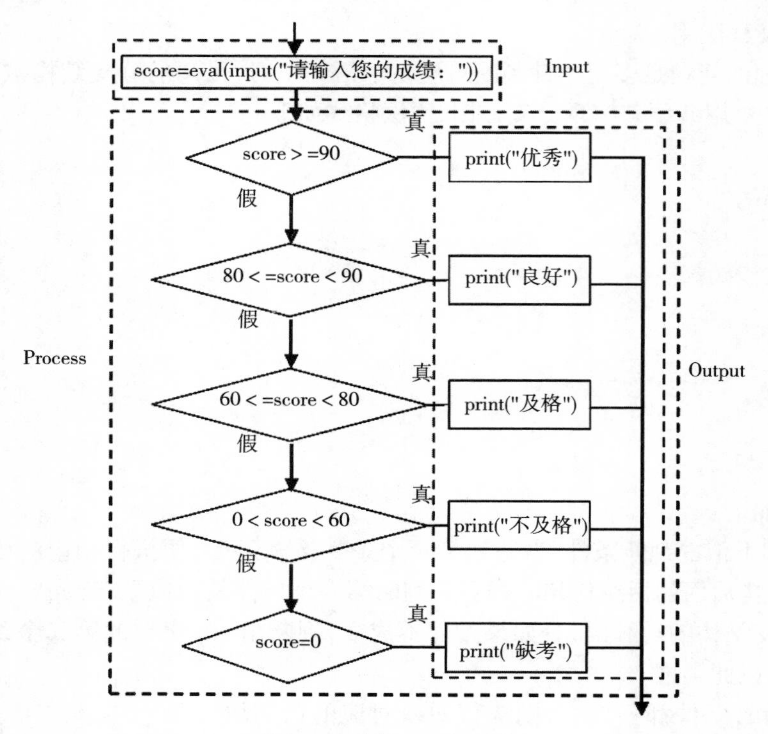

图 3-8　例 3-4 流程图

```
    #Process,应用多分支处理五个条件的问题;Output,完成结果输出
2  if score>=90:
3      print("优秀")
4  elif 80<=score<90:
5      print("良好")
6  elif 60<=score<80:
7      print("及格")
8  elif 0<score<60:
9      print("不及格")
10 elif score==0:
11     print("缺考")
```

程序第一次运行结果如下：

```
请输入您的成绩:93
优秀
```

程序第二次运行结果如下：

```
请输入您的成绩:76
及格
```

由上述运行结果可知,代码满足题意需求。其实本例题的条件还可以简化,输出还可以设置成“您的成绩为……,您的成绩等级为……”的格式,请读者试着修改代码。

例 3-5　空气污染是当下国际社会关注的问题之一,检测机构常用 PM2.5 指标来衡量空气污染程度。PM2.5 是指大气中直径小于或等于 2.5μm 的可入肺颗粒物,会对人体健康和环境质量造成较大影响。目前根据 PM2.5 检测数值将空气质量划分为 6 个等级:PM2.5 值为 0~35 空气质量为优,35~75 为良,75~115 为轻度污染,115~150 为中度污染,150~250 为重度污染,250 以上为严重污染。请设计一个根据输入的 PM2.5 数值,输出空气质量等级的小程序。

问题分析:本题需要根据 PM2.5 的值,从空气质量 6 个等级中输出一种。由于需要判断 6 个条件中满足哪一个,因此本题属于多分支结构的问题。

应用 IPO 程序设计方法对该题进行分析:

Input:　从键盘输入 PM2.5 的值 pm——用 eval()函数和 input()函数;用 s 记录空气质量信息。

Process:　根据 PM2.5 的值,判断空气质量等级。

① 0<=pm<35:s="空气质量优,请多参加户外活动。";
②35<=pm<75:s="空气质量良好,可以适当户外活动。";
③75<=pm<115:s="空气轻度污染,可以少量户外活动。";
④115<=pm<150:s="空气中度污染,请年老体弱人群减少外出。";
⑤150<=pm<250:s="空气重度污染,请年老体弱人群不要外出。";
⑥250<=pm:s="空气严重污染,请停止户外作业,若无 PM2.5 口罩,尽量停止外出。"。

Output:　应用 print()函数输出空气质量信息。

请根据 IPO 分析绘制该程序的执行流程图,本题代码如下:

```
1    pm=eval(input("请输入当天 PM2.5 的值:"))      #Input,输入 PM2.5 的值
2    if 0<=pm<35:     #Process,多分支结构判断空气质量等级
3        s="空气质量优,请多参加户外活动。"
4    elif 35<=pm<75:
5        s="空气质量良好,可以适当户外活动。"
6    elif 75<=pm<115:
7        s="空气轻度污染,可以少量户外活动。"
8    elif 115<=pm<150:
9        s="空气中度污染,请年老体弱人群减少外出。"
10   elif 150<=pm<250:
11       s="空气重度污染,请年老体弱人群不要外出。"
12   elif pm>=250:
13       s="空气严重污染,请停止户外作业,若无 PM2.5 口罩,尽量停止外出。"
14   print("PM2.5 值为{},{}".format(pm,s))
15   #Output,输出空气质量等级及外出活动建议
```

程序第一次运行结果如下:

```
请输入当天 PM2.5 的值:123
PM2.5 值为 123,空气中度污染,请年老体弱人群减少外出。
```

程序第二次运行结果如下:

```
请输入当天 PM2.5 的值:46
PM2.5 值为 46,空气质量良好,可以适当户外活动。
```

程序第三次运行结果如下：

```
请输入当天 PM2.5 的值:25
PM2.5 值为 25,空气质量优,请多参加户外活动。
```

在该题中，如果考虑输入错误的情况，如误输入-20 时，能够输出错误提示“输入错误，请重新输入!”，这又该如何实现呢？请改写例 3-8 的代码予以实现。

例 3-6 从键盘输入变量 a,b,c，判断以这三个数为边长的三条线段能不能构成三角形，如果能构成三角形，求这个三角形的面积，否则，输出信息“无法构成三角形”。应用 IPO 程序设计方法对该题进行分析：

Input： 从键盘输入 a,b,c 的值——用 eval()函数和 input()函数。

Process： 根据三角形三边关系，用多分支结构判断 a,b,c 三者的关系，过程如下所示。

①若满足任意两个变量值之和大于第三个变量值，则 a,b,c 可以构成三角形，应用海伦公式求三角形面积 s 并输出；

②若不满足任意两个变量值之和大于第三个变量值，则 a,b,c 无法构成三角形，输出“无法构成三角形”；

Output： 输出面积值或无法构成三角形的信息。

由 IPO 分析可知，此题的分支条件为“满足任意两个变量之和大于第三个变量”即 a+b>c、a+c>b、b+c>a 这三个条件同时成立，则本题执行流程如图 3-9 所示，代码如下：

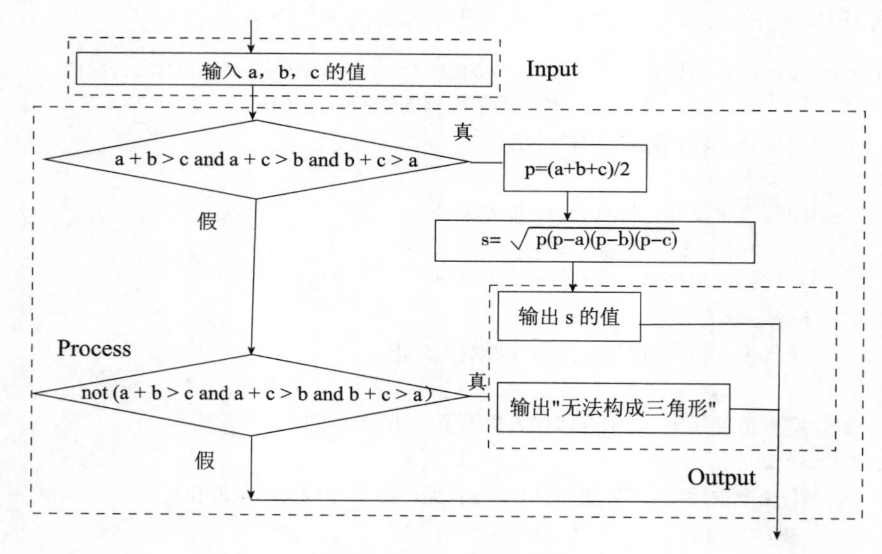

图 3-9 例 3-6 流程图

```
1   import math      #导入第三方库 math
2   a,b,c=eval(input('请输入 a,b,c 的值:'))     #分别给 a,b,c 赋值
    if a+b>c and a+c>b and b+c>a:     #判断 a,b,c 是否能构成三角形
3       p=(a+b+c)/2      #如果能构成三角形,则计算并输出三角形面积
        s=math.sqrt(p*(p-a)*(p-b)*(p-c))
4       print("三角形面积 s=",s)   #输出 s 的值
5   elif not(a+b>c and a+c>b and b+c>a):     #判断不能构成三角形
6       print("无法构成三角形")      #若不构成三角形,则输出相应信息
```

程序第一次运行后的结果如下：

```
请输入 a,b,c 的值:1,2,3
无法构成三角形
```

程序第二次运行后的结果如下：

```
请输入 a,b,c 的值:3,4,5
三角形面积 s=6.0
```

2. 双分支及其应用

分析例 3-6 可知，当只有两个条件，而且两个条件互为反条件时，可以简化为判断条件“任意两个变量值之和大于第三个变量值”是否满足，从而选择执行计算三角形面积还是输出“无法构成三角形”。此时，只需要判断某个条件是否成立即可。类似这种只有两个条件，且两个条件互为反条件的情况，可以根据条件成立与否，选择执行的操作，这类分支结构被称为双分支结构，执行流程如图 3-10 所示。

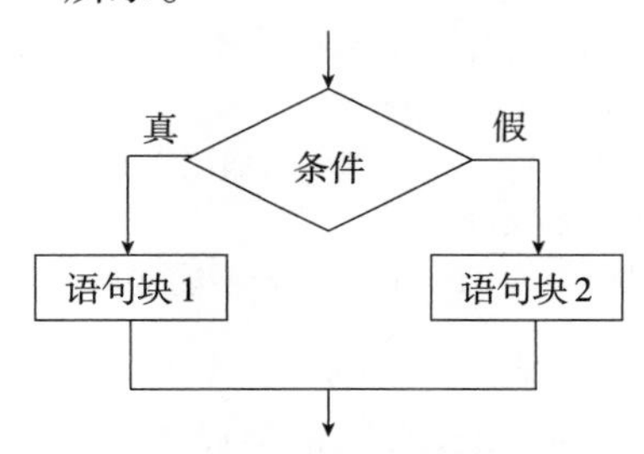

图 3-10　双分支结构流程图

双分支结构的语法格式如下：

```
if 条件 1:
    语句块 1
else:
    语句块 2
```

例 3-7　变量 a,b,c 的值从键盘输入，判断以这三个数为边长的三条线段能不能构成三角形，如果能构成三角形，求这个三角形的面积，否则，输出信息“无法构成三角形”。应用 IPO 程序设计方法对该题进行分析：

Input：　从键盘输入 a,b,c 的值——用 eval()函数和 input()函数。

Process：　根据三角形三边关系，用双分支结构判断“任意两个变量值之和大于第三个变量值”是否满足。

①若条件满足，a,b,c 可以构成三角形，应用海伦公式求三角形面积 s 并输出；

②若条件不满足，则 a,b,c 的值无法构成三角形，输出“无法构成三角形”。

Output：　输出面积值或无法构成三角形的信息。

由 IPO 分析可知该程序的执行流程如图 3-11 所示，代码如下：

```
1  import math   #导入第三方库 math
2  a,b,c=eval(input('请输入 a,b,c 的值:'))      #Input,分别给 a,b,c 赋值
3  if a+b>c and a+c>b and b+c>a:      #Process,应用分支判断 a,b,c 是否能构成三角形
```

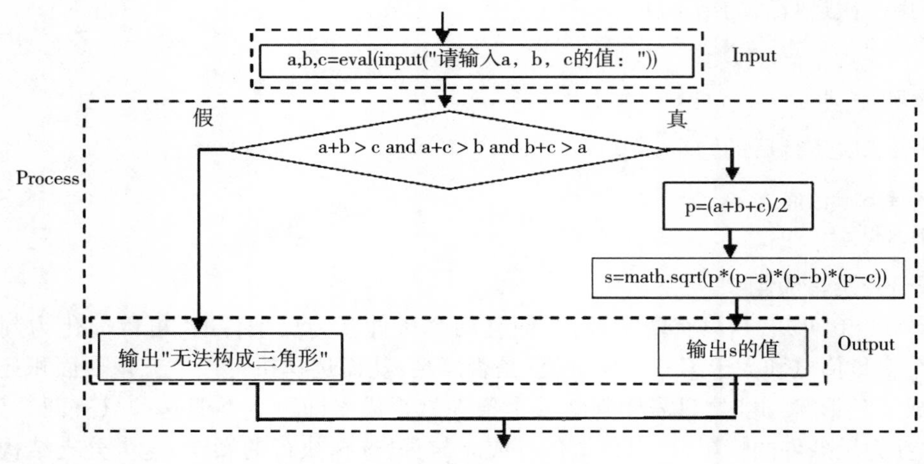

图 3-11　例 3-7 流程图

```
4      p=(a+b+c)/2      #如果能构成三角形,则计算并输出三角形面积
5      s=math.sqrt(p*(p-a)*(p-b)*(p-c))
6      print("三角形面积 s=",s)      #Output,输出 s 的值
7  else:     #Process,当条件不满足时
8      print("无法构成三角形")      #Output,若不能构成三角形,则输出相应信息
```

代码执行后的结果与例 3-6 一样。

例 3-8　在登录网络平台时,为了安全,通常会设置登录校验码,当输入的校验码跟其随机显示的校验码一致时,则登录成功,否则显示校验码错误。现编程模拟一个网络学习平台登录校验码检验程序。要求:先随机生成一个 5 位数字的校验码,用户从键盘输入校验码,通过程序检验用户输入的校验码,如果一致,则显示"不负韶华不负青春,努力拥有终身学习能力!";若不一致,则显示"校验码错误,请重新输入。"应用 IPO 程序设计方法对该题进行分析:

Input:　程序需要 3 个变量,保存随机生成的 5 位数字校验码变量 sccode、用户输入的验证码变量 jycode,以及保存提示信息的变量 s:
①随机生成一个 5 位的校验码存入变量 sccode 中,可以用随机库 random 中的函数 randint(),随机生成一个[10000,99999]范围内的 5 位数;
②从键盘输入变量 jycode 的值——用 eval()函数和 input()函数;
③变量 s 保存的提示信息直接用赋值语句提供值。

Process:　判断输入的 jycode 与随机生成的校验码 sccode 是否一致,用双分支实现。
①若 jycode 与 sccode 一致:s="不负韶华不负青春,努力拥有终身学习能力!";
②否则:s="校验码错误,请重新输入。"。

Output:　①用 print()函数将随机生成的校验码 sccode 输出,便于核对;
②用 print()函数输出校验提示信息 s。

请大家根据 IPO 分析绘制该程序的执行流程图,代码如下:

```
1  import random    #导入 random 库
2  sccode=random.randint(10000,99999)   #Input,随机生成校验码
3  print("校验码为:{}".format(sccode))   #Output,输出生成的校验码
```

```
4  jycode=eval(input("请输入如图所示的5位校验码:"))
       #Input,用户从键盘输入 jycode
5  if jycode==sccode:  #Process,用双分支结构判断用户输入的校验码和随机生成的是否一致
6      s="不负韶华不负青春,努力拥有终身学习能力!"
7  else:
8      s="校验码错误,请重新输入。"
9  print(s)            #Output,输出提示信息 s
```

程序第一次运行结果如下：

```
校验码为:94745
请输入如图所示的五位校验码:94745
不负韶华不负青春,努力拥有终身学习能力!
```

程序第二次运行结果如下：

```
校验码为:41942
请输入如图所示的五位校验码:42294
校验码错误,请重新输入。
```

思考：现实生活中还有哪些属于双分支结构能解决的问题呢？请试着列举出一两个实例。

3. 单分支及其应用

在日常生活中还经常遇见只需要在某一个条件满足时执行某操作的情况，例如去某驿站取快递时，如果快递上的取件码与自己收到的取件码一致，则取走该快递。类似只需要描述一个条件满足时做什么，不需要考虑该条件不满足或者其他情况时做什么的分支结构，被称为单分支结构，这是最简单的分支结构，其流程如图3-12所示。其语法格式如下：

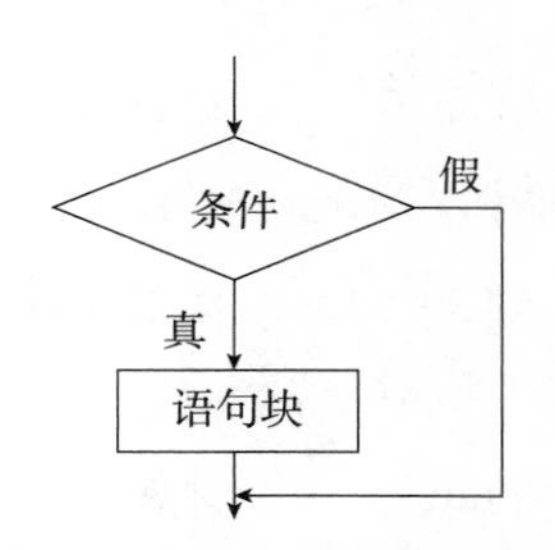

图3-12　单分支结构流程图

```
if 条件:
    语句块
```

例3-9　从键盘输入三个变量a,b,c的值，如果输入的数能构成一个三角形，则计算三角形的面积并输出。

应用IPO程序设计方法对该题进行分析：

Input:　　从键盘输入a,b,c的值——用eval()函数和input()函数。

Process:　根据三角形三边关系，如果满足条件“任意两个变量之和大于第三个变量”，应用海伦公式求三角形面积s并输出。

Output:　 输出所构成三角形的面积。

由IPO分析可得该程序的执行流程如图3-13所示，代码如下：

```
1  import math  #导入第三方库 math
2  a,b,c=eval(input('请输入a,b,c的值:'))      #分别给a,b,c赋值
3  if a+b>c and a+c>b and b+c>a:      #分支判断a,b,c是否能构成三角形
4        p=(a+b+c)/2         #如果能构成三角形,则计算并输出三角形面积
5        s=math.sqrt(p*(p-a)*(p-b)*(p-c))
6        print("三角形面积s=",s)  #Output,输出s的值
```

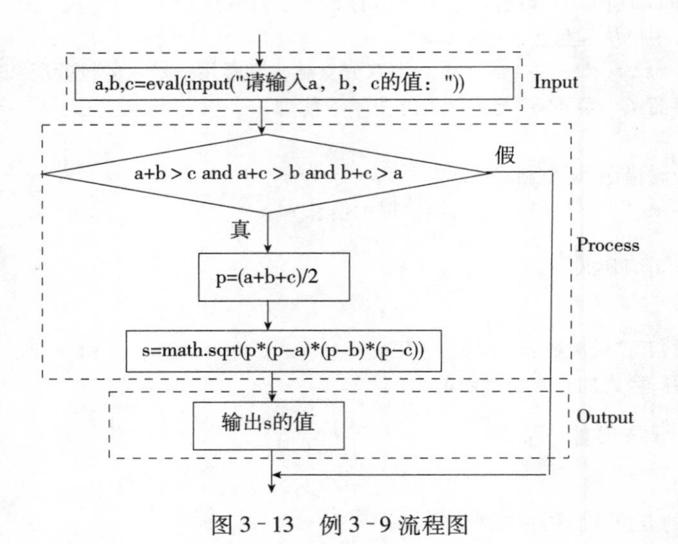

图 3 - 13　例 3 - 9 流程图

程序第一次运行结果如下：

```
请输入 a,b,c 的值:3,4,5
三角形面积 S=6.0
```

程序第二次运行结果如下：

```
请输入 a,b,c 的值:1,2,3
```

例 3 - 10　请从键盘任意输入三个数,并将这三个数由小到大排序后输出。应用 IPO 程序设计方法对该题进行分析：

Input：　从键盘输入三个数 num1、num2、num3——用 eval()函数和 input()函数。

Process：　三个数排序的思路如下所示。

①若 num1>num2,交换 num1、num2 的值,此时 num1 的值是 num1、num2 中较小的数；

②若 num1>num3,交换 num1、num3 的值,此时,num1 的值是三个数中的最小值；

③若 num2>num3,交换 num2、num3 的值,此时,num3 的值是三个数中的最大值。

Output：　应用 print()函数按照 num1、num2、num3 的顺序输出,即由小到大排序。

请根据 IPO 分析绘制该程序的执行流程,代码如下：

```
1  num1,num2,num3=eval(input("请输入任意三个数:"))      #Input
2  if num1>num2:          #Process,用三个单分支结构完成三个数排序
3      num1,num2=num2,num1
4  if num1>num3:
5      num1,num3=num3,num1
6  if num2>num3:
7      num2,num3=num3,num2
8  print("三个数由小到大排序后为:{},{},{}。".format(num1,num2,num3))
                                         #Output,输出排序后的结果
```

程序第一次运行结果如下：

```
请输入任意三个数:3,8,5
三个数由小到大排序后为:3,5,8。
```

程序第二次运行结果如下：

```
请输入任意三个数:21,23,5
三个数由小到大排序后为:5,21,23。
```

由前面的例题可知，当条件不满足时，单分支结构的程序不做任何操作；双分支结构可以根据一个条件满足与否选择不同的操作；多分支结构则可以在多个条件中选择满足某一条件所对应的操作。在解决实际问题时，需要根据条件的多少、条件与操作对应的情况选择合适的分支结构。

分支结构 if 语句应用注意事项：

①if 表达式后的“:”、elif 表达式后面的“:”、else 后面的“:”都必须书写，否则会弹出如“invalid syntax”的语法错误警告。

②if 表达式下面的语句块要注意缩进，否则会弹出如“expected an indented block”的错误警告；同级别的 if 表达式和 elif、else 的缩进量要相同，否则将弹出如“invalid syntax”的错误警告。

3.4　循环结构

循环结构根据某条件判定情况来确定循环体语句是否重复执行，在 Python 中可以用 while 语句和 for 语句来实现循环结构。本节介绍用这两种语句实现循环结构的程序设计方法。

3.4.1　循环结构解决的问题类型

可以通过计算 1~10 中所有整数累加和的问题来理解使用循环结构解决问题的特点。该问题用顺序结构设计的代码如下：

```
1  s=0
2  s=s+1
3  s=s+2
4  s=s+3
5  s=s+4
6  s=s+5
7  s=s+6
8  s=s+7
9  s=s+8
10 s=s+9
11 s=s+10
12 print("s=",s)
```

通过观察发现，从 1 累加到 10，需要写 10 条求和语句，在这个求和处理过程中，累加是相同的操作，可以通过重复执行实现。若将累加操作用 s=s+x 语句来实现，观察 x，发现其每次都会比上一次的 x 增加一个 1，因此需要累加的数据可以用 x=x+1 来表示，通过 10 次重复执行,则能得到累加的结果。这类通过重复相同操作处理的问题,就可以用循环结构来解决。

若要求从 1 累加到 10000、100000 甚至更大的数值时,用顺序结构虽然也能够解决问题,却会使代码特别冗长,降低编写代码的效率,此时用循环结构解决该问题就会简便很多。

一般来说,涉及有规律的、重复性操作的问题,类似累加、累积、求数列的前 n 项、在有限范围内判断满足条件的数据等都可以通过循环结构予以实现。

3.4.2 程序实现循环类问题求解

应用循环结构求解问题时,在 IPO 分析的 Process 部分需要搞清楚"循环的条件是什么、需要重复执行的操作是什么、循环结束的标志或条件是什么",再进行程序设计。

1. while 语句

while 语句的功能是利用表示逻辑条件的表达式来控制循环。当条件成立时,重复执行循环体语句块,直到条件不成立时结束重复执行。该条件称为循环条件,条件成立时重复执行的语句块为循环体,while 语句的语法格式如下:

```
while 条件:
    语句块
```

其执行流程如图 3-14 所示。while 语句实现循环功能的执行过程为:

(1)判断循环条件是否成立。

(2)若条件成立,执行循环体语句,循环体执行完成后,程序执行流程转向 while 语句,进行下一次循环是否执行的条件判断。

(3)若循环条件不成立,循环执行结束。

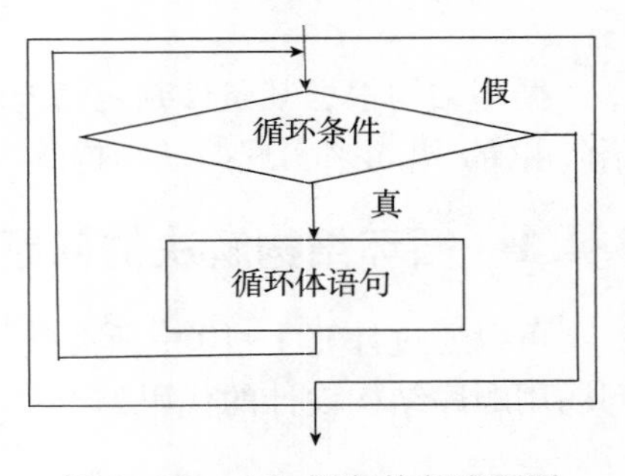

图 3-14 while 语句执行流程图

注意:

①条件说明:循环条件值为 True(或者非零、非空),表示条件成立;循环条件值为 False(或者为零、空值),表示条件不成立。

②编程要点:只有条件成立才能保证循环被执行;循环变量要有变化,否则会构成死循环;若遇见 break 语句或者 continue 语句,将强行终止循环或提前进入下一轮循环。

③while 语句使用注意事项:

- while 是依据条件判断控制循环是否执行。
- while 语句条件后面的":"不能省略,循环体的语句块必须以相同格式缩进。
- 循环体可以由一条或多条语句组成。
- 循环体中必须要有能改变循环变量值的语句,使循环变量值发生改变,确保在某时刻循环条件不成立,从而能够结束循环。

例 3-11 用 while 语句实现计算 1+2+…+10 的值。

应用 IPO 程序设计方法对该题进行分析:

Input: 变量 n 表示被累加的数初值 n=1,s 表示累加和,初值为 0。

Process: 本题需要重复执行 10 次加和操作,当 n 在[1,10]范围内时,执行加和操作 s=s+n,同时让 n 自增 1,使 n 能够从 1 自增到 10;当 n 超出[1,10]范围时,停止加和,执行 while 结构后续的语句。

Output:　应用 print()函数输出 s 的值。

根据 IPO 分析绘制该程序的执行流程如图 3 - 15 所示。代码如下:

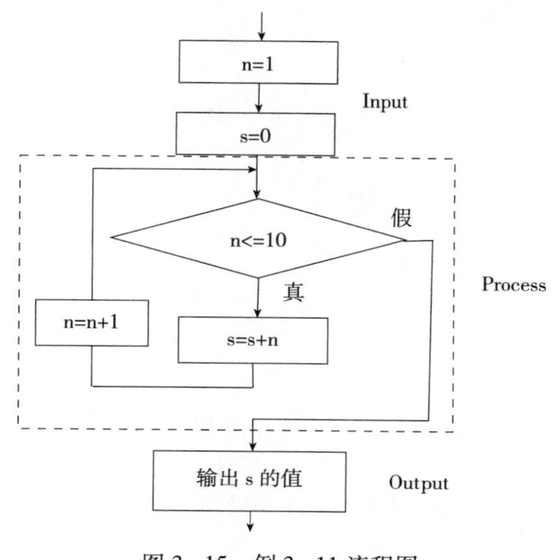

图 3 - 15　例 3 - 11 流程图

```
1  n=1   #Input,n 存放被累加的数,s 存放累加和
2  s=0
3  while n<=10:     #Process,应用循环实现累加
4      s=s+n
5      n+=1
6  print("s=",s)      #Output,输出 s 的值
```

程序运行结果如下:

```
s=55
```

对比顺序结构的代码,利用循环结构解决该问题,代码更简洁紧凑。

当需要求 1+2+…+10000、1+2+…+100000+…时,只需要修改 while 后面的条件即可。

while 语句既可以解决循环次数确定的问题,也可以解决循环次数不确定的问题。下面将通过例题总结两种情况的使用方式。

(1)利用循环变量或者计数器,处理循环次数确定的问题。为了控制循环次数,可以在程序中加入一个计数变量,每次循环,该变量都会自增或自减,当该变量超出设定范围时,循环结束;或者根据循环中发生改变的循环变量是否在设定范围内,来确定继续循环还是结束循环。

例 3 - 12　编程求前 10 个奇数之和。

应用 IPO 程序设计方法对该题进行分析:

Input:　变量 i 用来存放被累加的数,初值 i=1;n 用来计数,初值 n=1;s 用来存放前 10 个奇数之和,初值 s=0。

Process： 当 n<=10 时，重复执行如下操作“s=s+i”；i 每次自增 2，保证参与累加的数为奇数；计数变量 n 自增 1；当 n>10 时，停止加和，执行 while 结构后续的语句。

Output： 应用 print()函数输出 s 的值。

根据 IPO 分析，请绘制该程序的执行流程图。该程序的代码如下：

```
1  i=1   #Input,给变量赋初值
2  n=1
3  s=0
4  while n<=10: #Process,通过计数变量 n 来控制循环次数
5      s=s+i   #累加
6      i+=2   #i 自增 2,保证 i 为奇数序列
7      n+=1   #n 自增 1,记录奇数个数
8  print("前 10 个奇数之和为:",s)     #Output,输出结果
```

程序运行结果为：

```
前 10 个奇数之和为: 100
```

（2）设定一个触发循环结束的变量，处理循环次数不固定的问题。循环次数不确定，指的是编写程序或者程序运行前无法预知循环执行的具体次数，为了进行循环控制，通常会在程序中设定一个触发循环结束的变量，每次循环，该变量随之改变，接收到一个新值，当该变量值达到触发循环结束的值时，循环结束。

例 3-13 从键盘输入若干数据，当输入为 0 时结束输入，开始计算，求这些数据之和。

应用 IPO 程序设计方法对该题进行分析：

Input： 变量 num 用来存放累加的数，使用 input()函数和 eval()函数从键盘输入；sum 用来存放输入的数据 num 之和，初值 sum=0；设置当输入的数据为 0 时，结束循环，此时触发循环结束的值 num=0。

Process： 循环的条件是 num 不为 0，当条件满足时，重复执行操作“sum=sum+num”，继续使用 input()函数和 eval()函数从键盘输入 num；如果输入的 num 值为 0，停止加和，执行 while 结构后续的语句。

Output： 应用 print()函数输出 sum 的值。

根据 IPO 分析，请绘制该程序的执行流程图，该程序的代码如下：

```
1  num=eval(input("请输入一个非 0 整数:"))   #Input,从键盘输入 num 的值
2  sum=0   #sum 赋初值
3  while num!=0:
     #Process,在循环体中累加,再次输入 num 的值,当 num=0 时,结束循环
4      sum+=num
5      num=eval(input("请再次输入一个非 0 整数:"))
6  print("sum=",sum)     #Output,输出结果
```

程序运行结果为：

```
请输入一个非 0 整数:23
请再次输入一个非 0 整数:3
请再次输入一个非 0 整数:44
```

```
请再次输入一个非 0 整数:5
请再次输入一个非 0 整数:0
sum=75
```

本题中,num 是结束循环触发变量,触发循环结束的值为 0,即当输入的值非 0 时,进入循环,否则结束循环。

2. for 语句

for 语句通常用于循环次数固定且已知的循环控制问题,通过依次遍历对象集合中的元素来控制重复操作的执行,其语法格式如下:

```
for 循环变量 in 对象集合:
    循环体语句块
```

循环开始时,循环变量从 in 关键字后面的对象集合中从前至后依次取值,只要对象集合中还有值可取,则进入循环。执行循环体结束后,循环变量继续取对象集合中的下一个值,直到对象集合中的值全部被取完,此时循环结束。for 语句的执行流程如图 3-16 所示。

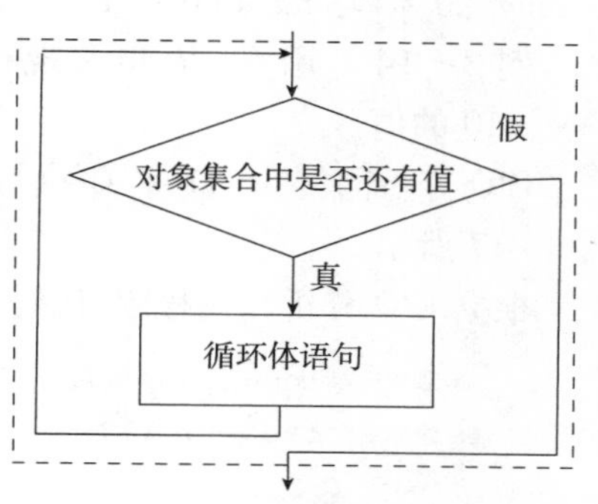

图 3-16　for 语句执行流程图

通常用 for 语句实现循环结构,对象集合既可以是数据序列①,也可以由 range( ) 函数生成迭代序列。

(1)对象集合是数据序列。此时,对象集合既可以是字符序列,也可以是数值序列,for 语句都能实现循环变量的依次遍历取值。示例如下:

```
>>>for i in (1,2,3):
    print(i)
1
2
3
>>>for s in "abcdef":
    print(s)
a
b
c
d
e
f
```

(2)数据对象是 range( ) 函数生成的迭代序列。range( ) 函数的格式为:

```
range(start, end[, step])
```

range( ) 函数的功能是生成一个迭代序列,该序列从 start 开始,到 end 结束,每两个整数对象之间的步长为 step。

① 序列属于组合数据类型,相关知识在第 4 章详细介绍。

注意：

①start 是迭代序列的起始值，若省略，则默认从 0 开始。如 range(6) 与 range(0,6) 等价。

②end 是迭代序列的终止值，但是取的值不包括 end，一般取到 end 之前的一个数。如 range(6) 和 range(0,6) 生成的序列都是 0,1,2,3,4,5，不包括 6。

③step 是迭代序列的步长，代表两个相邻值之间的间隔，若省略，则默认为 1。如 range(0,6) 与 range(0,6,1) 等价。

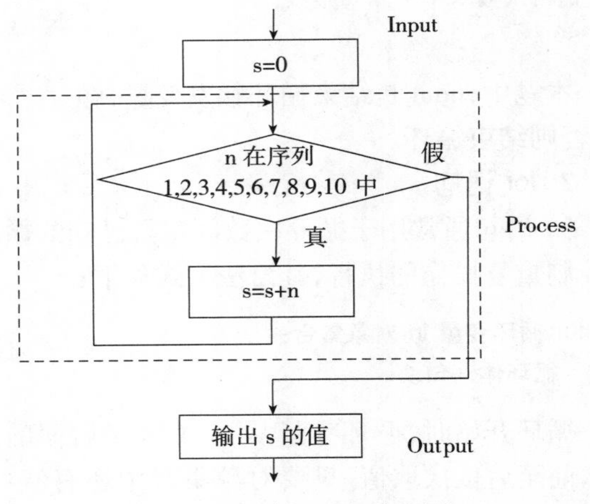

图 3－17　例 3－14 流程图

例 3－14　用 for 语句实现计算 1+2+…+10 的值。

IPO 分析同例 3－11，程序执行流程如图 3－17 所示。

根据 IPO 分析和流程图，代码如下：

```
1  s=0      #Input,n 存放被累加的数,s 存放累加和
2  for n in range(1,11):      #Process,应用循环实现累加
3      s+=n
4  print("s=",s)      #Output,输出 s 的值
```

程序运行结果为：

```
s=55
```

注意：因为 range() 函数生成从 start 开始取值到 end−1 的迭代序列，因此 end 参数设置要比实际能取到值的上限大，取值为“取值上限+step”。此题中 n 的取值从 1 开始取到 10，为了能够取到 10，end 参数设为 11。

对比例 3－14 与例 3－11 的代码，可知当循环次数确定时，用 for 语句的程序代码比用 while 语句的代码更为紧凑。

例 3－15　编程求 $1+\frac{1}{2}+\frac{1}{3}+\frac{1}{4}+\frac{1}{5}+\frac{1}{6}$ 的值。

分析：本题重复执行的操作是求和，依然属于累加问题求解；仔细观察后，可发现本题被累加的不是简单的连续数值，而是 1,2,3,4,5,6 的倒数。因此此题可以看作重复执行两个操作：求倒数、求和。IPO 分析如下：

Input:　用变量 n 存放连续的数值 1~6，用 t 存放 n 的倒数，用 sum 存放累加和。

Process:　循环从 n=1 迭代到 n=6，可以用 for 语句求解；循环体为：先求 n 的倒数，赋值给 t；再累加 t，将和赋值给 sum。

Output:　应用 print() 函数输出 sum 的值。

根据 IPO 分析，该程序的代码如下：

```
1  sum=0  #Input,给 sum 赋初值
```

```
2  for n in range(1,7):  #Process,因为n取值为1~6,所以end为7
3      t=1/n   #求倒数
4      sum+=t      #求和
5  print("sum=",sum)   #Output,输出结果
```

程序运行结果为:

```
sum=2.4499999999999997
```

请思考一下,本题是否可以用while语句予以实现?

本题虽然累加的对象不是连续的数值,但是能通过连续数值进行简单计算得到。类似的累加问题还有 $1+2!+3!+\cdots+n!$、$1+\frac{1}{2!}+\frac{1}{3!}+\cdots+\frac{1}{n!}$ 等都可以用循环实现问题求解,大家可以根据循环次数是否确定来选择用for语句还是用while语句。

3.4.3 嵌套

嵌套是指在一个控制结构中包含另一个控制结构,例如分支中嵌套分支、分支中嵌套循环、循环中嵌套分支、循环中嵌套循环等。根据嵌套层数不同,可以有二重嵌套、三重嵌套甚至多重嵌套。

1. 分支嵌套

当有多个条件需要判断,且条件之间有递进关系时,可以在分支语句的语句块中再加一个分支语句,这种分支中嵌套分支的结构称为分支嵌套结构。

例3-16 编写程序,模拟一个网络平台的登录过程,让用户输入用户名和密码。若用户名输入正确,再判断密码是否正确,并给出相应的提示信息;若用户名与设定的用户名不符,则提示“用户名输入有误”。

应用IPO程序设计方法对该题进行分析:

Input: 从键盘输入用户名username和密码passwd——用input()函数。

Process: 本题需要两层分支语句:

①如果username与设定的用户名admin一致,进一步判断passwd与设定的密码123456是否一致,若一致,则显示“请稍后,正在登录”;若不一致,则显示“密码输入有误”;

②如果username与设定的用户名不一致,则显示“用户名输入有误”。

Output: 应用print()函数输出提示信息。

根据IPO分析绘制该程序的执行流程图,如图3-18所示。代码如下:

```
1  username=input("请输入您的用户名:")
2  passwd=input("请输入您的密码:")     #Input,从键盘输入usename和passwd
3  if username=='admin': #Process,外层分支语句判断用户名是否一致
4    if passwd=='123456': #Process,内层分支语句判断密码是否一致
5      print("请稍后,正在登录") #Output
6    else:
7      print("密码输入有误")     #Output
8  else:
9      print("用户名输入有误")     #Output
```

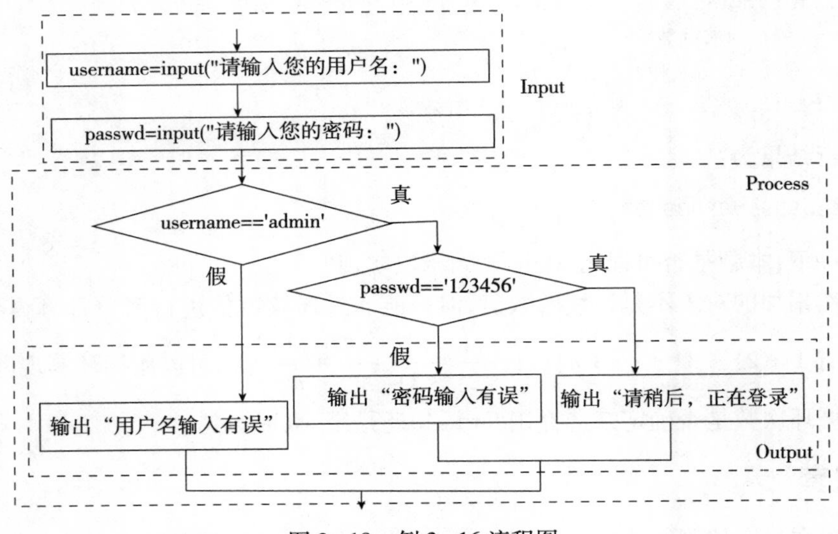

图 3 - 18　例 3 - 16 流程图

程序第一次运行结果如下：

```
请输入您的用户名:ad
请输入您的密码:1234
用户名输入有误
```

程序第二次运行结果如下：

```
请输入您的用户名:admin
请输入您的密码:12346
密码输入错误
```

程序第三次运行结果如下：

```
请输入您的用户名:admin
请输入您的密码:123456
请稍后,正在登录
```

分支嵌套的书写格式要注意外层分支语句与内层分支语句之间的缩进关系,以保证程序执行时内外分支层次关系清晰。

2. 循环嵌套

循环结构包含循环结构的程序称为循环嵌套。比如,用一层的循环结构解决一维数据(数据是一行或者一列的情况)的重复运算问题,当遇到二维数据(数据包含行和列的关系)及更多维数据时,一层循环将无法处理,此时就需要用到二层或者多层循环。循环嵌套的执行过程为:先执行第一轮外层循环,然后执行完所有内层循环,再执行第二轮外层循环,接着再执行完所有内循环,直到所有外循环执行完毕。可以理解为外层循环变量变化一次,内层循环遍历完所有的循环变量,执行完所有循环变量对应的所有循环体。

工程上、图像处理中的数据并非简单的一维数据,而是二维数据或者多维数据,此时如果要对这些多维数据进行处理,就需要用到循环嵌套,有几维数据,就需要几层循环嵌套。

例 3 - 17　“九九乘法表”起源于我国古代的算筹运算规则,乘法口诀是中国算筹运算中进行乘法、除法、开方等运算的基本规则，至今已沿用2000多年。请编程输出一个九九乘法表。

问题分析：乘法属于双目运算，因此是两个数据相乘，九九乘法表是一个9行9列的二维数据，因此需要用到两层循环。外循环控制行，循环体执行9次，每次输出九九乘法表中的一行；内循环控制列，循环体执行9次，每次完成一列的计算和输出。对应的IPO分析如下：

Input：　控制行变换的变量为i，控制列变换的变量为j，i和j的初值都是1。
Process：　因为数据是二维的，本题需要两层循环语句：
①外循环遍历行，一共循环9次；
②内循环遍历列，每轮循环9次。内循环作为外循环的循环体，其执行的操作为：输出当前行i和当前列j相乘对应的表达式及其计算结果。
Output：　应用print()函数输出提示信息。

根据IPO分析绘制该程序的执行流程图，如图3-19所示。

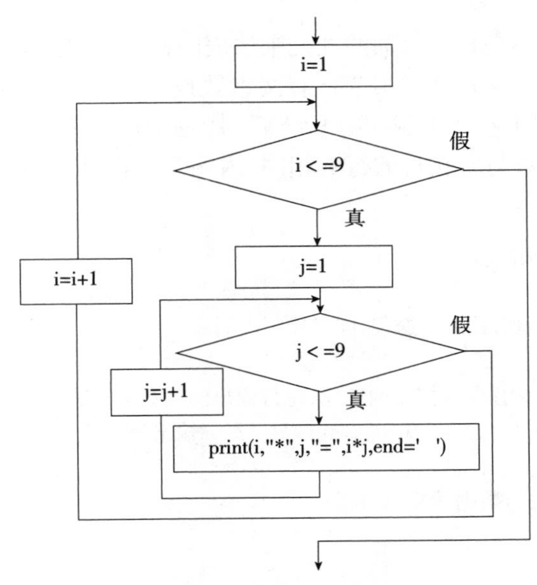

图3-19　例3-17流程图

代码如下：

```
1  i=1
2  while i<=9: #外循环,控制行迭代
3      j=1
4      while j<=9:  #内循环,控制列迭代
5          print(i,"*",j,"=",i*j,end='  ')  #输出该行所有的数据
6          j+=1
7      print("")  #每行数据输完后,换行
8      i+=1
```

程序运行结果如下：

```
1*1=1  1*2=2  1*3=3  1*4=4  1*5=5  1*6=6  1*7=7  1*8=8  1*9=9
2*1=2  2*2=4  2*3=6  2*4=8  2*5=10  2*6=12  2*7=14  2*8=16  2*9=18
3*1=3  3*2=6  3*3=9  3*4=12  3*5=15  3*6=18  3*7=21  3*8=24  3*9=27
4*1=4  4*2=8  4*3=12  4*4=16  4*5=20  4*6=24  4*7=28  4*8=32  4*9=36
5*1=5  5*2=10  5*3=15  5*4=20  5*5=25  5*6=30  5*7=35  5*8=40  5*9=45
6*1=6  6*2=12  6*3=18  6*4=24  6*5=30  6*6=36  6*7=42  6*8=48  6*9=54
7*1=7  7*2=14  7*3=21  7*4=28  7*5=35  7*6=42  7*7=49  7*8=56  7*9=63
8*1=8  8*2=16  8*3=24  8*4=32  8*5=40  8*6=48  8*7=56  8*8=64  8*9=72
9*1=9  9*2=18  9*3=27  9*4=36  9*5=45  9*6=54  9*7=63  9*8=72  9*9=81
```

循环执行过程:外层循环变量 i 取初值 1,内层循环就要执行 1 轮,即内层循环要执行 9 次(j 依次取 1、2、3、…、9),输出九九乘法表第 1 行的各列值;接着,外层循环变量 i 取 2,内循环同样要执行一轮,即循环 9 次(j 再次取 1、2、3、…、9),输出九九乘法表第 2 行,以此类推,直到输出“九九乘法表”第 9 行。所以外循环共执行 9 次,内循环的循环体共执行 9×9 次,即 81 次。

经过观察发现,这并不是日常背诵的九九乘法表的样子,常见的九九乘法表是下三角的形式,第 1 行只有一组数据“1＊1=1”,第 2 行有两组数据“1＊2=2　2＊2=4”,以此类推,直至第 9 行有 9 组数据,即从“1＊9=9”到“9＊9=81”,其规律是第 1 行 1 列,第 2 行 2 列,…、第 9 行 9 列,即每行打印的列数与所在行的行数相同,内循环的循环次数则可用外循环控制变量 i 的值控制。程序修改如下:

```
1  #下三角形式的九九乘法表
2  i=1
3  while i<=9: #外循环,控制行迭代,同时控制内循环
4     j=1
5     while j<=i:  #内循环,控制列迭代,每行输出的列数与行数一致
6        print(i,"*",j,"=",i*j,end=' ')  #输出该行所有的数据
7        j+=1
8     print("")  #每行数据输完后,换行
9     i+=1
```

程序运行结果如下:

```
1*1=1
2*1=2  2*2=4
3*1=3  3*2=6  3*3=9
4*1=4  4*2=8  4*3=12  4*4=16
5*1=5  5*2=10  5*3=15  5*4=20  5*5=25
6*1=6  6*2=12  6*3=18  6*4=24  6*5=30  6*6=36
7*1=7  7*2=14  7*3=21  7*4=28  7*5=35  7*6=42  7*7=49
8*1=8  8*2=16  8*3=24  8*4=32  8*5=40  8*6=48  8*7=56  8*8=64
9*1=9  9*2=18  9*3=27  9*4=36  9*5=45  9*6=54  9*7=63  9*8=72  9*9=81
```

思考:输出九九乘法表是否能够用 for 语句的循环来实现,如果可以,请编写和调试程序,并验证结果的正确性。

3. 嵌套综合案例

在日常应用中除了分支嵌套和循环嵌套外，还会遇到一些需要在分支中进行循环执行的情况，也会遇到在循环中重复进行分支判断的问题，例如“100以内的奇数有哪些？”“打印九九乘法口诀表，需要几次外循环？几次内循环？”等问题，此时，就会应用分支中嵌套循环或者循环中嵌套分支的混合嵌套来解决。

例3-18　编程计算1-2+3-4+…+99-100的值。

问题分析：这类问题有多种解决方法，其中一种就是将数据分成奇数和偶数两类，一类累加，一类累减，需要在循环中嵌套一个双分支。对应的IPO分析如下：

Input：　参与计算的数据num，初值为1，以1为步长自增至100；计算结果存入sum中，sum的初值为0。

Process：　本题属于循环结构中嵌套双分支的情况。

①循环条件：当num<=100时，进入循环；

②循环体为一个双分支：

- 当num为奇数即num%2!=0时，执行sum+=num；
- 否则，当num为偶数时，执行sum-=num。

Output：　应用print()函数输出提示信息。

请根据IPO分析绘制该程序的执行流程图。本题代码如下：

```
1    sum=0
2    for num in range(1,101):      #外层循环,num从1自增至100
3        #内层分支,如果num为奇数,则执行加运算,否则执行减运算
4        if num%2!=0:
5            sum+=num
6        else:
7            sum-=num
8    print("1-2+3-4+…+100=",sum) #输出运算结果
```

程序运行结果如下：

```
1-2+3-4+…+100=-50
```

在编写混合嵌套程序时，同样要注意应用缩进来保持内外层次结构。

3.4.4　break与continue语句

for语句和while语句控制循环体的执行，一旦进入循环体，就会完整地执行循环体中的语句，直至循环结束。有时遇到在循环体执行的过程中，需要依据情况只执行循环体中的部分语句就转到下一次循环，或者只执行完若干次循环就提前结束循环的情况，此时就需要用循环控制语句break和continue来实现。

例如，猜数字游戏，一共10次机会，若在10次以内猜中数字，则立即停止，显示“恭喜您猜中了！”，若猜了10次还没有猜中，则在循环结束后提示“很遗憾，您没有猜中”。再例如小时候玩过的一个游戏，大家坐一圈循环报数，报数时需要跳过一个数n以及该数的倍数，继续向下报数，假如要跳过的数是3，则报数为“1，2，4，5，7，8，10，11，13，14，16，…”，这些案例都属于需要提前结束循环的情况或者只执行循环体中一些语句就要转到下一次循环的情况。

1. break 语句

break 语句的功能是跳出并结束 break 语句所在循环体,转向执行该层循环语句之后的其他语句。break 语句常与 if 语句结合使用,具体语法格式如下:

```
while 循环条件:                    或者        for 循环变量 in 遍历序列:
    语句组 1                                       语句组 1
    if 判断条件:                                   if 判断条件:
      break                                          break
    语句组 2                                       语句组 2
语句组 3                                       语句组 3
```

循环中 break 语句执行流程如图 3-20 所示。

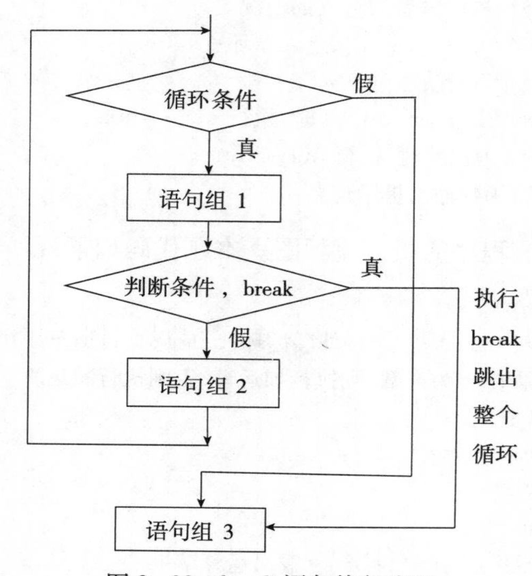

图 3-20　break 语句执行流程

例 3-19　猜数字游戏,先让计算机取一个[10,100]的随机整数,再让用户输入一个整数,一共 10 次机会。若猜的数字比计算机取到的数字小,则提示“小了点”;若猜的数字比计算机取到的数字大,则提示“大了点”;若在 10 次以内猜中数字,则立即停止,显示“恭喜您猜中了!”,若猜了 10 次还没有猜中,则在循环结束后提示“很遗憾,您没有猜中”并给出正确的整数数值。

问题分析:这类问题需要在循环中嵌套一个多分支结构,当分支条件满足时执行 break 语句。对应的 IPO 分析如下:

Input:　参与计算的数据 num,由随机函数 randint()得到;用户猜的数,通过 input()函数从键盘输入,存入 cai_num 中;循环次数 n,初值为 1,终值为 10。

Process:　本题属于循环结构中嵌套分支的情况。

①循环条件:当 n<=10 时,进入循环;

②循环体:让用户输入 cai_num,接下来执行一个分支条件判断,当 cai_num 等于计算机所取的随机数 num 时,输出“恭喜您猜中了!”并执行 break 语句,跳出循环;若 cai_num 小于 num,则输出“小了点”,若 cai_num 大于 num,则输出“大了点”,继续执行 n=n+1,然后进入下一轮循环。

Output：　应用print()函数输出提示信息。

根据IPO分析，本题代码如下：

```
1   import random
2   num=random.randint(10,100) #先取随机数
3   n=1
4   while n<=10:     #在循环内猜数字与判断正误
5       cai_num=int(input("请输入你猜的整数:"))
6       if cai_num>num:
7           print("大了点!")
8       elif cai_num<num:
9           print("小了点")
10      elif cai_num==num:
11          #当所猜的数字等于计算机取的随机整数时,执行break
12          print("恭喜您第{}次就猜中了!".format(n))
13          break
14      n+=1
15  if n>10:     #当猜了10次还没猜中时,输出正确结果
16      print("很遗憾,您没有猜中,这个数是:",num)
```

请执行程序查看结果，尝试删除break语句再运行程序，进一步体会break语句的作用。

2. continue语句

continue语句的功能是提前结束当次循环的执行，将程序执行流程转至循环控制语句。continue语句也常与if语句结合使用，其语法格式如下：

```
while 循环条件:
    语句组1
    if 判断条件:
        continue
    语句组2
语句组3
```

或者

```
for 循环变量 in 遍历序列:
    语句组1
    if 判断条件:
        continue
    语句组2
语句组3
```

循环中continue语句执行流程如图3-21所示。

例3-20　有这样一个游戏，游戏规则是大家坐一圈循环报数，报数时需要跳过一个指定的数n以及该数的倍数，然后继续向下报数。例如，要跳过的数是3，则报数为“1,2,4,5,7,8,10,11,13,14,16,…”。请编程模拟这个游戏的报数过程。

问题分析：这类问题需要在循环中嵌套一个双分支，当分支条件被满足时，执行continue语句。对应的IPO分析如下：

Input：　用来报数的数据num，范围是[1,20]，需要跳过的数据为3的倍数。

Process：　本题属于循环结构中的嵌套分支。

①循环条件：当num<=20时，进入循环；

②循环体：执行一个分支判断条件：当num不等于3的倍数时，报数num；当num等于3的倍数时，执行continue语句，跳过报数，结束本次循环，继续执行num=num+1，然后进入下一轮循环。

Output：　应用print()函数输出报数信息。

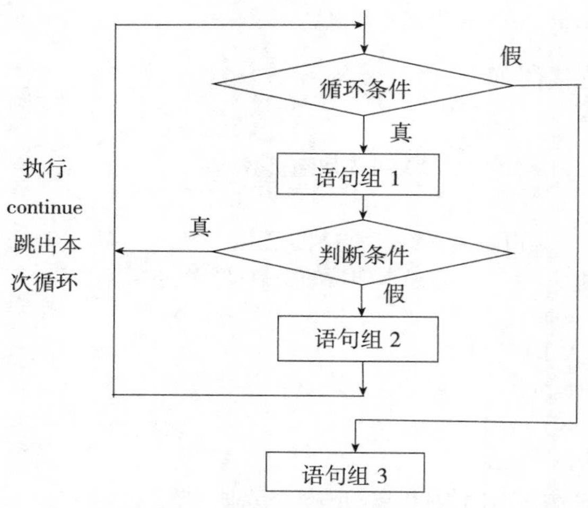

图 3-21 continue 语句执行流程

根据 IPO 分析，本题代码如下：

```
1  for num in range(1,21):     #num 从 1 到 20
2    if num%3!=0:
3    #当 num 值不是 3 的倍数时报数，否则结束本次循环，进入下一轮循环
4        print("报数{}!".format(num))
5    else:
6        continue
```

执行该程序，看看是否满足游戏的要求。

如果把游戏条件换成“凡是 3 的倍数和含有 3 的数都要跳过，直接进入下一个报数”，代码该如何修改？

提示：判断一个数是否为含有 3 的数，只需要让程序把该数当作字符，依次判断是否有一位是 3 即可。这部分的内容属于字符串数据的具体操作，在第 4 章中会详细叙述，此处给出解决问题的程序代码：

```
1  #报数时跳过 3 的倍数和所有含 3 的数
2  print("进阶版报数来啦,3 的倍数和含有 3 的数全部跳过!")
3  for num in range(1,21):
4    if num%3==0 or '3' in str(num):
5        #str(num)将数 num 转为字符型，再判断其中是否含有数字 3
6        continue
7    else:
8        print("报数{}!".format(num))
```

请再次执行本程序，对比一下，验证是否满足游戏的要求。

通过这两个程序，可以尝试用程序模拟自己儿时的一些游戏、数学题等，提高学习程序设计的乐趣。

3.4.5 for else 与 while else 语句

Python 语言与其他语言不一样，Python 语言循环语句 for 或者 while 后面还可以用 else 语句。其功能是当循环条件不满足或者正常遍历结束自然退出时，执行 else 中的语句，用于配合在循环结束后再进行其他的处理。此时循环语句结构如下：

```
while 循环条件：
    语句组 1
else：
    语句组 2
```

或者

```
for 循环变量 in 遍历序列：
    语句组 1
else：
    语句组 2
```

例如：

```
1  for i in range(6):
2      print(i,end=",")
3  else:
4      print("循环正常结束")
```

程序运行结果如下：

```
0,1,2,3,4,5,循环正常结束
```

但如果循环是因为 break 语句而退出的，则不会执行 else 中的语句，例如：

```
1  for i in range(6):
2    print(i,end=",")
3    if i>=4:
4        break
5  else:
6    print("循环正常结束")
```

程序运行结果如下：

```
0,1,2,3,4,
```

观察上面两段程序，自行梳理二者的不同之处。

3.4.6　循环结构应用案例

循环结构经常用来处理一些数学方面的计算问题，如累加、累积、重复运算、重复判断等，应用程序设计进行计算，比手工运算效率高很多。

例 3-21　利用循环分别求 1~100 所有的奇数和与偶数和。

问题分析：这类问题需要在循环中嵌套一个双分支来判断奇数和偶数，并分别求和。会用到累加模型“s=s+i”，此时 s 对应奇数和或者偶数和，i 对应本题中用来累加的数据。对应的 IPO 分析如下：

Input：　用来累加的数据 num，范围取值是[1,100]；奇数和为 jsh，初值为 0；偶数和为 osh，初值为 0。

Process：　本题属于循环结构中嵌套分支的情况。

①循环条件：当 num<=100 时，进入循环；

②循环体：执行一个分支判断条件，当 num 是 2 或 2 的倍数时，执行 osh=osh+num；当 num 不是 2 的倍数时，执行 jsh=jsh+num；继续执行 num=num+1，判断是否进入下一轮循环。

Output:　应用 print()函数输出结果信息。

根据 IPO 分析,本题代码如下:

```
1        #用 while 语句实现
2        jsh=0     #变量赋初值 Input
3        osh=0
4        num=1
5        while num<=100:     #num 为 1 到 100 时进入循环,Process
6            if num% 2==1:     #判断是否为偶数,再分别累加
7              osh+=num
8            else:
9              jsh+=num
10           num+=1
11       print("1-100 中所有的奇数和为:", jsh)      #输出结果,Output
12       print("1-100 中所有的偶数和为:", osh)
```

程序运行结果如下:

```
1-100 中所有的奇数和为: 2550
1-100 中所有的偶数和为: 2500
```

本题也可以用 for 语句来实现,代码如下:

```
1        #用 for 语句实现
2        jsh=0     #变量赋初值 Input
3        osh=0
4        for num in range(1,101):     #num 为 1 到 100 时进入循环,Process
5            if num% 2==1:     #判断是否为偶数,再分别累加
6              osh+=num
7            else:
8              jsh+=num
9        print("1-100 中所有的奇数和为:", jsh)      #输出结果,Output
10       print("1-100 中所有的偶数和为:", osh)
```

思考:请思考一下该例题是否还有其他的解决方法。

例 3-22　求 100~200 范围内所有能被 3 整除的数,并规范输出。每行输出 8 个数,分多行输出。

问题分析:本题要在 100~200 范围内重复判断一个数 num 能否被 3 整除,应用循环语句可以实现;本题还要求每行输出 8 个数,分多行输出,也就是第 1 行输出第 1 个数到第 8 个数,第 2 行输出第 9 个数到第 16 个数,以此类推。不难发现,每行输出的最后一个数除以 8,余数都是 0,即刚好整除。此时可以借助一个变量 gs 来记录满足条件的数据个数,每次有一个数 num 满足条件,则执行 gs=gs+1,然后在输出时判断该变量 gs 是否能被 8 整除,如果可以整除,则执行换行语句 print(),否则,执行输出语句 print(num,end="　"),保证这 8 个数据在一行中输出。

请完成 IPO 分析,本题代码如下,认真观察规范输出的解决方法。

```
1  gs=0     #用来记录满足“不能被 3 整除”的数据个数,初值为 0,Input
2  for num in range(100,201):     #Process,在 100~200 之间循环判断
```

```
3    if num%3==0:     #判断数据 num 能否被 3 整除
4      gs+=1     #满足条件,gs 增加 1
5      print(num,end="  ")     #Output,输出满足条件的数 num,在同一行输出多个数
6      if gs%8==0:     #如果 gs 能被 8 整除,则执行换行,保证每行输出 8 个数
7          print()     #Output,什么都不输出,通常用来实现一行输出多个数据时换行
```

程序运行结果如下:

```
102  105  108  111  114  117  120  123
126  129  132  135  138  141  144  147
150  153  156  159  162  165  168  171
174  177  180  183  186  189  192  195
198
```

思考:如果规范输出的要求改成“分多行输出,每行输出 6 个数据”,请尝试修改例 3-22 的代码实现相应的功能。

例 3-23　请输出 1000~9999 之间的回文数。

问题分析:数学中回文数指的是一个数无论正着念还是倒着念都相等,如 121、66 等。题目要求的是找四位数中的回文数,此时满足条件的整数有这样的特征:个位数和千位数相等,而且十位数和百位数相等,当两个条件同时满足时,这个数就是回文数。本题需要用到条件判断,再加上需要在 1000~9999 之间不断地判断是否满足条件,因此需要用到循环,在循环中判断当前数是否满足回文数的条件,用到的是循环结构中的嵌套选择结构。

思考:如何从一个四位数中分别分离出个位数、十位数、百位数和千位数?

通过第 2 章的学习,可以应用算术运算实现。如果一个四位整数为 x,千位数可以用这个数整除 1000 得到,即“千位数=x//1000”;个位数可以通过计算这个数除以 10 的余数得到,即“个位数=x%10”;百位数需要先整除 100,然后再除以 10 取余数,即“百位数=x//100%10”;十位数则需要先整除 10,再对 10 取余数得到,即“十位数=x//10%10”。例如一个四位数 2035,通过 Python 交互界面运算得到其每个数位的数,如下所示:

```
>>>2035//1000   #千位数
2
>>>2035//100%10   #百位数
0
>>>2035//10%10   #十位数
3
>>>2035%10   #个位数
5
```

若要得到一个整数各数位上的数字,还有很多方法多,可以尝试一下其他的方法。

本例题需要输出四位数中所有的回文数,可以用上述规范输出,请自行完成 IPO 分析,代码如下:

```
1   gs=0     #用来记录满足条件的回文数个数,方便规范输出
2   for num in range(1000,10000):
3     qws=num//1000   #千位数
4     bws=num//100%10     #百位数
```

```
5      sws=num//10%10     #十位数
6      gws=num%10     #个位数
7      if qws==gws and bws==sws:     #判断回文数条件是否满足
8        print(num,end=',')
9        gs+=1
10       if gs%10==0:     #每行输出 10 个数据
11         print()
```

程序运行结果如下：

```
1001,1111,1221,1331,1441,1551,1661,1771,1881,1991,
2002,2112,2222,2332,2442,2552,2662,2772,2882,2992,
……
9009,9119,9229,9339,9449,9559,9669,9779,9889,9999,
```

循环结构除了能解决纯数学运算方面的问题外，还能解决一些现实生活中涉及重复操作的问题。

【阅读材料】中欧班列已经逐渐成为连接“一带一路”的重要纽带，特别是 2020 年开始的疫情肆虐全球，中欧班列开行数量逆势增长，有力、高效地促进了中欧及沿线国家的抗疫合作，成为各国携手抗击疫情的“生命通道”和“命运纽带”。中欧班列成为贯通中欧、中亚供应链的重要运输方式，源源不断地为中欧、中亚输送重要物资，架起了保护生命的桥梁，在“一带一路”倡议中将丝绸之路从原先的“商贸路”变成产业和人口集聚的“经济带”。

例 3-24 “中欧班列”已成为国际物流陆路运输骨干，打造了铁路国际联运货物运输品牌，假设 2020 年 1 月开行 538 列，以后每个月开行量提升 10%，请编程计算，到 2020 年 9 月一共开行了多少列中欧班列。

问题分析：从 1 月到 9 月，每个月开行量增加 10%，设前一个月开行量为 kx_num，则后一个月开行量为 kx_num * (1+0.1)，从 2 月一直计算到 9 月，需要重复进行运算，这属于循环结构的问题。请进行 IPO 分析，根据 IPO 分析，代码如下：

```
1  m=1
2  kx_num=538     #2020 年 1 月开行量为 538 列
3  print("1 月的开行量为 538 列")
4  while m<9:
5      kx_num=kx_num*(1+0.1)
6      m+=1
7      print("{}月的开行量为{}列".format(m,kx_num))
```

运行程序结果如下：

```
1 月的开行量为 538 列
2 月的开行量为 591.8000000000001 列
3 月的开行量为 650.9800000000001 列
4 月的开行量为 716.0780000000002 列
5 月的开行量为 787.6858000000003 列
6 月的开行量为 866.4543800000005 列
7 月的开行量为 953.0998180000006 列
```

```
8月的开行量为1048.4097998000007列
9月的开行量为1153.2507797800008列
```

注意: 这个结果为什么会出现这么多小数?因为Python在计算时,浮点数会产生误差。如果希望输出的结果保留适当的小数位数,可以采用round()函数处理后再输出。

例3-25 《老子》第64章中有文:"合抱之木,生于毫末;九层之台,起于累土;千里之行,始于足下。"常用来表达无论起点多低,只要不断努力,持续成长,假以时日,终有所成。可以通过程序设计来模拟一个实验,证明这句话的可行性。用一张厚度为0.1mm的足够大的纸,不断对折,每对折一次,厚度翻倍,编程求解:这张纸对折多少次以后,其厚度达到世界最高峰珠穆朗玛峰的高度8844.43m?

问题分析: 本问题提及要"不断对折"这张纸,直到其厚度达到8844.43m为止,因此需要用到循环结构。可以用IPO分析本问题,绘制问题求解流程图。代码如下:

```
1  dz_num=0      #对折次数,初值为0
2  hd_paper=0.0001      #纸初始厚度为0.0001m
3  while hd_paper<=8844.43:
4      hd_paper=2*hd_paper      #每次对折,厚度翻倍
5      dz_num+=1
6  print("当对折{}次之后,纸的厚度为{}m".format(dz_num,hd_paper))
                                      #输出循环结束后对折次数及纸的厚度
```

程序运行结果如下:

```
当对折27次之后,纸的厚度为13421.7728m
```

程序运行结果证明,只要持续努力,0.1mm也可以变成13421.7728m,积累的力量非常强,相信我们也能够每天持续进步一小点,积沙成塔终会达成自己的人生目标。

本章小结

顺序结构、分支结构和循环结构是程序设计语言的三大基本结构,这部分内容既是学习重点,又是难点,特别是循环结构。要掌握好本章内容,首先要熟记选择结构和循环结构中具有代表性结构的语法构成,理解其执行过程;其次要培养自己的逻辑思维能力。本章列举的实例包含了初学者学习程序设计时遇到的基本问题。建议精读典型例题,研究程序的运行过程,这样既能培养、锻炼逻辑思维能力,又能深化对语法结构的理解,还能提高学习效率与质量;最后,要敢于动手,面对具体编程问题,按照分析问题、确定算法、设计界面、编写代码等步骤完成。"照猫画虎"也是初学者学习编程的好方法。

在学习过程中请注意:顺序结构是最简单的结构,重点掌握数据输入输出的基本方法;重点理解分支结构并对比单分支、双分支、多分支结构的适用情况;循环结构内容相对较难,重点掌握循环体构建。注意循环控制方式的选择(for语句适用于循环次数已知的循环,while语句适用于循环次数未知的循环),理解循环控制中break和countiue语句的特定用法,以及for…else和while…else语句的特定功能与用法。在学习中,建议多看例题,多动手仿写、改写例题代码,建立严密的逻辑思维,循序渐进地构建程序设计思维,逐步实现游刃有余地应用基本控

制结构解决现实问题。

习 题

编程题

1. 编程实现如下功能:从键盘输入一个数据,判断其能否同时被 3、5、7 整除,如果能,则输出“可以同时被 3、5、7 整除”;如果不能,则输出“无法同时被 3、5、7 整除”。

2. 请编写程序,实现如下分段函数的计算:

$$y=\begin{cases}0, & x<0\\ x+1, & 0\leqslant x<5\\ 3x+1, & 5\leqslant x<8\\ x^2+2, & 8\leqslant x<20\\ 0, & x\geqslant 20\end{cases}$$

3. 输入三个数,输出其中的最大数和最小数。

4. 闰年的条件是年份能被 4 整除但不能被 100 整除,或者能被 400 整除,从键盘输入一个年号,判断是否为闰年。

5. 税务部门征收所得税,规定如下:

①收入为[0,3000]元,免征;

②收入为(3000,5000]元,超过 3000 元的部分纳税 2%;

③收入超过 5000 元的部分,纳税 3%;

④当收入达 8000 元或超过时,超过 5000 元的部分纳税 4%。

6. 水仙花数是指一个三位数,它每一数位上数字的 3 次幂之和等于它本身。例如 $1^3+5^3+3^3=153$,请编程找出所有的水仙花数。

7. 请编程计算 $1+\frac{1}{2}+\frac{1}{3}+\frac{1}{4}+\cdots+\frac{1}{20}$ 的值。

8. 求自然对数 e 的近似值,当任意项的值小于 10^{-4} 时结束计算,近似公式如下:

$$e\approx 1+\frac{1}{1!}+\frac{1}{2!}+\frac{1}{3!}+\cdots+\frac{1}{n!}$$

9. 求解数学灯谜,有以下算式:

$$\begin{array}{r} A\ B\ C\ D\\ -\quad C\ D\ C\\ \hline A\ B\ C\end{array}$$

编程求 A、B、C、D 的值。

参考答案

实验指导

一、顺序结构实验

1. 实验目的

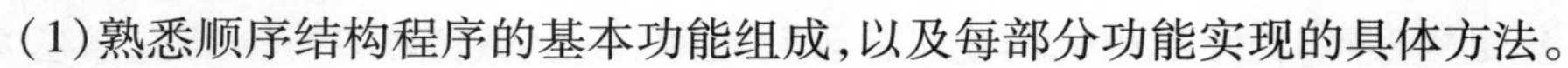

(1)熟悉顺序结构程序的基本功能组成,以及每部分功能实现的具体方法。

(2)掌握提供数据的基本方法和应用。

(3)掌握赋值语句在数据运算中的功能和使用方法。

(4)掌握输出数据的基本方法和应用。

(5)理解并掌握 IPO 顺序结构程序设计方法。

2. 实验内容

(1)分析顺序结构有关例题,掌握有关数据输入输出的方法,熟悉顺序结构程序设计方法。

(2)完成习题中有关顺序结构的编程题。

3. 常见错误及分析

(1)交换两个变量的值。交换两个变量的值是程序设计中常用的操作。如要交换变量 x、y 的值,初学者会使用 x=y;y=x,结果会造成变量 x 值的丢失。正确的做法应是引入中间变量,用语句组 t=x;x=y;y=t 实现,或者用 x,y=y,x 赋值语句来实现值的交换。

(2)程序设计应注意的问题。请按程序设计的一般方法步骤进行设计程序:分析、设计算法、编写代码、调试运行、验证,这样有利于编写正确的程序。

需注意程序结构和语句的书写顺序,应先提供数据,再运算,最后输出,语句书写顺序不正确,将会导致整个程序出错。

二、分支结构实验

1. 实验目的

(1)通过实验掌握分支结构中每种结构的语法格式及执行过程。

(2)学习、理解并掌握应用 IPO 方法实现分支结构程序设计,培养使用分支结构解决实际问题的基本能力。

(3)掌握提高程序可读性的基本方法(缩进格式书写程序代码、增加注释等)。

2. 实验内容

(1)分析教材相关例题,学习 if 语句的语法格式和执行过程。注意提高程序可读性的基本方法,如缩进式书写程序、在程序中增加注释等。

(2)完成习题中有关分支结构的编程题。

3. 常见错误及分析

(1)分支结构格式错误。

① 在 if 语句中,注意是否缺少条件判断语句句末的“:”。

② 在 if 语句中,注意缩进格式书写是否正确,要保持同一级别语句块缩进的一致性。

初学者在程序设计中最常出现错误的原因是未理解分支结构的缩进作用,再者是对多分支结构应用不清楚。建议先掌握单分支 if 语句,等使用熟练后再使用多分支 if 语句。

(2)分支嵌套书写不当引起逻辑错误。

① 在 if 语句嵌套中,首先要明确嵌套的逻辑关系。

②嵌套是通过缩进格式体现嵌套关系的,一定要注意缩进格式书写是否正确,并保持同级别语句块缩进的一致性。

三、循环结构实验

1. 实验目的

(1)通过实验掌握循环结构的语法结构及执行过程。

(2)培养阅读程序的能力,掌握使用循环结构编写简单程序的方法。

(3)掌握循环嵌套的语法结构及执行过程。

(4)学习使用循环嵌套分析问题的思路和进行算法设计的方法,培养用循环嵌套解决复杂问题的能力。

2. 实验内容

(1)阅读和调试教材相关例题,理解程序的执行过程,体会用循环结构编程的思路。

(2)掌握 for 语句的语法及其执行过程,并试着将用 for 语句完成的例题改写成 while 语句。

(3)理解循环嵌套的结构及其执行过程,培养用循环嵌套解决复杂问题的能力。

(4)阅读和调试嵌套综合案例中的有关程序,学习其算法设计和实现方法。

(5)完成第 3 章习题中有关循环结构的编程题。

3. 常见错误及分析

(1) 累加(积)器与计数器变量赋初值的问题。在循环中,常用到累加(积)与计数,对累加(积)器与计数器变量赋初值和书写的位置,往往是初学者容易出错的地方。例如,求 1!+2!+3!+4!+5!。如果将程序代码写为:

```
s=0
f=0     #此处 f 的值由原来正确的 1 改为 0
for i in range(1,6):
    f=f*i     #求累加对象 i 的阶乘 f
    s=s+f    #累加
print("1!+2!+3!+4!+5! =",s)
```

运行程序后,发现运算结果 s=0,原因是 f=0,造成 f=f*i 始终为 0,无法累积。

(2)死循环问题。引起死循环的原因较多,可用[Ctrl+C]键强行退出循环。下面列举常见的引起死循环的实例。

①while 语句中缺少改变循环控制变量值的语句。例如,计算 1+2+3+…+10 的值。程序代码为:

```
i=0
s=0
n=1     #计数器 i 赋初值 0,累加器 s 赋初值 0,相加数 n 赋初值 1
while i < 10:
    n=n+1     #相加数
    s=s+n     #累加
    i=i+1     #计数
print("1+2+3+…+10=",s)
```

如果将循环体中的语句 i=i+1 去掉,即循环变量 i 的值保持初值不变,循环条件永远成立,程序运行将会出现死循环。

②循环条件、循环初值、循环终值、循环步长设置存在问题,循环将永远不能正常结束。例如,在求 s=1+3+5+7+9 时,若用如下代码实现:

```
n=1 ; s=0
```

```
while n==10:
    s=s+n
    n=n+2
print("1+3+5+9",s)
```

程序运行将进入死循环,由于 n 初值为 1,每次循环都加 2,则 n 的变化规律是 1、3、5、7、9、11,不可能出现等于 10 的情况,所以"n==10"的条件永远不可能满足,循环就不能正常结束。若将条件改为"n>=10"就可以避免出现死循环现象。

(3)嵌套结构错误。这是一种常见的错误,且不容易理解。请看以下程序段(求[1,10]的偶数和):

```
s=0
for i in range(1,11):
   if i//2=i /2:
       print(i)
   s=s+i
print(s)
```

结果是不 25 而是 55,计算结果不正确,为什么会出现错误呢?

将程序的格式按缩进格式重写一下,也许就能看出其中的问题。

```
s=0
for i in range(1,11):
    if i //2=i /2 :
         print(i)
         s=s+i
print(s)
```

可以看到,对于嵌套程序控制结构,缩进的层次位置代表嵌套的逻辑,若嵌套书写不正确,容易出错。由于 s=s+i 与 if 语句对齐,属于 for 结构的循环体,不属于 if 语句要执行的内容,因此不能实现是偶数才进行累加的功能。

要解决这个问题,方法是严格按照程序嵌套逻辑的缩进规范书写程序,避免造成嵌套结构错误。

第 4 章

数据结构与Python组合数据类型

本章内容提示

本章介绍数据结构与算法的基本概念及相关知识,主要介绍 Python 中四种内置的组合数据类型(列表、元组、集合、字典)及其应用,简要介绍程序设计中顺序表与链表、栈与队列、树形结构、图形结构等数据结构的特点。

本章学习目标

理解数据结构和算法的基本概念,理清数据结构与算法之间的关系和用途。理解 Python 中组合数据类型的数据组织方式和用途,掌握组合数据类型的数据操作方法和应用场景。了解其他数据结构的基础知识。

4.1 数据结构的概念

Pascal 语言之父、结构化程序设计的先驱、瑞士科学家沃思(Niklaus Wirth)教授编写的《算法+数据结构=程序》中说:程序是计算机指令的组合,用来控制计算机的工作流程,完成一定的逻辑功能以实现某种任务;算法是程序的逻辑抽象,是解决某类客观问题的策略;数据结构是现实世界中的数据及其之间关系的反映,它可以从逻辑结构和存储(物理)结构两个层面进行刻画,其中客观事物自身所具有的结构特点,称为逻辑结构;而具有这种逻辑结构的数据在计算机存储器中的组织形式称为存储结构。

由“程序=数据结构+算法”的描述可以看出,程序设计的本质在于解决两个主要问题:一是根据实际问题选择一种合适的数据结构,二是设计一个好的算法,后者的好坏在很大程度上取决于前者。

4.1.1 数据结构的意义

使用计算机解决具体问题时,首先从问题中抽象出一个适当的数学模型,然后根据数学模型设计对应算法,最后通过编程、运行、测试直至得到正确的解。寻求数学模型的实质是分析问题,从中提取操作的对象,并找出这些操作对象之间的关系。例如,预测人口增长问题,采用微分方程；统计各地粮食产量时，采用统计学相关模型。但除了数学问题，现实生活中存在大量非数值计算问题，无法用数学方程加以描述，如何分析这类问题，找出问题中的数据构成，然后确定问题的解决方法呢？下面通过两个案例予以说明。

例 4-1　学生选课信息管理。学生选课信息包含学生基础信息、课程信息、学生成绩信息，若在选课系统中查询信息，需要建立信息间的对应关系，例如，学号与姓名，学号与课程号间存在对应关系；一个学生可以选择多门课程，一门课程有多个学生共同学习。若要查询选择某门课程的所有学生，需要根据课程号去查找学生成绩信息中的所有记录（表中的一行信息是一条学生的记录）。如图 4-1 所示，三个数据表构成了针对学生选课信息进行记录的数学模型，在这个数学模型中，计算机处理的数据是按行分布的记录，记录项之间存在一种线性分布关系，这种数学模型可以称为线性数据结构，每个独立元素是一条记录。

学号	姓名	专业	学院
202201001	李明	计算机科学与技术	信息工程
202201002	王华	计算机科学与技术	信息工程
202201003	刘丽	软件工程	信息工程
202201004	张强	数据科学	信息工程

课程名称	课程号	课程类型
高等数学	001	必修
思想道德与法律修养	002	必修
大学程序设计	003	必修

课程号	学号	成绩	考试类型
001	202201001	95	初修
001	202201004	70	初修
002	202201001	92	初修

图 4-1　学生选课管理示例

例 4-2　五子棋人机对弈程序设计。人机对弈程序设计需要程序设计人员预先将对弈策略录入计算机。对弈过程是在规则范围内随机进行的，计算机能够灵活面对对弈过程中所有可能发生的情况以及寻找相应的对策，甚至使机器像一名优秀棋手一样，预测棋局的发展趋势，直至终局。

在对弈问题中，计算机操作的对象是对弈过程中可能出现的任意棋盘状态，在此称为格局。如图 4-2(a)所示，为井字棋的一个格局，格局的变化方式受到比赛规则的影响。这种规律很难用固定的线性变化来表示，每一个棋盘格局都可以派生出多个新的格局。如图 4-2(a)所示的格局，可以派生出图 4-2(b)中的 5 个格局，再如图 4-2(b)所示的每一个新的格局，又可以派生出 4 个格局（仅剩的 4 个空位）。

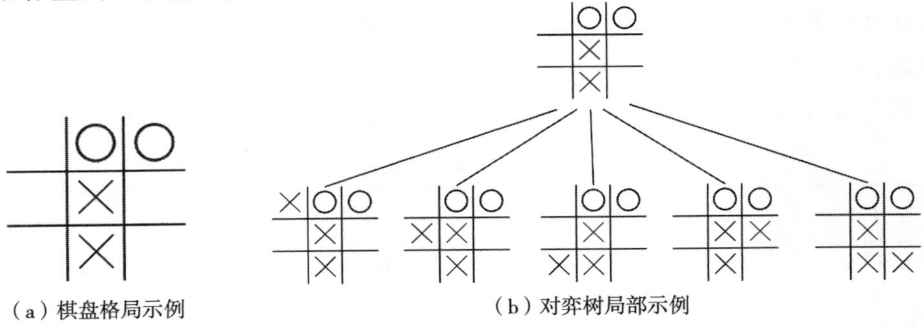

（a）棋盘格局示例　　（b）对弈树局部示例

图 4-2　井字棋对弈“树”示意图

因此，若将从对弈开始到结束的过程中所有可能出现的变化支线画在一张图上，其形态像一棵倒着生长的“树”，“树根”是对弈开始前的棋盘格局，所有的“叶子”是对弈可能出现的结局，对弈的过程就是从树根沿树杈到某个叶子的过程。“树”可以是某些非数值计算问题的数学模型，这也是一种数据结构。

注意：井字棋由两人对弈，棋盘为 3×3 方格，当某一方的 3 个棋子连成一条直线或一条对角线时，该方成为游戏胜者。

通过以上两个案例可知，非数值计算问题的数学模型不再是数学方程，而是诸如表、树、图之类的数据结构。

简而言之，数据结构研究的是非数值计算问题中程序设计时抽象出的数据对象以及它们之间的关系与数据操作方法。数据结构可以提高人们将现实问题中抽象出来的数据在计算机系统中表示、存取和处理的能力，是编程者通过编程解决更复杂、更多样化问题的必备素养。

对比数值型数据与数据结构，数值型数据间通过算术运算符，具备数值运算能力。数据结构不仅包含独立数据项和数据项之间存在的联系，也拥有在数据结构中执行数据操作的能力。如在井字棋案例中，单个数据是棋盘布局，在棋盘变化中需要执行落子操作，进而变化棋盘内容；棋盘的棋子具有先后顺序，在复盘过程中可以逐个拿走棋盘上的棋子，需要有拿走棋子的能力，这是井字棋数据结构必需的操作。

由于数据结构是由程序设计问题中数据对象以及它们之间的关系和操作构成的，因此，若要编写好的程序，必须针对数据的特性，处理好数据对象间的关系，数据结构的作用就在于此。

4.1.2 数据结构的相关概念

数字世界通过数据构建，数据（data）是信息的载体，是对客观事物的符号表示；数据元素（data element）是数据的组成部分；数据项（data item）是数据元素的最小单位；数据对象（data object）是同类数据元素的集合；数据结构（data structure）包含数据对象及对象间的关系。

数据是信息的载体，是对客观事物的符号表示，它能够被计算机程序识别、存储、加工和处理。因此，数据是所有能够有效地输入计算机中并且能够被计算机处理的符号的总称，也是计算机程序处理对象的集合，是计算机程序加工的“原料”。例如，一个利用数值分析方法求解代数方程的程序，其处理对象是整数和实数等数值数据；一个文字处理程序的处理对象是字符串；图像、声音、视频属于二进制数据。

数据元素是数据中的一个“个体”，是数据的基本组成单位。在计算机程序中通常将它作为一个整体进行考虑和处理。在不同条件下，数据元素可称为节点、顶点或记录。表 4-1 为学生信息表，表中的一行数据称为一个数据元素或一条记录。以图 4-2 为例，一种棋盘格局是一个数据元素，数据元素用圆圈表示，并用线条连接数据元素间的关系，这个圆圈称作顶点。

表 4-1 学生信息表

学号	姓名	专业	生日
202201001	李明	计算机科学与技术	(2004. 8. 9)
202201002	王华	计算机科学与技术	(2004. 11. 30)
202208101	张亮	汉语言文学	(2005. 6. 13)

数据项是数据元素的组成部分，是具有独立含义的标识单位，也是数据元素的基础组成单位。如表 4-1 所示的每一列，“学号”“专业”等都是一个数据项。数据项又可分为两种，一种是简单数据项，另一种是组合数据项。在如表 4-1 所示的学生信息表中，“学号”“姓名”“专业”是简单数据项，它们在数据处理时不能再分割；而“生日”则是一个组合数据项，它可以进一步划分为“年”“月”和“日”等更小的数据项。

数据对象是性质相同的数据元素的集合。例如，在收集学生信息时，计算机所处理的数据对象是表 4-1 中的所有数据，整个数据表可以看成一个数据对象，一个学生信息是对象的一个实例。如整数的数据对象是集合{0，±1，±2，…，∞}，字母字符的数据对象是集合{'A'，…，'Z'}。

除最简单的数据对象之外，数据对象中的数据元素不会是孤立的，而是彼此相关的，这种彼此之间的关系称为结构。例如，在表 4-1 中，学生信息记录是按照学号的先后顺序逐行排布的，这种逐个排列、保持先后顺序的结构称为线性结构。如图 4-2 所示的具有上下层间分支关系的对弈树结构，称为树形结构。

结构(structure)通常指的是元素之间的特定关系，而数据结构(data structure)指的是数据元素相互之间存在一种或多种特定关系数据元素的集合。数据结构主要研究数据的逻辑结构和数据的存储(物理)结构及其相互间的关系。其目的是对这种结构设计相应的算法，为编程解决现实问题提供数据支撑。

4.1.3　逻辑结构

数据结构的逻辑结构表示数据项之间的联系，通过拓扑网络方式将单数据项作为节点用以表示数据项之间的联系。

例如，如图 4-3 所示的排队问题，在排队过程中成员保持线性队列，成员从队首离开队伍，新成员从队尾加入队伍，不可插队，不可中途离队。

图 4-3　排队问题

根据排队问题的具体要求，可以用图 4-4 所示的线性拓扑图表示其逻辑结构，每个节点表示一个排队人的信息，节点间有固定的先后顺序。根据特性不同可将逻辑结构分为 5 类。

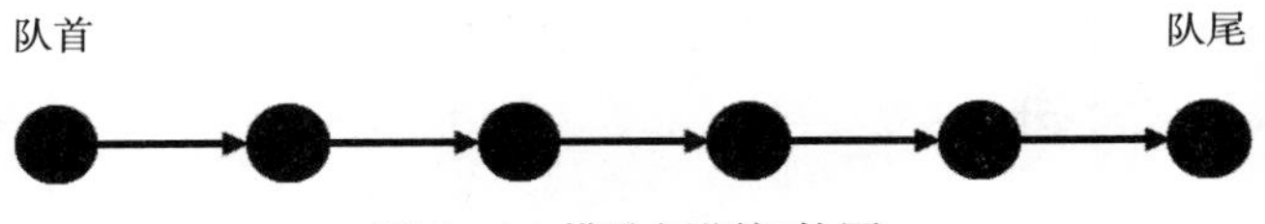

图 4-4　排队问题拓扑图

1. 线性结构

将节点逐个串联的结构称为线性结构，数据元素之间是一对一的关系，数据元素依次排列，有且只有一个起始数据元素与一个终止数据元素。线性结构中节点有明确的先后关系，需要通过前一个节点查找下一个节点。队列结构属于线性结构之一。

2. 树形结构

树形结构中的数据元素之间存在一对多的关系，也称为层次或分支关系。这种结构只有一个起始数据元素，称为树根，其他数据元素称为树叶。如图 4－5 所示的学院架构图，可以用图 4－6 的树形拓扑结构进行表示。

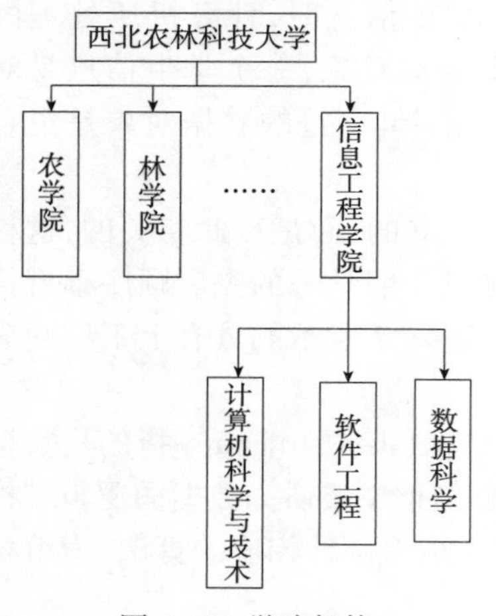

图 4－5　学院架构

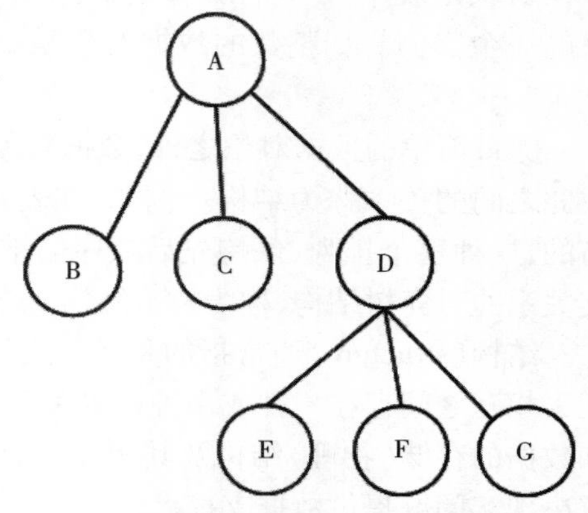

图 4－6　树形拓扑结构

3. 图形结构

图形结构中的数据元素之间存在多对多的网络关系，即数据元素相互连接成网状。每一个节点都是一个数据元素。例如，交通路线图类似于图形结构，如图 4－7 所示，城市是数据元素，公路表示地区间的连通情况，一个城市可能与多个城市间通过公路相连，地点被公路连接成网状。

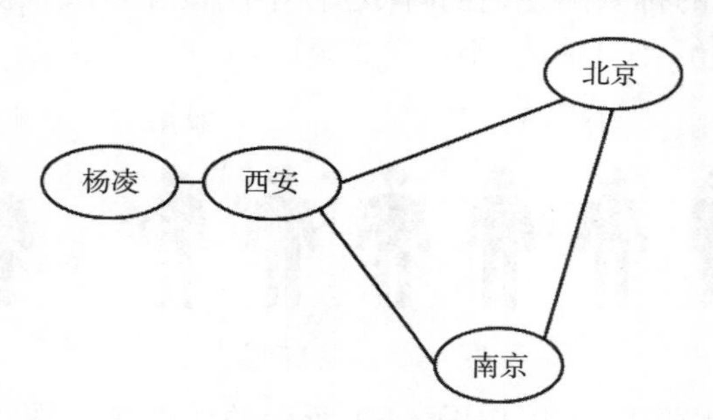

图 4－7　交通路线图

4. 集合结构

集合结构中的数据元素除了同属一个集合外，没有其他关系，各个元素相互平等，此结构特点类似于数学中的集合，可以用于进行集合的交、并、差等运算。

5. 映射结构

映射结构记录的是一种“键”与“值”的对应关系，如图 4－8 所示，左侧是省份、直辖市的集合，右侧是省会城市集合。左侧集合中的元素唯一对应右侧集合中的某一个元素，构成一一映射的关系。将左侧集合中的元素称为

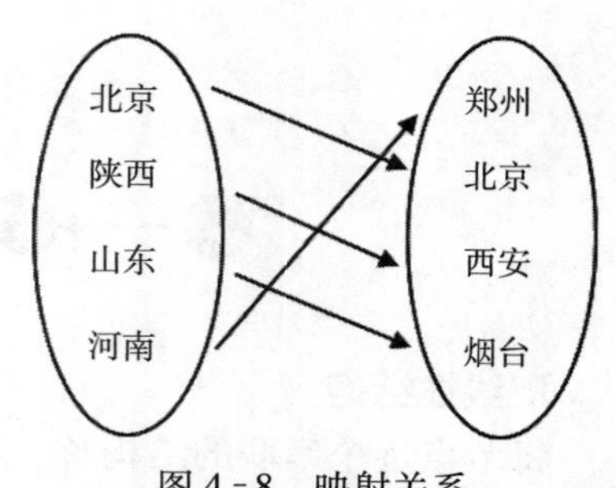

图 4－8　映射关系

"键",是映射中不同数据元素间的标识,右侧集合中的元素称为"值",通过使用左侧的"键"访问"值"。

4.1.4　存储结构

数据的存储基于计算机实体,确定数据结构的逻辑结构后,在编程中可以选用不同的存储结构。存储结构包含下一条数据项的存储与各数据项之间关系的存储。归纳而言,数据的逻辑结构是面向用户的,而存储结构是面向计算机的。存储结构可分为顺序存储结构、链式存储结构、索引存储结构、散列存储结构。

1. 顺序存储结构

顺序存储结构使用连续的存储空间。如图 4－9 所示,排队问题若使用顺序存储结构,表格上方数字表示存储空间的地址,地址数值连续。使用顺序存储时,首先向内存申请固定大小的连续存储空间,存储最大容量固定;当数据长度超出界限时,需要扩展存储空间,然后再添加新元素。

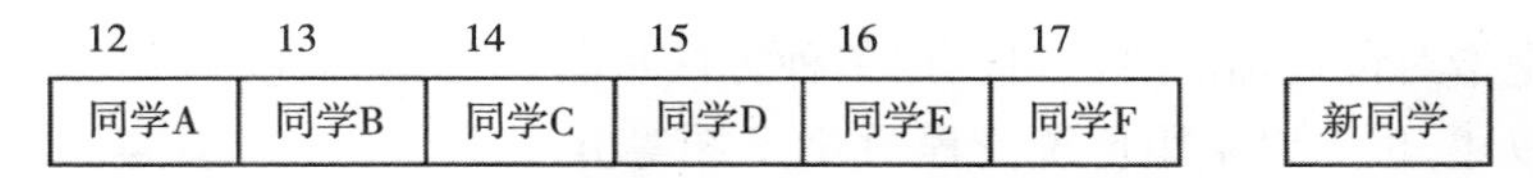

图 4－9　顺序存储结构表示排队问题

2. 链式存储结构

在链式存储中,相邻数据元素的存储地址不要求相邻,因此链式存储不需要存储空间连续,但是需要额外的存储空间来存放下一个数据项的存储地址。如图 4－10 所示,排队问题若使用链式存储结构,表格间的箭头表示记录的是数据地址,由于每个节点只存储了下一项地址,因此数据项访问必须遵循从前到后的顺序,方向不可逆。

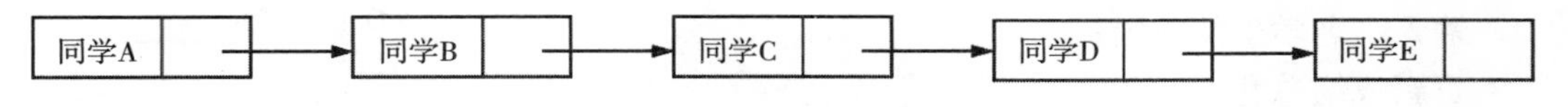

图 4－10　链式存储结构表示排队问题

顺序结构与链式结构都可以表示排队问题,主要区别在于顺序存储结构需要连续物理存储单元,而链式存储结构中前后节点不要求空间连续。

3. 索引存储结构

索引存储指的是在存储数据元素的同时建立索引列表,存储元素之间的关系。这是一种为了加速检索而创建的存储结构。例如,查询新华字典时,如果只依赖逐项查找的方式效率极低,通过建立拼音索引,虽然花费了额外的纸张记录索引,但可以提高信息查询效率。索引存储通过记录索引号对应的地址来提高数据查询效率。

4. 散列存储结构

散列存储根据数据元素的关键字直接计算出该数据元素的存储位置。其基本的设计思想是以数据元素的关键字 K 为自变量,通过一个确定的函数关系 f(称为散列函数),计算出对应的函数值 f(K),将这个值解释为数据元素的存储地址,最后将数据元素存入 f(K) 所指的存储位置。查找时只需根据要查找的关键字用同样的函数计算地址,然后到相应的地址提取要查找的数据元素即可。

4.2 算法的基础知识

算法(algorithm)是解决特定问题的方法。在数据结构中存在逻辑结构与存储结构,对应的运算为逻辑结构上的运算(抽象运算)与存储结构上的运算(运算实现)。算法是在具体存储结构上实现某个抽象运算。

通过算法描述可以确定算法的实现流程,由于数据的逻辑结构和存储结构具有不唯一性,在很大程度上可以自行选择和设计,因此处理同一个问题的算法不是唯一的。对于相同的逻辑结构和存储结构而言,其算法的设计思想和技巧不同,编写出的算法也会存在性能差异。

在算法设计中只要满足其 5 个特性:有穷性、可行性、确定性、输入、输出,即可确保算法具备编程实现的前提。

4.2.1 算法的描述

算法描述是指对设计出的算法可以用某种方法进行详细的描述,以便交流与理解。算法可以采用文字叙述,也可以采用传统流程图、N-S 图等方式展示其逻辑,最终通过某种程序设计语言编写程序实现该算法。

例 4-3 统计一个班 10 名学生的成绩,计算每个学生成绩的平均值。

文字描述:

①初始化:设置求和变量与计数变量。

②重复执行以下操作直到学生数量达标:

- 输入一名学生的成绩;
- 更新成绩总和;
- 学生数量加 1。

③输出学生的平均成绩:平均成绩 = 总成绩/学生数量。

流程图描述:流程图可以更直观地体现算法思路,用于检查算法逻辑,根据文字描述得到如图 4-11 所示的流程图,对于文字描述,流程图更容易转换为计算机语言。

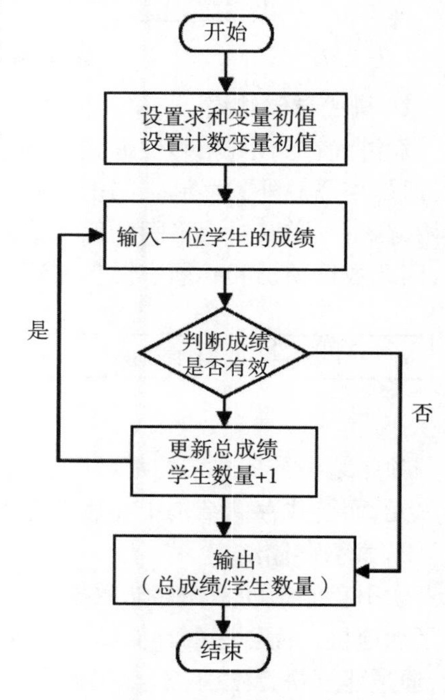

图 4-11 程序流程图

编程实现:算法的实现可以采用不同语言。以 Python 语言为例,学生成绩统计的具体代码如下:

```
1    #计算学生平均分
2    tot=0
3    n=0
4    while True:
5        sco=eval(input('输入学生成绩(输入-1 结束):'))
```

```
6        if sco==-1 and n==0:
7            print('班级内共有 0 个学生')
8            break
9        elif sco==-1:
10           print('学生平均成绩为{:.2f}'.format(tot/n))
11           break
12       else:
13           tot+=sco
14           n+=1
```

注意：程序不完全等同于算法，程序是指使用某种计算机语言对一个算法的具体实现，而算法侧重于对解决问题的方法的描述；算法必须满足有穷性，而程序未必满足有穷性。例如 Windows 操作系统程序在用户没有退出、硬件不出现故障及不断电的条件下，无限运行。当然算法也可以直接用任何计算机程序来描述。从实现的角度来说，算法几乎等同于程序。

4.2.2 算法的设计要求

针对某一问题可以有多种不同的算法，不同算法可以实现相同的效果，但是不同算法间有着效率差异，只要满足算法设计要求的都是可行算法。通过对算法进行评价，既可以从解决同一问题的不同算法中选择出较为合适的一种，也可知道如何对现有算法进行改进或者独立创新，从而设计出更好的算法。算法的设计可以从以下 4 个方面进行分析：

1. 正确性

正确性是指算法能正确反映问题的需求，在合理的数据输入下，能够在有限的运行时间内得出正确的结果，经得起一切可输入数据的测试。通过采用各种典型的输入数据上机反复调试算法，使得算法中的每段代码都被测试过，若发现错误及时修正，最终可以验证出算法的正确性。

2. 可读性

可读性是指算法的设计应该尽可能简单，便于阅读理解。

3. 健壮性

健壮性是指一个算法对不合理（又称不正确、非法、错误等）数据输入的反应和处理能力。一个好的算法应该能够识别错误数据并进行相应的处理。对错误数据的处理一般包括打印错误信息、调用错误处理程序、返回标识错误的特定信息、中止程序运行等。

4. 高效性

高效性是指算法的运行时间要尽量短，对存储空间的使用要尽可能少。在满足前三个要求的前提下，程序设计者应尽量追求算法的高效性，高效性是体现算法优异的重要指标。

4.2.3 算法效率的度量方法

高性能算法应该具备运行时间短、存储空间小的特点。算法完成设计之后，还需要对其进行性能评估，确定该算法的优劣。评估算法性能可以从程序运行的不同阶段开始。

1. 事后统计法

事后统计基于程序运行需要花费时间代价，需要在程序运行前与程序完成时进行时间记录，通过计算时间差值获取算法执行所需要的时间代价。在实际评估时因为算法必须被执行才能测试出时间差值，因此算法需要在程序中加入额外的计时语句；同时，时间代价受不同机器的硬件性能；测试数据集的差异等因素影响，因此评估算法时较少使用事后统计法。

2. 事前分析法

事前分析是在程序编写完成后，通过应用统计方法对其语句频度进行估算，来评估算法性能。算法所消耗的时间应该是每条语句执行的时间之和，不考虑真实计算机的执行效率，默认基本语句的执行效率相同，可以通过基础语句的执行次数来衡量算法执行的效率。

例如，对如下程序代码，进行算法分析：

```
1  #计算语句频率
2  n=eval(input("输入一个整数:"))          #执行1次
3  sum1=1                                  #执行1次
4  for i in range(1,n+1):                  #执行n次
5      sum1 *=i                            #执行n次
6  print(n,'的阶乘为',sum1)                #执行1次
```

根据外部输入的问题规模 n，在仅讨论语句频度的情况下，计算得到语句共执行 2n+3 次，本案例中算法的语句执行次数随着问题规模 n 的变化而线性变化。

4.2.4 算法的时间复杂度

算法的性能会受输入数据量大小的影响。将数据 n 称为问题规模，算法中语句的执行次数称为时间频度T(n)。

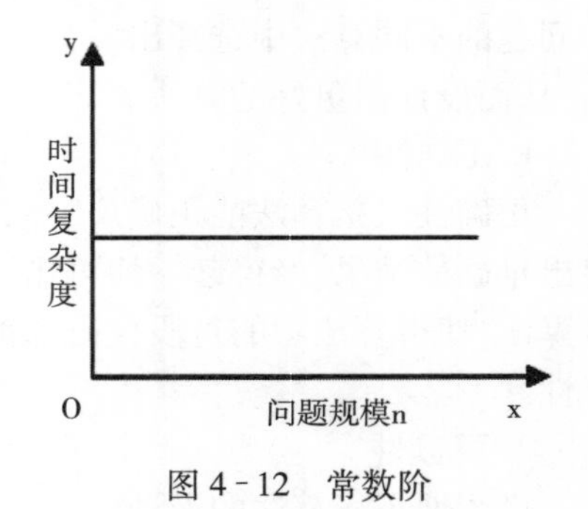

图 4-12 常数阶

若存在辅助函数 f(n)，有常数 c 使得 $f(n)*c>=T(n)$ 恒成立，则记作 $T(n)=O(f(n))$。将 $O(f(n))$ 称为算法的渐进时间复杂度，简称时间复杂度，其中“O”读作“大O”（order 的简写，表示数量级），它是 T(n) 的上界，虽然函数有许多上界，但是时间复杂度只关注最高阶，忽略低阶项和常数项。例如，$T(n)=2n+3=O(n)$，表示算法的时间复杂度为 O(n)。时间复杂度关注的是伴随问题规模的增长，算法的时间增长态势。

如果算法中没有循环，说明算法的语句频率与问题规模无关，时间复杂度记作 O(1)，又称常数阶，如图 4-12 所示。

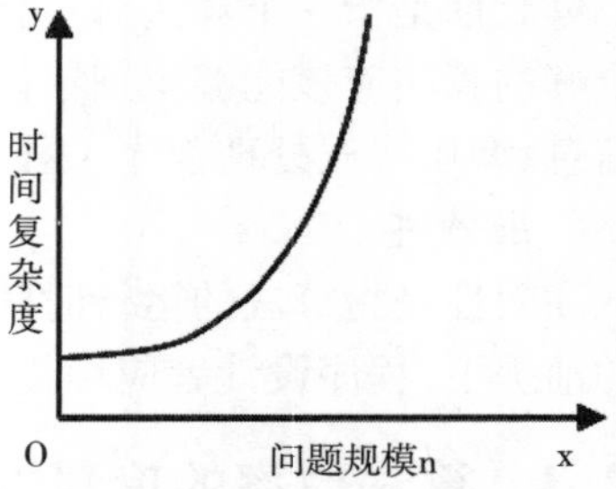

如果算法中存在双重循环，且循环条件都与问题规模 n 有关，那么循环体语句受到 n^2（问题规模 $n*n$）的影响，时间复杂度记为 $O(n^2)$，又称平方阶，如图 4-13 所示。

图 4-13 平方阶

常见的时间复杂度如表 4-2 所示，在进行时间复杂度比较时，比较的是极限阶次的大小。

表 4-2　常见时间复杂度

简单语句执行次数	极限阶	极限名称
1、2、3	$O(1)$	常数阶
$3n+5$	$O(n)$	线性阶
$3n^2+2n+1$	$O(n^2)$	平方阶
$2\log_2 n+3$	$O(\log_2 n)$	对数阶
2^n	$O(2^n)$	指数阶

常见的时间复杂度所对应的时间从短到长依次为：

$$O(1)<O(\log_2 n)<O(n)<O(n^2)<O(n^3)<O(2^n)<O(n!)<O(n^n)$$

算法设计追求时间复杂度更小，这表示算法实现的时间不会因为问题规模的扩大增长太快。但是部分算法的时间复杂度不是唯一的，根据测试数据集的不同，算法评估会有最好、最坏和平均时间复杂度的差异。

例如，对长度为 n 的数据集进行降序排序，当初始数据为降序时，排序算法不需要进行交换操作，算法执行效率高；当初始数据集为升序时，排序算法需要对大量数据项进行交换，执行效率低。计算算法的最好或最坏时间复杂度时，主要考虑极端数据集的一种或几种特殊情况，而分析算法的平均时间复杂度时，需要考虑所有可能的测试数据，各组测试数据可以视为具有相同出现概率，每种初始数据的概率为$\frac{1}{n}$。

4.2.5　算法的空间复杂度

程序与数据的存储需要占用存储器空间，在程序运行过程中除自身所占用的存储空间外，所使用的额外存储空间，是该算法执行的空间代价，称为空间复杂度 $S(n)$。根据算法在运行过程中临时占用存储空间的不同，将算法分为两类：

(1)原地算法。只占用较小的临时空间，且占用量不会随着问题规模 n 的改变而改变。

(2)非原地算法。占用临时空间的大小与问题规模 n 有关，n 越大占用的临时空间越大。

通过计算算法存储量来评估空间复杂度 $S(n)=O(f(n))$，n 是问题规模，$f(n)$是由 n 决定的存储空间的函数。空间复杂度与时间复杂度具有相同极限阶，如常数阶、线性阶、对数阶等。

例 4-4　统计C_7^2的组合总数。

```
1  #统计组合
2  num=0                        #变量 num
3  for i in range(1,8):         #变量 i
4      for j in range(1,i):     #变量 j
5          num+=1
6  print(num)
```

在上述例题中为了统计所有可行组合的个数，设置了 3 个新的变量，变量数量不会随着问题规模C_7^2变为C_{10}^2而变大，所以它的空间复杂度为 $O(1)$。如果改变题意，要求记录所有产生的数据组合结果，当为C_7^2时有$(6*7)/2=21$ 种，当为C_{10}^2时有$(9*10)/2=45$ 种，需要的额外存储空间随问题规模扩大而扩大，所以空间复杂度变化为 $O(n^2)$。

4.3 组合数据类型

Python 数据结构基于容器(container)来实现。容器是一种可包含其他对象的对象,因此Python 数据结构中会支持结构的嵌套使用。容器共有序列(包含列表、元组、字符串)、映射(如字典)、集合三类,具体关系如图 4-14 所示,其中字符串在第 2 章已有介绍。

Python 为内置的组合数据类型提供了专用的函数与结构特有的方法,使其可以更为灵活地应用在编程中。

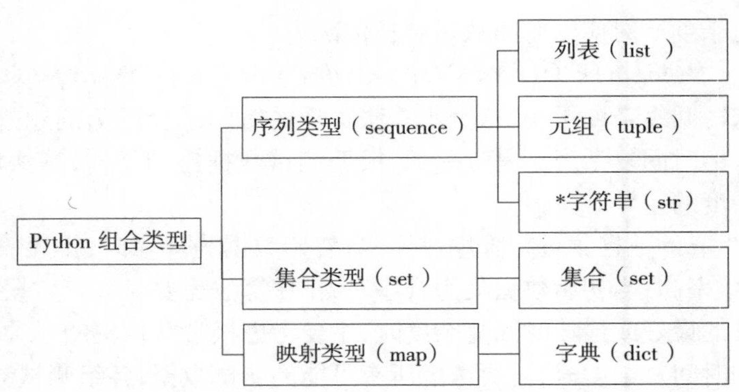

图 4-14　Python 中的组合数据类型

4.3.1 序列结构

以数学中的数列为例,1、11、21、31、41、51 是一个等差数列,数列结构中所有元素呈直线分布,通过对前一个元素做某种运算得到下一个元素,这种数列特点概括为线性、有序。序列结构的特点就是从数列抽象而来的,线性指每一个元素有唯一前驱元素与唯一后继元素,有序指每一个独立元素都有一个序号。例如,序号 1 是数值 11,序号 2 是序号 1 的后继元素,序号 2 的数值为序号 1 的值加 10,序号 2 的前驱元素是序号 1。

图 4-15 是用序列来记录等差数列,等差序列结构的内容是 1、11、21、31、41、51 共 6 个元素,序列结构具有正向序号(图 4-15 中表格上方的序号)从左至右,由 0 至 5(0 是可存储的最小非负数,作为一个符号存在,而不表示空,序号由 0 开始表示元素的偏移量),同时也具有反向序号(图 4-15 中表格下方的序号),从左至右,由-6 至-1。对于某一序列,正负序号同时存在,可以混用。

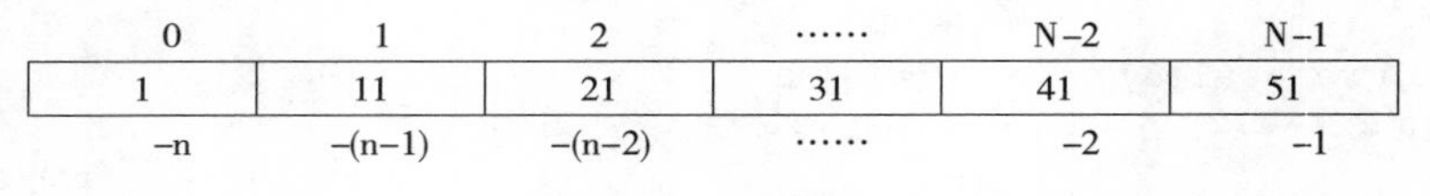

图 4-15　序列索引

Python 中序列结构有 3 种:列表(list)、元组(tuple)、字符串(string)。

序列中的不同元素依靠序列中的序号区分。序号不同,序列中元素的值可以相同,即序列中可以有相同元素,同时序列中的某一元素也可以是序列等其他复合类型。

1. 索引

作为有序结构,序列支持通过索引来访问其中单一元素,对于序列变量 a,通过 a[index]

访问序号是 index 的元素。包含 n 项数据元素的序列长度记为 n,索引值从首项至尾项表示为 0,1,2,…,n-1,索引值从尾项至首项表示为-1,-2,…,-(n-1),-n。任一元素同时拥有正向序号和反向序号。列表中的正向序号及反向序号示例如下:

```
>>>a=[1,11,21,31,41,51]
>>>a[2]  #正向序号
21
>>>a[-2]  #反向序号
41
```

2. 切片

切片操作指从原有序列中按照选取规律获得新序列结构的方法,是基于索引最常用到的操作之一,其格式为:

a[起始序号:终止序号:步长]

其中的三个参数含义为:

起始序号,表示切片获得的新序列由原序列的某个序号开始,默认值为序列首位。

终止序号,表示切片获得的新序列在原序列的某序号之前结束,默认值为序列结束序号。

注意:终止序号元素不在新序列中,默认值为序列结束序号。

步长,取值为整数,表示从起始序号开始,取几个连续元素中的第一项。该参数为可缺省参数,默认值为 1,当步长为负数时,表示反向序列切片,要求起始序号大于终止序号。

注意:正向切片的起始序号小于终止序号,否则切片内容为空。

切片操作的示例如下:

```
>>>a=[1,11,21,31,41,51]
>>>a[1:3]
[11, 21]
>>>a[:]     #第一个参数与第二个参数采用默认值
[1, 11, 21, 31, 41, 51]
>>>a[::2]     #第一个参数与第二个参数采用默认值,步长为 2
[1, 21, 41]
>>>a[::-1]     #步长为-1,效果是序列转置
[51, 41, 31, 21, 11, 1]
```

注意:ls[beg:end]返回的仍然是一个序列,而 ls[idx]返回的是序列中的一个元素。

3. 序列运算符+、*、in

列表、元组、字符串三种序列类型均支持序列运算。在编程中运算符的含义根据不同数据类型来确定,如在数值类型中+、-、*、/这 4 种符号表示加、减、乘、除四则运算,在序列类型中运算符有拼接+、复制 *、成员判定 in 等。序列运算符示例如下:

```
>>>a=[1,11,21,31,41,51]
>>>b=['a',[1,2]]
>>>a+b  #序列拼接
[1, 11, 21, 31, 41, 51, 'a', [1, 2]]
```

```
>>>b * 2     #序列重复
['a', [1, 2], 'a', [1, 2]]
>>>1 in b   #序列成员判定
False
>>>[1,2] in b
True
```

注意:序列“ * ”运算中的被乘数必须为正整数。

4. 序列函数

函数的功能由函数名唯一确定,函数所需的参数(参数数据类型及参数个数)是确定的,函数独立存在,不依托于某种数据类型。方法内置于某一数据类型,例如,math. sin( )中 sin 方法不是独立存在的而是依托于 math 模块存在的,要使用具体方法需要先创建数据对象,不同类型的对象具有不同的方法。常用序列函数如表 4-3 所示。

表 4-3 常用序列函数

函数名	功能
len( )	获取序列长度,长度指列表中包含的元素个数,任一元素的长度为 1。例如,len(["python123"])的值为 1
max( )	获取序列中的最大值,元素必须支持“>”比较。例如,max(5,-1,8)的值为 8
min( )	获取序列中的最小值,元素必须支持“>”比较。例如,min(5,-1,8)的值为-1
sum( )	获取序列的总和值,序列必须为纯数值序列。例如,sum([5,-1,8])的值为 12
sorted( )	对序列进行排序,记录在一个新序列中,s2=sorted([5,-1,8]),则 s2 的值为[-1,5,8]

函数与方法的区别:函数是一项基于特定参数实现的独立功能,通过函数名来调用。方法内置于某种面向对象的类之中,是类所独有的方法,表示类的功能。使用方法时必须先创建对象(实例化类),然后通过对象来使用对象方法。

4.3.2 列表

列表(list),是以明确的线性关系存储一组数据元素,是 Python 中最灵活的组合类型。列表结构继承了序列结构的特点,保持了线性、有序、可包含复合类型的特性。此外,列表是一种可变数据类型,即列表结构在生成后可以对其中的元素进行增、删、改等操作。

1. 创建列表

列表结构用中括号表示,各元素间通过逗号分隔,允许结构嵌套。如果列表不包含任何元素称为空列表(即只有一对中括号)。建立一个空列表有两种方式,通过符号[ ]或通过函数 list( )。创建列表对象示例代码如下:

```
>>>a=[]                  #建立空列表
>>>b=[1,1,'a',[1,2]]  #列表支持重复元素和组合类型
>>>c=1,2,3
>>>d=list(c)             #列表可以由其他类型转换获得
>>>a
[ ]
>>>b
[1,'a',[1,2]]
```

```
>>>c
(1, 2, 3)
>>>d
[1, 2, 3]
```

2. 访问列表

访问列表信息时,可以通过索引进行单数据项的访问,也可以通过切片方式获得新的列表。遍历列表指的是逐个访问列表中的所有元素,每个元素仅可访问一次,列表支持序号访问与值访问两种形式。

遍历组合类型时,使用 for 语句完成依次访问,组合类型作为被 for 语句访问的迭代结构。在列表结构中,for 语句可以依次获取列表中的单个元素,称为值访问。根据列表有序的特点,支持 for 语句通过序号依次访问列表元素,称为序号访问。列表元素访问过程示例如下:

```
>>>a=[1,11,21,31,41]
>>>print(a[3])#序号访问
31
>>>print(a[1:3])#切片获得新列表
[11, 21]
>>>for i in range(len(a)):  #通过序号访问元素
       print(a[i])
1
11
21
31
41
>>>for i in a:    #直接访问列表元素
       print(i)
1
11
21
31
41
```

3. 修改列表

在列表中使用赋值语句可以起到修改列表的作用,修改操作针对的是列表中的单个或几个元素,需要筛选出这些待修改的元素。通过序号访问或是切片操作可以帮助完成筛选任务。

从列表中删除元素使用 del 语句即可实现。列表元素修改与删除的示例代码如下:

```
>>>b=[1,1,'a',[1,2]]
>>>b[1]='guo'        #通过序号修改单个元素
>>>b
[1, 'guo', 'a', [1, 2]]
>>>del b[-1]         #通过序号删除单个元素
>>>b
[1, 'guo', 'a']
>>>b[1:]=[2,3,4,5]   #通过切片修改一串元素
```

```
>>>b
[1, 2, 3, 4, 5]
```

向列表中增加元素时，需要借助列表方法。append( )方法可以将一个元素添加在列表末尾，insert( )方法可以在列表固定序号上插入一个新元素。

列表初始化后长度是确定的，添加元素意味着增加列表序号，因此向列表中添加元素时无法直接使用序号进行添加。如图 4 - 16 所示，在通过 ls. insert(1,' CN ')添加元素的过程中，首先添加新的序号表示数据存储空间的扩充；插入数据的位置是序号 1，原有列表中从 1 往后的元素需要后移，为新元素让出位置。假如先移动序号 1 至序号 2，会导致序号 2 的原有值被覆盖，因此需要先移动末尾元素，将 41 移动至序号 5，依次移动 31，21，11 之后，序号 1 的位置空缺出来，将字符串' CN '放入序号 1。

ls: 0	1 (CN)	2	3	4
1	11	21	31	41

ls: 0	1 (CN)	2	3	4	5
1	11	21	31	41	

ls: 0	1 (CN)	2	3	4	5
1	11	21	31	41	41

ls: 0	1 (CN)	2	3	4	5
1	11	11	21	31	41

ls: 0	1	2	3	4	5
1	CN	11	21	31	41

图 4 - 16　insert( )方法执行过程

注意：_在添加列表元素时，尽量采用 append( )方法，它的执行效率高于 insert( )方法。_

列表元素追加与插入操作示例代码如下：

```
>>>ls=['Python',1,2]
>>>ls.append('3')
>>>print(ls)
['Python', 1, 2, '3']
>>>ls.insert(1,'0')
>>>print(ls)
['Python','0', 1, 2, '3']
```

4. 复制列表

使用赋值语句无法创建一个新列表，“=”仅将两个变量指向一个对象，并没有创建新列表，然后进行赋值。“=”赋值的本质是传递引用。只有通过括号[ ]或 list( )函数能创建列表。如图 4 - 17 所示，lt 是对原列表 ls 的引用，两者名称不同，但指向相同内容。

ls ↘ [1,11,21,31] ↗ lt

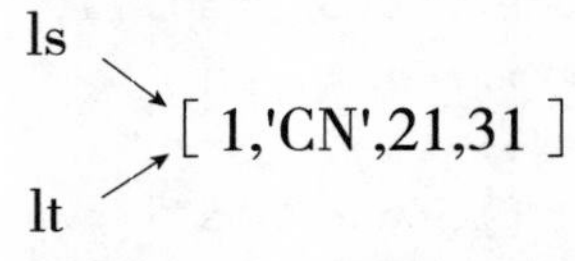

图 4 - 17　列表赋值

列表引用操作示例代码如下：

```
>>>ls=[1,11,21,31]
>>>lt=ls
>>>lt
```

```
[1, 11, 21, 31]
>>>ls[1]='CN'
>>>ls
[1, 'CN', 21, 31]
>>>lt
[1, 'CN', 21, 31]
```

若要获得一个与原列表相同内容的新列表有两种方式：通过切片语句 lt=ls[:]或通过 copy()函数。copy()函数是浅复制，只复制最外层列表，列表中若有嵌套列表仍旧采用引用方式，如果要对存在嵌套结构的列表进行复制需要引用 copy 模块，调用其内部的 deepcopy()函数。

两种列表复制操作示例代码如下：

```
>>>ls=[1,11,21,31]
>>>lt=ls.copy()      #浅复制
>>>lt[1]='CN'
>>>print(lt,ls)
[1, 'CN', 21, 31] [1, 11, 21, 31]
>>>import copy
>>>ls1=['Python',['stu',99]]
>>>lt1=copy.deepcopy(ls1)   #深复制
>>>lt1
['Python', ['stu', 99]]
```

5. 常用的列表方法

列表支持序列函数，同时列表结构自身具有多种方法，用于操作列表或是获取列表信息。如表 4-4 所示，该表总结了常用的列表方法，在方法名中，x 表示一项数据元素，i 表示一个列表序号。

注意：使用列表方法要区分是否有返回值。

表 4-4　常用的列表方法

方法名	功能
ls.append(x)	无返回值，在列表 ls 最后添加一个元素 x
ls.insert(i,x)	无返回值，在列表 ls 的第 i 位置处增加元素 x
ls.pop(i)	有返回值，将列表 ls 中第 i 位置处的元素取出并删除该元素
ls.remove(x)	无返回值，将列表 ls 中出现的第一个元素 x 删除
ls.reverse()	无返回值，将列表 ls 中所有元素反转
ls.clear()	无返回值，删除列表 ls 中的所有元素
ls.sort()	无返回值，对原列表 ls 进行排序(默认为升序)，若参数 reverse=False 则为升序，若 reverse=True 则为降序
ls.count(x)	返回列表 ls 中 x 元素出现的次数
ls.extend(lt)	无返回值，lt 列表中的所有元素添加到 ls 末尾
ls.index(x)	返回数据 x 对应的序号，如果 x 不存在，会报错

列表常用方法的示例代码如下：

```
>>>ls=[5,4,9,6,1,9,8,9,7,1]
>>>x=ls.pop(2)
>>>x
9
>>>ls
[5, 4, 6, 1, 9, 8, 9, 7, 1]
>>>ls.remove(9)
>>>ls
[5, 4, 6, 1, 8, 9, 7, 1]
>>>ls.count(1)
2
>>>ls.index(9)
5
>>>ls.sort()
>>>ls
[1, 1, 4, 5, 6, 7, 8, 9]
```

6. 列表推导式

列表推导式是一种灵活的列表生成方式，在原有的列表结构上生成具有一定规律的列表时可采用推导式方式，不必从头逐一输入元素。

根据原有列表产生新列表：

newlist=[Expression for var in list]

根据 range()函数生成新列表：

newlist=[Expression for var in range]

在原有列表上添加选择条件生成新列表：

newlist=[Expression for var in range list if condition]

推导式三种形式示例代码如下：

```
>>>a=[1,2,3,4,5,6,7]
>>>[x for x in a[::-1]]
[7, 6, 5, 4, 3, 2, 1]
>>>[x for x in range(5,15)]
[5, 6, 7, 8, 9, 10, 11, 12, 13, 14]
>>>[x for x in a if x% 2==0]
[2, 4, 6]
```

4.3.3 元组

现实案例中存在固定内容的数据集，例如26个英文字母，10个阿拉伯数字等，在编程中可以通过引用这些数据来组合出多种多样的新元素，使用列表存储26个英文字母是一种可行方式，但是因为列表可变的特点，原始数据的改变会影响所有引用其产生的新数据，从现实问题看这些特殊数据集应该具有固定不变的特性，因此可采用不可变的序列类型——元组存储数据。

元组(tuple)是不可修改的序列类型,在初次定义后,不允许对元组中的元素进行修改,包括元素添加、元素删除、元素修改。元组中的元素不可删除,但是整个元组对象可以被删除。

在结构功能上,元组所具备的功能均可用列表实现,但元组具有更高的访问效率、更高的数据安全性。

1. 创建元组

建立一个空元组有两种方式,通过符号()或函数 tuple(),但是要创建一个长度为 1 的元组属于特殊情况,需要在唯一元素之后给出“,”。创建元组示例如下:

```
>>>a=()         #空元组
>>>b=tuple()  #空元组
>>>c=('CN')
>>>d=('CN',)  #长度为 1 的元组必须有最后的逗号
>>>type(c)
<class 'str'>
>>>type(d)
<class 'tuple'>
```

2. 元组操作

元组中元素不可变,因此不支持元素的增、删、改操作,仅支持元素查询或删除整个元组对象。通过序号的方式可以访问元组中的元素,并且元组作为序列结构的一种,同样支持通过序号与值两种方式遍历元组结构。元组查询与拼接操作示例代码如下:

```
>>>a=(1,2,'CN',9.9)
>>>a[:3]
(1, 2, 'CN')
>>>a[2]
'CN'
>>>b=('计算机','高数')
>>>c=a+b
>>>c
(1, 2, 'CN', 9.9, '计算机', '高数')
```

除了“+”运算,元组也可以通过“ * ”运算产生一个新的元组。

3. 常用的元组方法

查询元组中元素的方法与列表的查询方法完全相同,作为不可变结构,不存在增、删、改等操作的方法。表 4-5 中列举了元组的常用方法。

表 4-5　常用的元组方法

方法名	功能
ls. count(x)	返回列表 ls 中 x 元素出现的次数
ls. index(x)	返回数据 x 所对应的序号,如果 x 不存在,会报错

注意:排序方法 sort()是对源列表中的数据进行排序,由于元组不可变的特性,因此不支持 sort()方法。但 sorted()函数,是将排序结果记录在新的结构中,不修改原结构,因此元组

支持 sorted()排序函数。同理,运算符“+”或切片操作可以拼接元组或截取元组从而获取新元组,也不会改变元组结构。

4.3.4 集合

集合(set)类型仅表示某一个元素是否包含于集合中,集合中的元素互相不重复,并不记录集合内各个元素间的关系,集合是无序结构。集合有三个主要特点:

(1)集合没有序号作为标识,无法区分重复元素,因此无法存储重复元素,对于相同元素,后存储的元素会覆盖原有元素。

(2)集合属于无序类型,无法通过序号访问,无法单独访问某一个集合元素。

(3)集合中只能存储可哈希对象(hashable)的对象。

注意:可哈希对象是指拥有__hash()__(self)内置函数的对象,又称为不可变对象。读者只需知道列表、集合、字典属于可变对象,不能成为集合元素即可。

1. 创建集合

创建空集合使用 set()函数,{}是集合类型的标志,但不可用于创建空集合。如果想创建有多个元素的集合可以使用{}符号,或用 set()将其他复合类型转换为集合。创建集合示例代码如下:

```
>>>set1=set()     #空集合
>>>set2={1,2,3,4,4,3,2,1}
>>>set2           #集合内没有重复元素
{1, 2, 3, 4}
>>>set3=set('apple')
>>>set3
{'l','a','p','e'}
```

2. 访问集合

由于集合属于无序类型,没有序号,所以集合只能整体访问,对于独立元素只能判断是否包含于集合之中或借助 for 语句遍历集合来获得集合中的元素。访问集合示例代码如下:

```
>>>set1={1,2,3,4}
>>>print(set1)     #整体访问
{1, 2, 3, 4}
>>>'1' in set1     #利用 in 进行成员判定
False
>>>for i in set1:  #遍历集合
        print(i)
1
2
3
4
```

3. 集合运算符:交、并、补、差

实现集合运算有两种方式,一是使用集合运算符,二是使用集合的内置方法。如图 4-18 所示,集合的运算存在于两个集合之间,多集合运算需要两两逐步完成。交集的运算结果是两

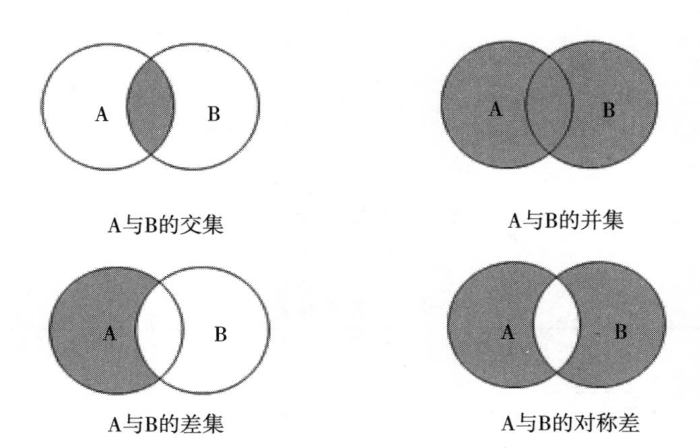

图 4－18　集合运算对应韦恩图

个集合中的共有元素，符号为 &；并集的运算结果是两个集合中的所有元素，符号为|；差集要注意集合顺序，在图 4－18 中，A 对 B 的差集，表示为 A－B，即以 A 集合为底减去在 B 中出现过的 A 中的元素，在此注意 A－B 与 B－A 的逻辑是不同的；对称差等于并集减去交集，表示 A 与 B 中所有的不重复元素，符号为^。

例如，有集合 A＝{1,2,3,4,5}，集合 B＝{3,4,5,6,7}，则 A、B 两个集合进行运算的方式与结果如表 4－6 所示。

表 4－6　集合运算方式

功能	运算符	方法
求并集	>>>A|B {1, 2, 3, 4, 5, 6, 7}	>>>A. union(B) {1, 2, 3, 4, 5, 6, 7}
求交集	>>>A&B {3, 4, 5}	>>>A. intersection(B) {3, 4, 5}
求差集	>>>A-B {1, 2}	>>>A. difference(B) {1, 2}
求对称差	>>>A^B {1, 2, 6, 7}	>>>A. symmetric_difference(B) {1, 2, 6, 7}

4. 集合函数与方法

集合类型不具有序号，无法直接操作集合元素，对集合的操作需要通过集合函数与方法实现。常用的集合方法如表 4－7 所示，方法名中 x 表示一个数据项，S1 表示一个组合类型，T 表示另一个集合，注意集合方法是否存在返回值。集合函数与方法示例代码如下：

```
>>>set1={1,2,3,4}
>>>set1.add(6)          #添加元素
>>>set1
{1, 2, 3, 4, 6}
>>>set1.update([5,6,7]) #添加所有不重复元素
>>>set1
{1, 2, 3, 4, 5, 6, 7}
>>>x=set1.pop()         #随机删除
```

```
>>>x
1
>>>set1
{2, 3, 4, 5, 6, 7}
>>>set2 = {1,2,3}
>>>set1.isdisjoint(set2)  #是否包含重复元素
False
```

表 4-7 常用的集合方法

方法名	描述
S. add(x)	如果数据项 x 不在集合 S 中,则将 x 增加到 S 中
S. update(S1)	将 S1 中元素添加到集合 S 中,不保留重复元素
S. clear()	移除 S 中的所有数据项
S. pop()	随机返回集合 S 中的一个元素,如果 S 为空,则产生 KeyError 异常
S. discard(x)	如果 x 在集合 S 中,则移除该元素;如果 x 不在集合 S 中,不报错
S. isdisjoint(T)	如果集合 S 与 T 没有相同元素,则返回 True

4.3.5 字典

Python 中的映射类型是字典,字典的映射关系通过键值对体现,可以将字典理解为键值对的集合。其中键为索引,通常是字符串或数字,也可以是其他任意不可变类型。字典的主要用途是通过关键字存储、提取值。

若有两个集合 set1 = {'语文','数学','英语','历史'},set2 = {79,85,94,98}。set1 中的课程名称与 set2 中的成绩具有如图 4-19 所示的对应(映射)关系。通过左侧课程名称,可以查询到右侧集合中的成绩信息。

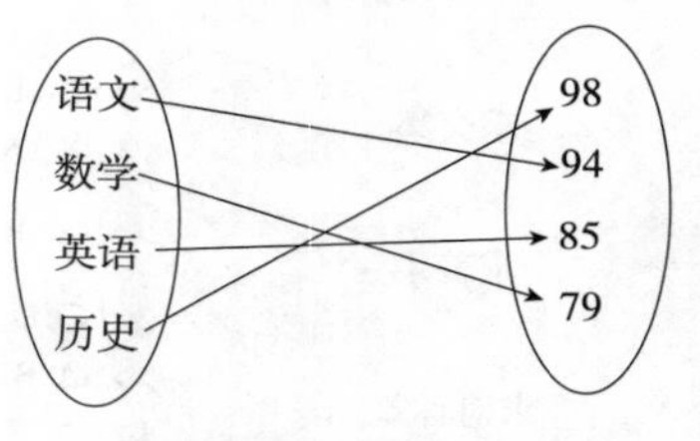

图 4-19 映射关系

在图 4-19 中,左侧数据集中的元素称为"键",键必须是不可变类型(即不包括列表、集合、字典等类型),且键必须唯一;将右侧数据集中的元素称为"值";一个键存在一个从左到右的映射,构成了一组键值对,这就可以构成 Python 中的映射类型——字典。

在 Python 中,图 4-19 的映射关系可以用字典表示为{'英文':85,'语文':94,'数学':79,'历史':98}。其中,左侧 set1 集合中的元素为键(key),右侧 set2 集合中的元素为值(value),键与值之间用符号":"进行连接,一个键值关系(即一个键值对)称为一项(item),项之间用逗号分隔。

键值对中键作为区分不同元素的标识,不可重复且必须为不可变类型,值可以重复,类型不限。键、值间是一一对应关系,要求值必须是一个独立元素,不可将一个键与多个元素匹配。

1. 创建字典

字典符号与集合符号同为{},但字典结构作为映射类型,存储的不是单一数据元素,而是键值对。创建一个空字典有两种方式,使用符号{}或者用函数 dict()。创建字典的示例代码如下:

```
>>>dic1={}
>>>dict2=dict()
>>>dic={'英文':85,'语文':94,'数学':79,'历史':98}
>>>dic['语文']
94
```

2. 字典操作

字典中不存在序号，只有键、值的对应关系，字典的访问是根据已知的键来查询未知的值，也可以通过键来修改它对应的值，如果一个键不存在，字典会将这组键值对作为新元素加入字典中。字典操作示例代码如下：

```
>>>dic={'英文':85,'语文':94,'计算机':98}
>>>dic['英文']=95  #修改字典对象的值
>>>dic
{'英文': 95, '语文': 94, '计算机': 98}
>>>dic['高数']=88  #添加新的键值对
>>>dic
{'英文': 95, '语文': 94, '计算机': 98, '高数': 88}
```

一个键值对是字典中的一个元素。在 Python 3.6 及之前版本中，字典属于无序类型，在 Python 3.7 之后，字典成了有序类型。不过对于映射类型的字典，是否有序不是它的主要特点。在排序问题中，常使用列表结构设计排序算法，因为排序通常将属性值作为排序标准，而字典中的值允许为空，不符合排序问题的设定，因此本书中的排序练习均通过列表实现，不进行字典的排序。

3. 遍历字典

遍历字典时可以将字典整体作为组合类型通过 for 语句访问，直接访问只能逐个获取字典中的键。字典类型具有三种内置方法：keys()获取字典的所有键，values()获取字典的所有值，items()获取字典中的所有键值对。遍历字典示例代码如下：

```
>>>d={'中国':'北京','美国':'华盛顿','俄罗斯':'莫斯科'}
>>>for i in d.keys():  #遍历字典中的键
       print(i)
中国
美国
俄罗斯
>>>for i in d.values():  #遍历字典中的值
       print(i)
北京
华盛顿
莫斯科
>>>for i in d.items():  #遍历字典中的键值对
       print(i)
('中国', '北京')
('美国', '华盛顿')
('俄罗斯', '莫斯科')
```

```
>>>{i:j for j,i in d.items()}  #字典推导式
{'北京':'中国','华盛顿':'美国','莫斯科':'俄罗斯'}
```

4. 字典方法

常用字典方法如表 4-8 所示，其中 key 表示键的一个具体值，default 是方法设定的错误提示，[ ]表示其中的参数可缺省，如果参数不存在则使用默认值。

表 4-8　常用的字典方法

方法名	描述
d.get(<key>[,<default>])	键存在则返回相应值，否则返回默认值
d.pop(<key>[,<default>])	键存在则返回相应值，同时删除键值对，否则返回默认值
d.popitem()	随机从字典中取出一个键值对，以元组形式返回
d.clear()	删除所有键值对

字典常用方法示例代码如下：

```
>>>dic={'英文':85,'语文':94,'计算机':98}
>>>grade=dic.get('信息技术','未选课')
>>>grade
'未选课'
>>>dic.pop('英文')
85
>>>dic
{'语文':94,'计算机':98}
>>>dic.popitem()
('计算机',98)
>>>dic
{'语文':94}
```

5. Python 组合数据类型的差异

本章讲述列表、元组、集合、字典四种 Python 内置组合类型，它们从结构上各有特点，其中元组是唯一不可变类型，属于线性结构的有列表与元组两种，集合与字典的“键”仅支持不可变类型作为元素，在集合中相同元素唯一。表 4-9 总结了四者的特点。

表 4-9　四种组合数据类型对比

类型	特点
列表	可变，有序，包含任意类型和个数的元素
元组	不可变，有序，包含任意类型和个数的元素
集合	可变，无序，只包含不可变元素，元素唯一
字典	可变，无序，键为不可变元素，键唯一

4.4　线性、树形、图形数据结构概述

数据结构以其逻辑结构进行区分，通过节点间的相互关系可以将其分为线性结构、树形结

构、图形结构，自定义数据结构在编程中更为灵活，适用于具体问题中的不同场景。三种结构的节点间的对应关系分别为一对一、一对多、多对多，如图 4-20 所示。其中 Python 的序列类型具有线性、有序的特点，属于线性结构。本节的逻辑结构包含栈、队列、二叉树等，节点间的逻辑关系可以通过拓扑结构来表示，逻辑结构与具体实现方式无关，可以通过不同的存储结构进行实现。

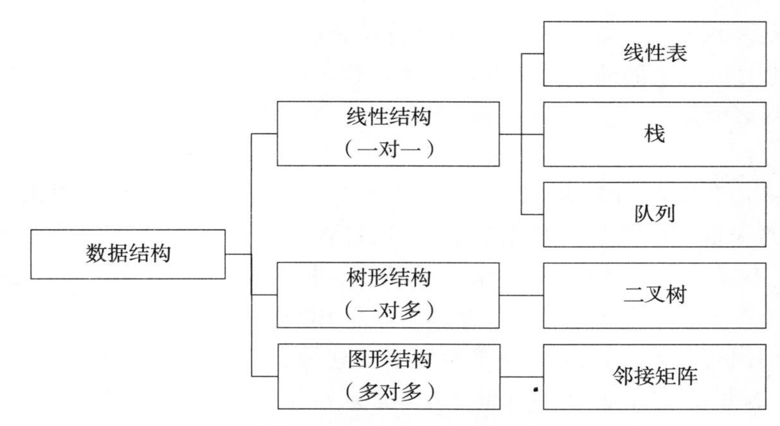

图 4-20　数据结构逻辑图

在 Python 编程中，数据结构的存储结构可以借助 Python 组合类型或类的方式来实现。面向对象的思想十分契合数据结构，通过类属性表示结构的值，通过类方法实现结构的功能。数据结构中研究的是同类元素间的逻辑关系，本节不讨论嵌套结构。如在排队问题中，将所有的排队人员当作数据元素，不考虑其他元素，不将排队人员做更细致的区分。

4.4.1　顺序表与链表

Python 组合类型中的列表、元组均属于线性结构，如果整体结构是非空白的、有且仅有一个开始元素和终端元素，并且每个元素最多只有一个前驱元素和一个后继元素，则将此类结构称为线性结构。线性表中的数据元素与位置相关，即每个数据元素有唯一的序号，序号从 0 开始，对于包含 n 个元素的线性表，元素序号满足 $0 \leqslant i \leqslant n-1$，如图 4-21 所示。

基于不同的物理结构，线性表有顺序表与链表两种实现方式。

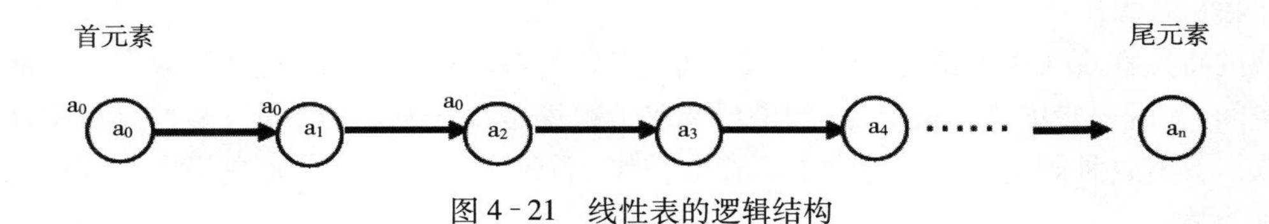

图 4-21　线性表的逻辑结构

1. 顺序表

顺序存储是最常见的存储方式。在逻辑上连续的节点，在存储空间上也连续，顺序结构易于理解，也易于实现。线性表的顺序存储称为顺序表。顺序表要求物理地址空间连续，如图 4-22所示。因为存储空间有限，所以顺序表在初始化时就会固定结构的最大存储容量（元素大小固定，最大存储容量固定，最多元素个数也固定）。Python 中的列表通过 append 方法、insert 方法自动扩展空间，在顺序表的插入操作中，必须时刻关注最大容量，当存储空间满后，需要先扩展容量,再进行数据添加。

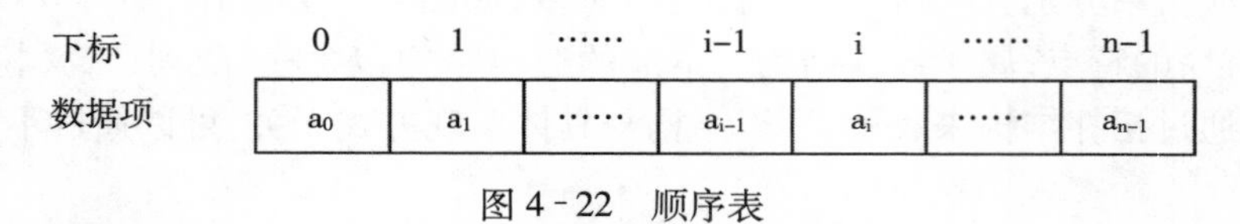

图 4-22 顺序表

顺序表的元素查找效率高,可以通过序号直接获取元素值(通过结构首地址和序号,计算机可以迅速算出目标元素的地址),修改单个元素值的效率也高。对于插入与删除操作,因为需要其他元素调整位置,因此执行效率低,在多查询少数据修改的问题中,优先选择顺序表。

2. 链表

线性表的链式存储称为链表,链表只记录逻辑上的先后顺序,而不要求物理上地址连续。Python 中的变量记录的是对数据的引用,通过在节点后添加对下一个节点的引用的方式,将元素节点串联在一起,可以实现链式结构,如图 4-23 所示。对于整体链式结构需要先建立结构的头节点,然后每个节点多存储一个引用空间,引用指向下一个元素节点,最后一个节点的引用内容为空。链表不要求地址空间连续,因此可以更好地使用存储空间。由于地址不连续,因此链表无法直接查询数据,必须从链表头开始逐个向后寻找,查询效率低。并且修改效率低,数据添加与删除操作,不需要调整存储空间,不需要其他节点移动位置,只需要修改前后节点的引用,因此执行效率高于顺序表。在多数据添加操作少数据查询的问题中,优先选用链表。

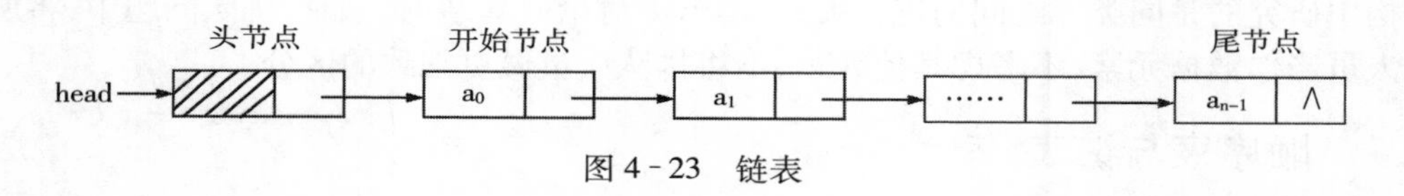

图 4-23 链表

4.4.2 栈与队列

线性表的实现分为顺序表与链表,其他逻辑结构的实现也存在顺序实现与链式实现两种方式。如果对线性表上的数据操作进行一些限定,线性表可以衍生出具有新特点的逻辑结构,例如栈与队列。

1. 栈(stack)

栈的特点在现实中广泛存在,在农忙时节,丰收的粮垛会高高堆满仓库,为了尽可能有效利用空间,新的粮垛堆积在最上方,如果想要取下粮垛也要先从上方拿取,不可以从中部或下侧拿取。具有这种限定从一个方向进行存取操作,不允许从另一端或者中间进行存取操作的结构称为栈。

栈是一种只能在同一端进行数据插入与数据删除操作的线性表,因此也叫先进后出表(first in last out)。将数据进、出栈的一端称为栈顶(top),栈顶所处的位置是动态的,栈结构记录的是栈顶的位置。不能进行数据操作的一端称为栈底(bottom)。当栈中没有数据元素时称为空栈,如图 4-24 所示是包含 7 个元素的栈。

先进后出表在固定的进栈顺序下,根据不同的出栈顺序可以得到不同的出栈序列,例如,入栈序列为 1,2,3,4,5,6,如何调整出栈顺序获取 4,3,6,5,2,1 的出栈序列,图 4-25 给出了数据进出栈的操作流程。

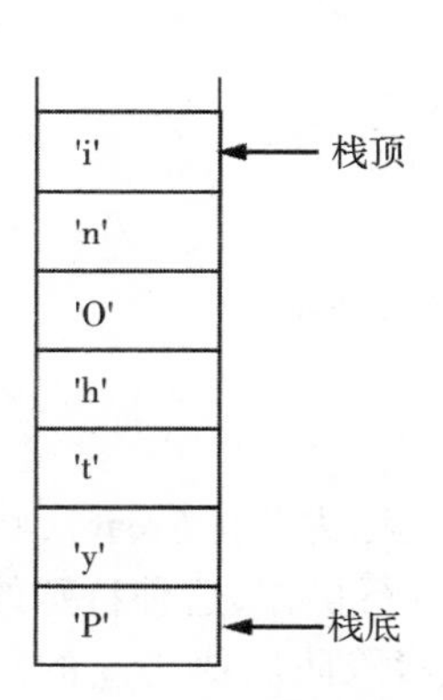

图 4-24　栈结构图

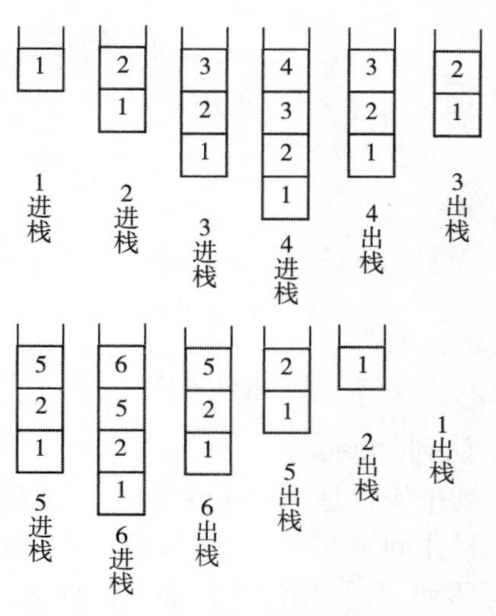

图 4-25 进出栈流程

例如,数字 1,2,3,4,5,6 依次入栈,在入栈过程中元素可以随机出栈,可能产生的出栈顺序有 654321、546321、123465,不可能产生的出栈序列有 653241。

例 4-5　假设表达式中允许存在三种括号“{”“(”“[”,输入一条包含“(”括号、“{”括号、“[”括号的运算表达式,采用栈结构进行括号匹配情况的判别,如果所有括号均匹配成功,则返回成功,否则返回失败。

括号匹配问题是表达式求值问题的简化版,在括号匹配问题中,仅关注成对出现的不同种括号,而括号匹配的规则是:就近匹配,对于每一个后括号,与它的前一个括号尝试匹配,如果成功则成对消去,不成功说明括号匹配失败,停止后续操作。程序代码如下:

```
1    #括号配对
2    num=input('请输入一个包含括号的表达式:')
3    stack=[]
4    flag=1
5    for i in num:
6        if i=='(' or i=='[' or i=='{':
7            stack.append(i)
8        elif i==']':
9            if stack[-1]=='[':
10               stack.pop(-1)
11           else:
12               flag=0
13               break
14       elif i=='}':
15           if stack[-1]=='{':
16               stack.pop(-1)
17           else:
18               flag=0
```

```
19                break
20        elif i=='）':
21            if stack[-1]=='(':
22                stack.pop(-1)
23            else:
24                flag=0
25                break
26    if len(stack)==0 and flag==1:
27        print('匹配成功')
28    else:
29        print('匹配失败')
```

2. 队列(queue)

队列结构也是一种线性结构，将数据的插入操作固定在表的一端称为队尾(rear)，将数据的删除操作固定在表的另一端称为队首(front)，禁止对表中间节点进行操作，这种特殊的线性表称为队列，又叫先进先出表。向队列中插入元素称为入队，新元素入队后成为新的队尾元素，从队列中删除元素称为出队，元素出队后，其直接后继节点成为队首元素，例如 4.1.3 中举例的排队问题，其逻辑结构可以用图 4-26 表示。

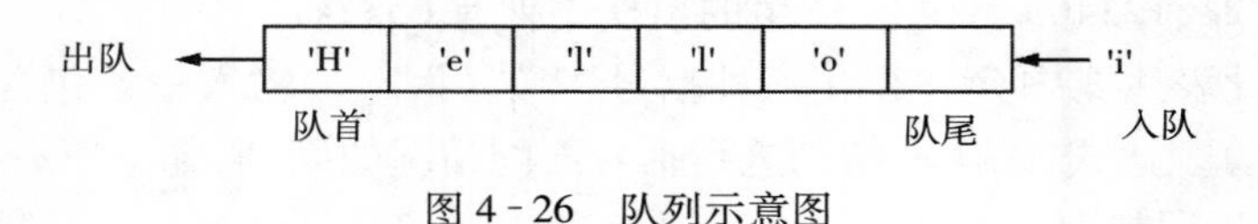

图 4-26　队列示意图

应用列队结构的基础操作如下：

(1)判断队满。

(2)判断队空。

(3)元素入队。

(4)元素出队。

队列结构中的元素具有“先入先出”的特点，即先入队的元素必定优先出队。在队列结构中，固定线性结构的两端必定为一端进，一端出。

例 4-6　迷宫路径求解。以队列逻辑寻找迷宫的最短目的路径。

迷宫求解是为了寻找一条由起始点到目标点的简单路径(不包含环)，迷宫的求解方式未必唯一。

算法流程如下：

(1)每次访问一个方块(i,j)，试探所有与当前相邻的方块，将所有相邻未访问方块入队，标记当前方块以访问。

(2)对一个方块(i,j)保留其前驱方块(pre 标记)。

(3)从入口开始，找到出口后，由 pre 推导出迷宫路径。

具体程序代码如下所示：

```
1    #迷宫求解
2    mg=[[1,1,1,1,1,1],
3        [1,0,1,0,0,1],
```

```
4        [1,0,0,1,1,1],
5        [1,1,0,0,0,1],
6        [1,1,1,1,1,1]]
7    dx=[-1,0,1,0]
8    dy=[0,1,0,-1]
9    path=[]
10   node=[1,1,-1]
11   point=[3,4]
12   flag=0
13   path.append(node)
14   while True:
15       mg[node[0]][node[1]]=1
16       if node[0]==point[0] and node[1]==point[1]:
17           x=path.index(node)
18           flag=1
19           break
20       for i in range(4):
21           if mg[node[0]+dx[i]][node[1]+dy[i]]==0:
22               path.append([node[0]+dx[i],node[1]+dy[i],path.index(node)])
23       if path.index(node)==len(path)-1:
24           flag=2
25           break
26       else:
27           node=path[path.index(node)+1]
28   re=[]
29   if flag==1:
30       while x!=-1:
31           re.append((path[x][0],path[x][1]))
32           x=path[x][2]
33       for i in re[::-1]:
34           print(i,' ')
35   elif flag==2:
36       print('未找到迷宫路径。')
```

4.4.3　树形结构

节点间的联系除一对一外,还存在一对多与多对多等联系,这两种结构都属于非线性结构。在树形结构中,一个节点可以与多个节点相连,表示元素或节点间的一对多关系。

1. 树(tree)

树是一种最典型的树形结构,它由树根、树枝和树叶组成。一棵树由 n 个节点组成(记为 T),如果 n=0 称为空树,是树的特例;如果 n>0,这 n 个节点中存在且仅存在一个节点作为树的根节点(root),其余节点分为 m 个互不相交的有限集 $T_1, T_2, \cdots, T_m$,其中每个子集本身又是一个符合定义的树结构,称为根节点的树,如图 4-27 所示。

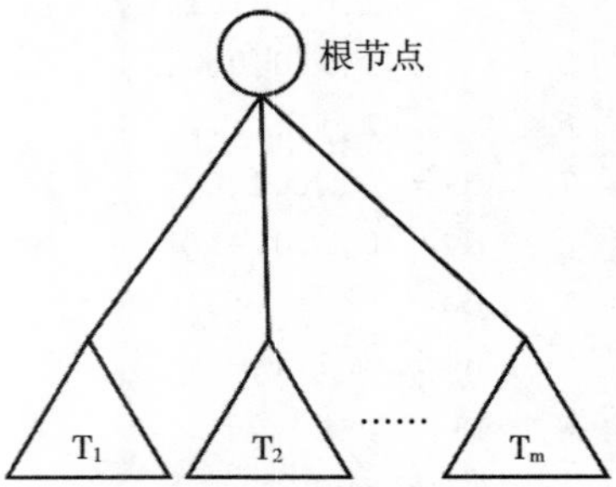

树结构中每个节点可以有零个或多个后继节点，但有且仅有一个前驱节点（根节点除外）；这些数据节点按分支关系组织起来，清晰地反映了数据元素间的层次关系，所以树形结构也可以描述层次问题，结构中存在明确的上下层关系。描述树的拓扑结构有不同的方式，以下列举了三种表示方式：

根节点

T_1　T_2　……　T_m

图 4-27　一棵树 T

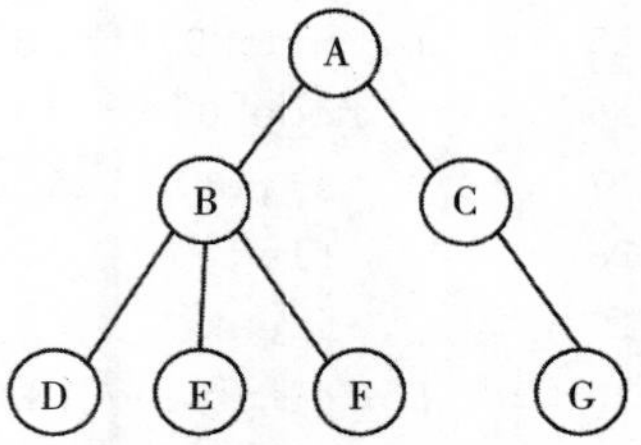

（1）树形表示法。如图 4-28 所示，以学校、学院、学生建立的学生查询系统中，节点 A 表示学校；节点 B、C 表示学院，最外层节点表示学生归属于哪个学院。用一个圆圈表示一个节点，圆圈内的符号代表该节点的数据信息，节点之间的关系通过连线表示，这就是树形表示法。

A B C D E F G

图 4-28　树形表示法

（2）括号表示法。将每棵树对应一个由根作为名字的表，表名放在表的左边，表由一个括号里的各子树对应的子表组成，子表之间用逗号分开，即根节点（子树 1，子树 2，…，子树 n），以括号嵌套来表示层次逻辑。如图 4-28 形的树结构可以表示为 A(B(D,E,F),C(G))。

（3）列表表示法。可以将树的括号表示法转化为列表形式，用列表的[ ]取代括号表示法中的括号，[根结点，子树 1，子树 2，…，子树 n]，列表表示法采用的是顺序存储的方式来记录树结构，将如图 4-28 所示的树结构表示为：

```
['A',
    ['B',['D'],['E'],['F']],
    ['C',['G']]
]
```

树结构有以下相关概念：

度：对于树中某个节点的子树个数称为该节点的度，树中各节点度的最大值称为树的度。

分支节点与叶子节点：度不为零的节点称为分支节点，度为零的节点称为叶子节点。

孩子节点、双亲节点、兄弟节点：一个节点的直接后继节点称为孩子节点，该节点是孩子节点的双亲节点（或称为父节点），同一父节点的孩子节点之间称为兄弟节点。

节点的层次与树的高度：节点的层次从树根开始定义，树根是第一层，它的孩子节点是第二层，以此类推。树中所有节点的最大高度就是树的高度。

树中的节点数等于所有节点度之和加 1。

2. 二叉树（binary tree）

度小于等于 2 的树称为二叉树，二叉树由根节点与两棵互不相交的左右子树构成。二叉树与树结构相同，它只是限制树的度最大为 2，同时它将左右子树进行了区分，左右子树在逻辑上不相等。

在二叉树中，如果所有的分支节点都有左、右孩子节点，并且叶子节点都集中在二叉树的最下一层，这样的二叉树称为满二叉树，若二叉树中最多只有最下面两层的节点度可以小于 2，并且最下面一层的叶子节点都依次排列在该层最左边的位置上，这样的二叉树称为完全二叉树，如图 4-29 所示。对于完全二叉树将它的节点由根节点开始标记为 1，按层次依次标记，将A、B、C、D、E、F标记为1、2、3、4、5、6，会发现对于一个分支节点i，它的父节点序号等于i/2，它的孩子节点序号等于i＊2与i＊2+1，因此可以将一个完全二叉树直接存储在列表结构中，通过序号直接访问。

列表表示法借助了完全二叉树的特点，将一般二叉树视为完全二叉树，根据二叉树中序号的联系，存在的序号记录其值，不存在的记录为空，这种列表序号表示方法，不需要进行结构的嵌套，可以通过序号直接进行数据的访问与操作，如图4-30所示的二叉树可以用如下列表表示：

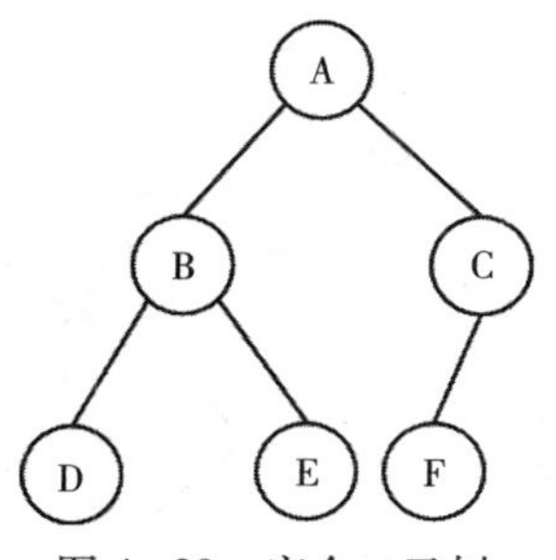

图4-29　完全二叉树

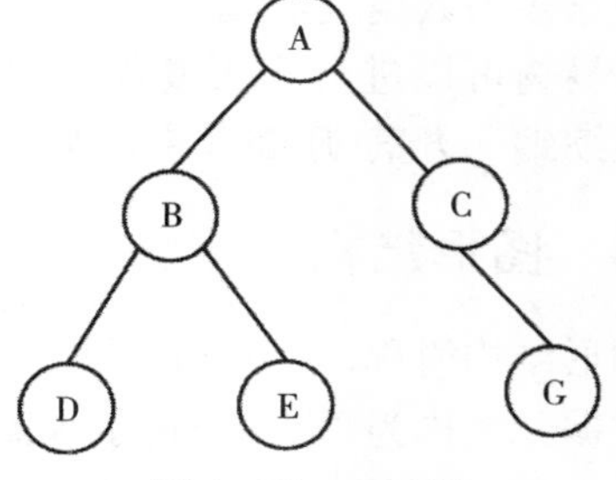

图4-30　二叉树

```
[None,'A','B','C','D','E',None,'G']
```

二叉树的列表表示法表现的是二叉树的顺序存储，二叉树也存在链式存储方式。二叉树结构应用十分广泛，如二叉查找树、霍夫曼树。

二叉查找树结构满足以下条件：

(1)若它的左子树非空，则左子树上所有节点值均小于根节点。

(2)若它的右子树非空，则右子树上所有节点值均大于根节点。

(3)左、右子树本身又各是一棵二叉排序树。

根据概念构建二叉查找树，将小于根节点的放入左子树，将大于根节点的放入右子树，对于数据列表list=[45,37,22,19,67,58,42,33,50,69]可以构建如图4-31的二叉查找树。对于同样的数据集合可以构建多个符合二叉查找树定义的树形结构，从根节点到目标节点的路径是查找过程，查找的最大次数不超过树的高度。因此当树结构不相同时，数据查找效率就不同。树形态接近满二叉树或完全二叉树时，查找效率等同于二分查找，此时树的高度最低，是最优查找效率$O(\log_2 n)$。当树中所有节点仅存在左子树或仅存在右子树时，形态类似线性结构，n个节点树的深度为n，此时树的高度最高，是最低查找效率O(n)，因此二叉排序树的时间复杂度介于$O(\log_2 n)$与O(n)。

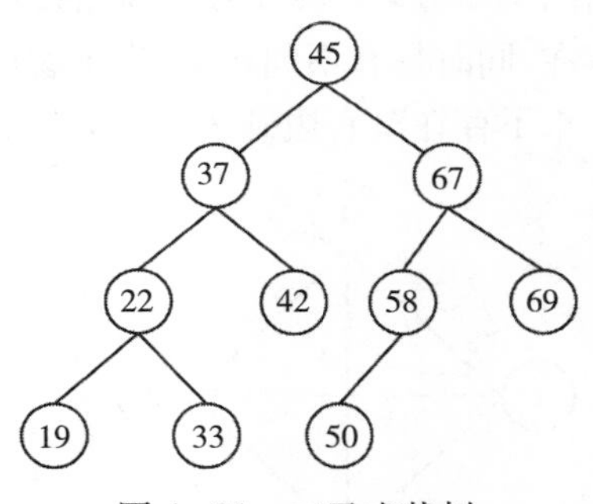

图4-31　二叉查找树

思考：什么因素导致二叉查找树结构退化为线性结构？有没有办法调整二叉查询树的形态来保证查找效率？

给树中的节点赋予一个包含意义的数值，该数值称为权；树的路径长度是从树根到每一节点之间的路径长度之和；从树根节点到某个叶子节点之间的路径长度与该节点权的乘积称为节点的带权路径长度。

霍夫曼树,又称最优树,表示带权路径长度最短的树。在节点具有权重的情况下,计算出总节点权重路径和最小的结果。例如,在 Python 课程考核中,学生成绩的分布情况如表 4 - 10 所示。

表 4 - 10 学生成绩分布表

分数	0~59 分	60~69 分	70~79 分	80~89 分	90~100 分
比重	10%	15%	24%	35%	16%

根据表格数据生成如图 4 - 32 所示的霍夫曼树。通过霍夫曼树可以进行霍夫曼编码,这是一种基于频率的无损压缩编码方案,压缩效率通常介于 20%~90%。

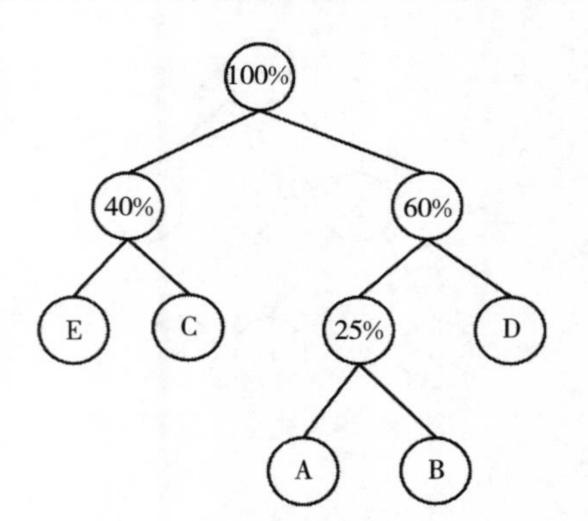

图 4 - 32 霍夫曼树

A:10% B:15% C:24% D:35% E:16%

4. 4. 4 图形结构

图形结构简称图(graph),属于非线性数据结构。图中的数据元素称为顶点,描述了顶点间的多对多关系,即每个顶点可以有零个或多个前驱顶点,也可以有零个或多个后继顶点。

在现实问题中适宜用图来描述的问题很多,如城市间的道路交通。设图结构由顶点与边两个要素构成。图 G 由两个集合 V(Vertex)和 E(Edge)组成,记为 G=(V,E),其中 V 是顶点的有限集合,记为 V(G),E 是连接 V 中两个不同顶点(顶点对)的边的有限集合,记为 E(G)。

在图 G 中,如果代表边的顶点对是无序的,则称 G 为无向图,用()表示无向边,如图 4 - 33 所示,(1,4)与(4,1)表示的是同一条边;如果代表边的顶点对是有序的,则称 G 为有向图,在有向图中用<>来表示有向边(又称弧),如图 4 - 34 所示,<1,2>表示的是从顶点 1 到顶点 2 的边,在有向图中<1,2>与<2,1>是不同的边;如图 4 - 35 所示,是一个带权图,图中所有的边不只表示边的存在,同时具有不同权重,表示着边的远近差异,以此为例,也可以设计有向带权图。在图 G 中,如果不存在没有边到达的孤立顶点,称图为连通图,图的应用中多数以连通图为研究背景。

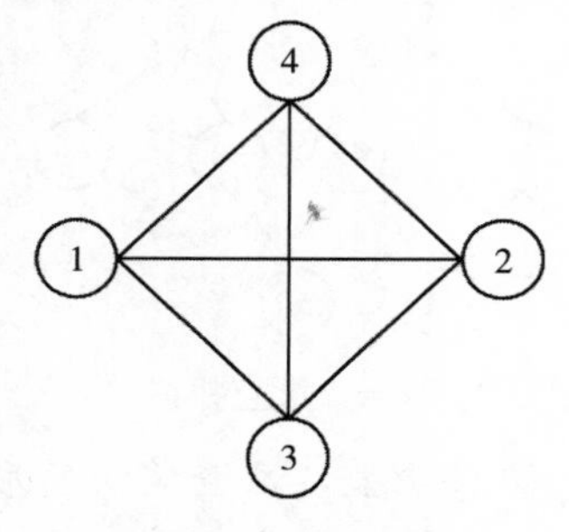

图 4 - 33 无向图

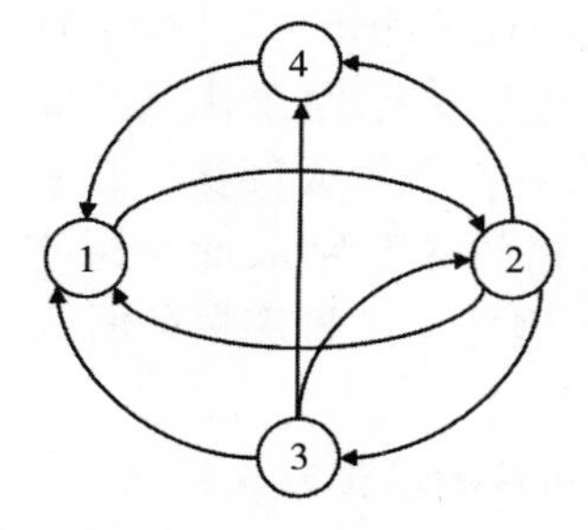

图 4 - 34 有向图

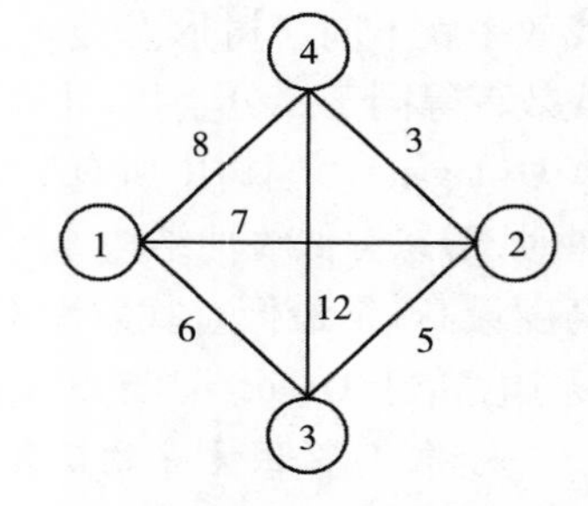

图 4 - 35 带权图

表示顶点之间邻接关系的矩阵称为邻接矩阵。设 G=(V,E)是含有 n(n>0)个顶点的图,各顶点编号为 0~n−1 ,则 G 的邻接矩阵数组 A 是 n 阶方阵,其定义如下:

如果 G 是不带权图:

$$A[i][j]=\begin{cases}1, & (i,j)\in E(G)\text{或者}<i,j>\in E(G)\\ 0, & \text{其他}\end{cases}$$

如果 G 是带权图：

$$A[i][j]=\begin{cases}\omega_{ij}, i\neq j\text{并且}(i,j)\in E(G)\text{或者}<i,j>\in E(G)\\ 0, & i=j\\ \infty, & \text{其他}\end{cases}$$

图 4－34 中的有向图可以用如下邻接矩阵表示：

```
[
    [0,1,0,0]  #顶点 1
    [1,0,1,1]  #顶点 2
    [1,1,0,1]  #顶点 3
    [1,0,0,0]  #顶点 4
]
```

图 4－35 中的带权图可以用如下邻接矩阵表示：

```
[
    [0,7,6,8]     #顶点 1
    [7,0,5,3]     #顶点 2
    [6,5,0,12]    #顶点 3
    [8,3,12,0]    #顶点 4
]
```

邻接矩阵采用二维列表的方式实现，属于图的顺序实现方式，图的链式实现方式称为邻接表，两种实现方式在图的操作上各有优劣。

图的算法均基于连通图，如图 4－36 所示的带权无向图中，共有 7 个节点，最少需要 6 条边即可连通所有节点，将这 6 条边构成的新图结构称为图的生成树，其中边的权值和最小的生成树称为最小生成树。最小生成树包含两个特点：

（1）生成树中任意顶点之间有且仅有一条通路，也就是说，生成树中不能存在回路 v。

（2）对于具有 n 个顶点的连通网，其生成树中只能有 n−1 条边，这 n−1 条边连通着 n 个顶点。

从距离代价考虑，最小生成树是连接所有节点的最优解，由图 4－36 可以得到图 4－37 所示的最小生成树结构。最小生成树的算法有 Prim 算法与 Kruskal 算法。

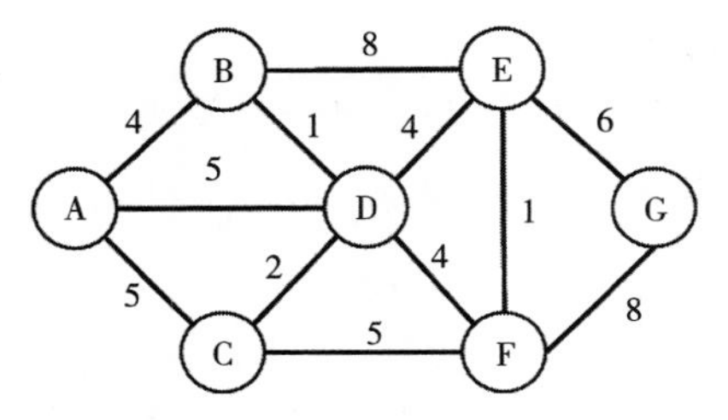

图 4－36　带权无向图

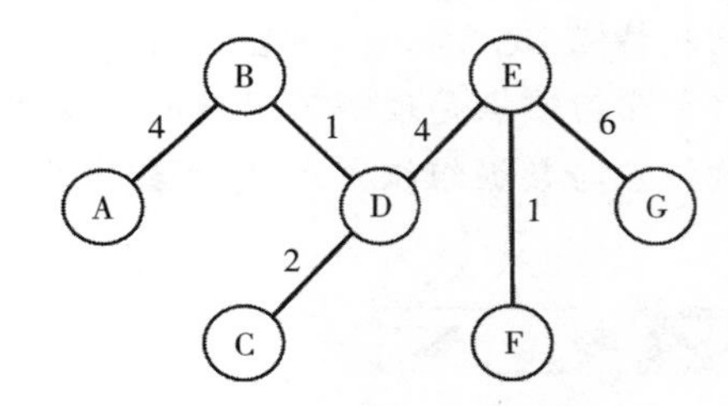

图 4－37　最小生成树

从图中的某个顶点出发到达另外一个顶点的所经过的边的权重和最小的一条路径，称为最短路径。最短路径问题分为单源最短路径与多源最短路径。

单源最短路径是在带权有向图中,寻找到达目标节点的最短路径(图中不存在负权值的边),Dijkstra 是求最短路径最常用的算法。在路线交通图中,求解单源最短路径可以得到目标节点的最优路径选择。如图 4-38 所示的带权有向图中,从节点 A 出发,前往节点 G,path = ['A','B','D','E','G']是一条最优路径,Dijkstra 算法是求解单源最短路径的经典算法。

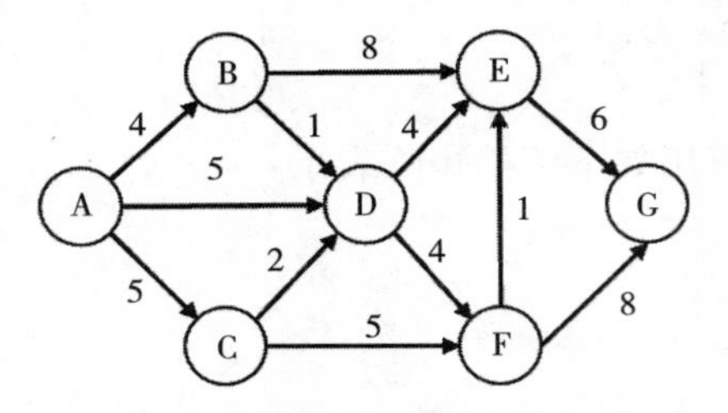

图 4-38　带权有向图

多源最短路径是求解图中任意两点间的最短路径。求解所有顶点间最短路径可以多次使用 Dijkstra 算法,但在逻辑上过于烦琐。Floyd 算法用于在有向图(可以存在负权值,不可以有负权值回路)中求解任意两顶点间的最短路径,将图 4-39 所示的两点间最短路径结果记录在表 4-11 中,顶点到自身距离为 0,两顶点间不连通表示为∞,因此通过计算两点间最短路径可以判断两点间的连通情况。

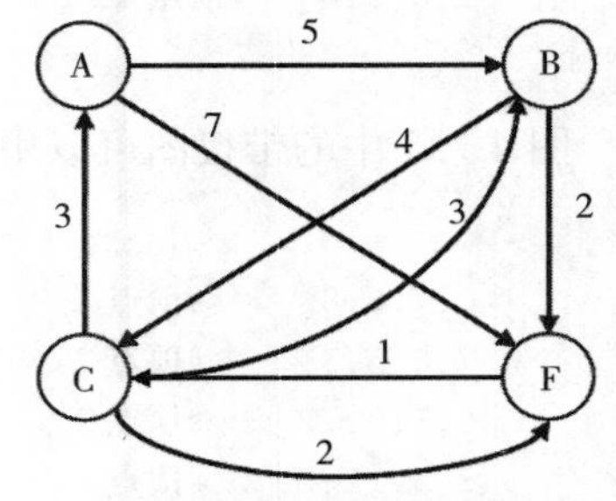

图 4-39　带权有向图

表 4-11　最短路径结果

距离	A	B	C	D
A	0	5	8	7
B	6	0	3	2
C	3	3	0	2
D	4	4	1	0

本章小结

本章介绍数据结构的基本概念、不同逻辑结构与存储结构的特点,算法的设计要求及评价指标,并介绍线性结构、树形结构、图形结构的特点与用途。主要讲解 Python 组合数据类型的结构特点、元素构成、内置方法,并通过案例使读者理解其用途。

学习难点是理解不同类型逻辑结构的特点及用途,重点是理解 Python 组合数据类型的结构特点与数据组织方式,掌握组合数据类型内置方法在问题求解中的应用。

习　题

编程题

1. 水果店 7 天的营业额分别为 43、55、29、35、31、104、122,使用循环语句的方式将营业额录入列表,并输出周内营业额与周末营业额的差值。

2. 2021年全年我国小麦产量共13694万t，其中新疆639万t、陕西424万t、河南3802万t、安徽1699万t、江苏1342万t、河北1469万t、山东2636万t，以上各省份中产量排名前三的省份分别是哪些？前三的小麦产量占全国总产量的比重为多少？请编程实现。

3. 设有字符串'only today is a gift'，请使用切片方式获取其中前三个单词，然后使用循环语句且设定判定条件的方式截取并输出前三个单词。

4. 使用元组tup=(0,1,2,3,4,5)中的元素，生成包含不同数字的三位数，共有多少种结果？将结果连续输出于一行中。

5. 小麦是我国北方地区的主要农业作物，小麦品种的外在分类标准包含颜色、质地、季节，用元组表示为t1=('红色','白色')、t2=('硬质','软质')、t3=('春','冬')，通过组合三个元组中的元素，输出小麦的所有分类。

6. 如表4-12所示，现有5位学生信息，通过集合的方式找出其中喜欢篮球、rap的三好学生，找出仅喜欢打篮球的学生，找出所有没有获得荣誉的同学。

表4-12 学生信息表

姓名	爱好	荣誉
小张	篮球、rap	三好学生
小杨	rap	奖学金
小陈	篮球	奖学金
小郭	rap	
小南	篮球	三好学生、奖学金

7. 向列表中输入多个数字，输出其中重复出现过的数字。

8. 编写程序，统计字符串中不同字母的出现次数。

9. 输入一个字典，然后完成对字典键、值的转置。提示：可以通过推导式与不使用推导式两种方式实现。

10. 我国小麦按照标准分为五级，其中容量标准为dic={'一级':790,'二级':770,'三级':750,'四级':730,'五级':710}，单位(g/L)。字典可以通过键查询值，如果想通过容量来查询级别就需要转置字典中的键值。提示：可以通过推导式与不使用推导式两种方式实现。

11. 借助栈先进后出的特点，判断一个字符串是否为回文串。

12. 借助队列先进先出的特点解决约瑟夫问题。现有n个同学编号为1、2、…、n，从1号开始循环报数，让报数m的同学出列，当n为8、m为5时，输出最终的出队序列。

13. 现有树形结构如图4-30所示，编写程序逐层访问其中的所有节点，输出节点编号及每层的节点个数。

14. 现有如图4-34所示的有向图结构，编写程序选择必要的边，遍历其中所有的节点。

实验指导

参考答案

一、实验目的

理解组合类型的结构特点、元素构成、内置方法的功能及其在求解问题中的应用。通过上机验证和编程练习,培养针对具体问题应用组合类型的特点进行算法设计并编程实现的能力。并理解数据结构中线性结构、树形结构、图形结构的特点及用途,初步培养从具体问题中抽象出特定结构的能力。通过验证性、设计性案例与习题的上机练习,达到理解数据结构和应用数据类型处理问题的基本能力。

二、实验任务

1. 在交互模式下,完成 Python 组合数据类型的创建,元素的增、删、改、查以及遍历操作练习。

2. 调试和验证本章中的案例程序。

3. 完成本章习题中题目的程序编写,并进行调试与验证结果。

三、实验过程与步骤

1. 组合数据类型操作练习

根据 4.3 小节中 Python 组合数据类型的创建、添加元素、删除元素、遍历访问等操作示例,在 IDLE 编辑器的交互模式下进行组合类型操作练习,掌握组合类型的使用方法。

2. 算法验证

理解 4.4 小节中案例代码的设计逻辑,在 IDLE 编辑器的文件模式下,输入具体代码,通过运行程序,理解代码结构的设计逻辑。

3. 组合数据类型编程练习

完成习题 1~10 的代码编写,进行调试、运行及验证。在此基础上思考每道题目是否存在其他求解算法,尝试编程实现。

在编程中特别注意题目对于数据输出、结果输出的形式要求,例如,习题中第 1 题,数据输入可以通过如下方式实现:

```
ls=[]
for i in range(7):
    ls.append(eval(input('请输入当天营业额:')))
```

4. 数据结构编程练习

完成习题 11~14 的代码编写,然后进行调试、运行及验证。

第5章

编程思维与方法

本章内容提示

本章以程序设计中常见典型问题为例，讲解程序设计中问题分析，编程基本思路，基本算法设计描述，代码编程实现和程序算法的优化，说明程序设计的一般思想和方法。本章内容是对前面所学程序设计基础知识的提升，分类介绍一般计算、穷举法、递推与迭代法、排序、查找等几类常见典型问题的程序设计思想、方法和规律，并对同类问题的程序设计方法进行总结。

本章学习目标

首先学会典型问题的分析，理解问题抽象出的本质(模型)；其次要掌握问题的求解思路、算法设计和编程方法；最后通过编程练习、上机调试程序，掌握程序设计的一般思维和实现方法，培养用计算机解决问题的能力。

5.1 编程思维

人们处理问题的一般过程是，首先对处理的各类具体问题进行仔细调研和分析，研究确定解决问题的具体方法和步骤(算法)，然后依据方法和步骤，选择合适的技术与工具，通过人工实施解决问题，并对处理的结果进行评价。

利用计算机处理问题与人们一般解决问题的思维和方法是类似的。用计算机处理问题的一般思维和过程是，首先对求解问题进行研究和分析，构建解决问题的数学模型，进行相应的算法设计(设计问题求解的方法和步骤)，然后依据算法设计，选择某种计算机语言，依据算法编写程序，提交给计算机执行，让计算机按照人们指定的步骤有效地工作。

例 5-1 编程求解猴子吃桃问题。猴子第1天摘下若干个桃子，当即吃掉一半，还不过瘾，又多吃了一个，第2天早上将剩下的桃子吃掉一半，又多吃一个，以后每天早上都吃掉前一天剩下的一半再多一个。直到第10天早上，猴子发现只剩一个桃子了，则猴子第1天共摘了多少个桃子？

问题分析：设第1天的桃子数为 $peach_1$，第2天桃子数为 $peach_2$……第10天的桃子数为

$peach_{10}$。

已知 $peach_{10}=1$，而 $peach_{10}=peach_9/2-1$，则 $peach_9=2(peach_{10}+1)$。同理可得 $peach_8=2(peach_9+1)$，以此类推，可得 $peach_1=2(peach_2+1)$。

由此可见，$peach_1$，$peach_2$，…，$peach_{10}$之间存在如下关系：

$peach_i=2(peach_{i+1}+1)$，$i=9,8,\cdots,2,1$，即每项可由它的前一项计算得出。用计算机计算时可用式子(数学模型)peach = 2 * (peach+1)求解，赋初值 peach = 1，运算一次可计算得到 peach=4 即第 9 天的桃子数，再次运算，代入式子右边的 peach 为第 9 天的桃子数，可求得第 8 天的桃子数，依次计算 9 次，可得第 1 天的桃子数。

经过分析，可得算法设计如下：

S1：使 peach=1；

S2：使 i=9；

S3：计算 peach=2 * (peach+1)；

S4：i=i-1；

S5：如果 i>=1，返回重新执行步骤 S3；否则，执行 S6；

S6：打印 peach。

这样的算法已经可以很方便地转化成相应的程序语句了。

基于算法编写的程序如下：

```
1  peach=1
2  i=9
3  while i>=1:
4     peach=2*(peach+1)
5     i=i-1
6  print(peach)
```

对较小的程序，需要养成对所设计的程序或系统进行注释的习惯，以便自己和其他人进行阅读和修改。例如，程序可注释如下：

```
#本程序设计于 2021.4.28,由张三设计
#本程序实现的问题是猴子吃桃问题:猴子第 1 天摘下若干个桃子,当即吃掉一半,还不过瘾,又多吃了一个,第 2 天早上将剩下的桃子吃掉一半,又多吃一个,以后每天早上都吃掉前一天剩下的一半再多一个。直到第 10 天早上,猴子发现只剩一个桃子了,则猴子第 1 天共摘了多少个桃子?
1  peach=1            #赋初值,第 10 天的桃子数为 1
2  i=9                #循环变量赋初值,从第 9 天开始计算
3  while i>=1:        #控制循环 9 次,依次计算第 9,8,7,…,1 天的桃子数
4     peach=2*(peach+1)     #递推公式
5     i=i-1
6  print(peach)              #输出第 1 天的桃子数
```

由以上案例程序设计过程可以看出，程序设计的一般思维和过程如下：

(1)分析问题。对求解的问题进行认真的分析，研究所给定的条件，分析最后应达到的目标，找出解决问题的规律，选择解题的方法，达到实际问题求解的要求。

在分析问题的基础上，将所研究问题的数据与数据间的关系抽象出来，形成程序中数据的类型和数据组织存储形式。

(2)设计算法。算法是对特定问题求解步骤的一种描述,它是指令的有限序列,其中每一条指令表示一个或多个操作。设计算法即设计出解题的方法和具体步骤。可用流程图等方法描述算法,为编写程序代码做好准备工作。

(3)编写程序。依据算法和流程图,用程序设计语言将整个数据、数据之间的关系和算法表述出来,形成程序代码。

(4)调试运行。将程序输入计算机,进行编辑、调试和运行。

(5)分析结果。对程序执行结果进行验证和分析,发现程序中存在的问题并修改完善。

(6)写出程序的文档。程序是提供给用户使用的,如同正式的产品应当提供产品说明书一样,正式提供给用户使用的程序,必须向用户提供程序说明书。内容应包括程序名称、程序功能、运行环境、程序的装入和启动、需要输入的数据,以及使用注意事项等,为程序的使用、修改打好基础。

5.2　一般计算问题

在进行程序设计时,通常会遇到需要通过简单累加、累积、计数或统计等进行求解的问题,这类问题的关键是确定每次累加(乘)、统计的操作是什么,通过循环方式实现多次重复操作,从而得到运算结果,这是程序设计中最基本的问题之一。

5.2.1　累加、累积

若求解的问题通过分析后,其本质是累加、累积问题,则程序设计的基本思路是:首先,确定每次累加(乘)的对象(数据)是什么;其次,分析这些对象间有何规律,将其表示成有规律的形式,构造出运算数据对象的表达式,如 x=x+1;再次,分析每次运算有什么规律,将其表示成有规律的运算形式,构造出累加(乘)的运算表达式,如 s=s+x,构成重复操作的内容;最后,确定实现重复运算的控制方法(循环控制)。

在上述思路的基础上,设计求解问题算法,依据算法编写程序。

例 5-2　求任意数 n 的阶乘。

基于上述基本思路,阶乘问题分析和求解的基本方法是:

①n!=1×2×3×…×n,每次相乘的数分别为 1,2,3,…,n,每一项相乘的数据有一个变化的规律,即每一项是一个自然数,如果 x 的初值为 0,可以用式子 x=x+1 构造要累乘的每一项数据,一次产生一个自然数 x。

②每次累乘的数是 x,可以用 f=f * x 构造累乘运算表达式,每次实现一个数据的累乘。

③计算 n 个 x 累乘,则需要循环操作 n 次,构造执行 n 次的循环控制。

程序流程如图 5-1 所示。程序代码如下:

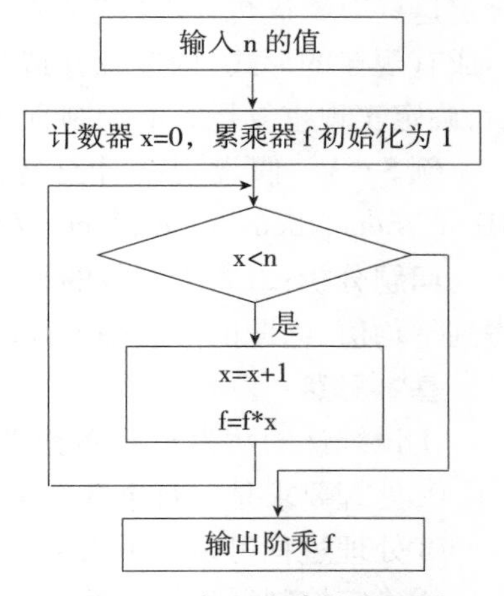

图 5-1　求 n 阶乘的流程图

```
1  n=eval(input("请输入 n 的值:"))
2  x=0            # 累乘数据变量的初始值为 0
3  f=1            # 累乘结果变量的初始值为 1
```

```
4 while x<n:        # 循环控制,执行 n 次循环
5     x=x+1            # 构造累乘的数据
6     f=f * x          # 累乘运算
7 print("f=",f)  # 输出 f 的值
```

以下同类题目与上例算法相同,只需对累加的数 x 进行适当变换即可。注意数据类型。

- $1+\frac{1}{2}+\frac{1}{3}+\cdots+\frac{1}{n}$,累加为 f=f+1/x 或将 x 变换为 i=i+1;x=1/i。
- 1!+2!+3!+…+n!,增加累加运算的语句 s=s+f。
- $\frac{1}{1\times 2}+\frac{1}{2\times 3}+\cdots+\frac{1}{n\times(n+1)}$,累加为 f=f+1/x * (x+1)。
- 用 $\frac{\pi}{4}=1-\frac{1}{3}+\frac{1}{5}-\frac{1}{7}+\cdots$,求 π 的近似值,直到最后一项的绝对值小于 10^{-6} 为止。

对于累加和累乘的题目,解决方法总结如下:

(1)用一个或若干个语句(x=x+1)运算产生要累乘或累加的每一项。

(2)用一个语句,如 f=f * x(f=f+x),将产生的项累加或累乘起来。

(3)依据题目命题,结合前面两项,构造合适的循环语句和条件。

通过本节的分析举例,对同类问题可以达到举一反三的效果。

5.2.2 计数与统计

在农业科学研究中,一般通过田间试验考察作物的生物特性,例如测定小麦品种植株高度、分蘖数、小穗数、穗粒数、千粒重等。方法是在小麦生长过程中进行观察,选取一定数量的样本,分别测定个体的数据并记录。后期需对试验观察数据进行统计处理,通常要计算样本平均数、中位数、最大值、最小值等。通过计算获得小麦生长特性统计结果,为作物品种选育提供参考依据。

通过设计程序实现上述田间试验数据处理的基本思路是:先将问题抽象为一组处理的数据,再建立数据处理数学模型(统计模型),然后设计算法进行编程。

由上可知,程序设计的基本思路是:首先,确定每次计数或统计的处理对象是什么;其次,确定这些对象进行处理(统计或计数)的依据是什么,有哪些处理条件;再次,将其处理过程表示成有规律的形式,构造统计或计数运算的表达式,形成每次重复操作的内容(循环体);最后,确定实现重复运算的控制方法(循环控制)。

例 5-3 假设现统计已经测得某小麦品种田间 9 个样株的高度分别是 80cm、78cm、81cm、76cm、78cm、80cm、77cm、79cm、78cm。求该小麦品种株高的平均值。

问题分析:求若干个数的平均值,需要对数据累加求和,并对累加数据进行计数,然后计算得到平均值,问题的本质是累加(s=s+x)、计数(n=n+1)。

基本思路:

①设统计的数为 x,通过键盘输入。

②处理要求是对每个数据 x 进行累加,同时进行计数。

③处理过程可以表示为 s=s+x;n=n+1。

④确定控制循环执行的条件。

由于要进行累加与统计数据个数,因此需要设置两个变量 s、n,可以分别称它们为累加器变量 s 和计数器变量 n。与例 5-2 不同的是,累加器变量中累加的是从键盘输入的数据。它们的初值一般为 0。代码如下:

```
1  s=0                          # 累加器初值置 0
2  for n in range(1,10):
3      x=eval(input("请输入:"))      # 输入样本数据
4      s=s+x
5  aver=s/n
6  print("共输入{}个数,平均值为:{:.2f}".format(n,aver))
```

如果试验中的样本数据量大,而起初不知道样本数据的个数,现在需要统计出样本数量,并求出它们的平均值,那么这个问题就转化成了对不固定个数的数进行求和,其累加、计数的次数也不固定,应采用 while 循环。为了使循环能够结束,需设定一个结束标志,本题可设置-9999(结束标志以选择远离有效数据为宜)为结束标志。代码如下:

```
1  s=0                          # 累加器初值置 0
2  n=0                          # 计数器初值置 0
3  x=eval(input("请输入:")) # 输入第 1 个数
4  while x!=-9999:
5      s=s+x
6      n=n+1
7      x=eval(input("请输入:"))     # 输入下一个数
8  aver=s/n
9  print("共输入{}个数,平均值为:{:.2f}".format(n,aver))
```

从分析可以看出,循环体外的 input()函数,用来输入求和的第 1 个数,目的是进入循环;循环体内的 input()函数用来输入除第 1 个数以外的其他数及结束标志-9999,目的是维持循环并最后能够结束循环。

如果在本题中第 1 次输入数据时就输入-9999,会出现错误,请思考出错的原因。如果将程序修改成:

```
1  s=0
2  n=0
3  x=eval(input("请输入:"))
4  while x!= -9999:
5      x=eval(input("请输入:"))
6      s=s+x
7      n=n+1
8  aver=s/n
9  print("共输入{}个数,平均值为:{:.2f}".format(n,aver))
```

程序又会出现什么问题呢? 请大家试一试。

例 5-3 学习的重点是在循环次数未知的情况下使用输入循环标志结束循环的方法。

例 5-4　在例 5-3 基础上,通过进一步统计株高的频数分布情况,可以为品种株高选择提供参考。若株高的范围为[75、76、77、78、79、80、81、82](单位:cm),要求每种株高分为一个段，该小麦品种株高可分为 8 段，统计例 5-3 各株高的频数。

问题分析：由于株高样本数量无法预先知道，因此通过 input( ) 函数输入创建数值列表，存放该小麦品种株高数据。

本例是要统计各株高段(8 段)的频数，所以要使用的计数器变量不止一个(8 个)，可以考虑用列表，利用列表元素作为计数器，通过巧妙地使用计数器进行计数和批量处理。程序代码如下：

```
1  number=eval(input("请输入一个数值列表:\n"))     #列表 number 存放株高
2  x=[0]*8     #列表 x 充当计数器,保存统计结果
3  for i in number:
4      k=i%75                        #k 为各株高计数器元素索引(下标)
5      x[k]=x[k]+1
6  print("统计结果如下:")
7  for i in range(8):
8      print(75+i,"cm 的频数为:",x[i],"株。")
```

本例运行结果如图 5-2 所示。

请反复录入数据试运行程序，体会数据分段统计技巧。

思考：如果用多分支选择结构对各分数段的成绩进行统计，程序代码又该如何编写呢？

例 5-5　输入一串字符，统计各字母出现的次数(不区分大小写)，并输出统计结果，如图 5-3 所示。

问题分析：统计 26 个字母出现的次数，需要 26 个计数器，可以定义一个具有 26 个元素的列表充当计数器。算法如下：

①为方便统计，首先将字符串中的字母使用 upper( ) 函数转换为大写，再遍历字符串，对每一个字符进行判断。

②将 A~Z 的大写字母用 ord( ) 函数返回其 Unicode 编码值，再根据 Unicode 编码值为相应的列表元素计数。

```
请输入一个数值列表：
[80,78,81,76,78,80,77,79,78]
统计结果如下：
75 cm的频数为： 0 株。
76 cm的频数为： 1 株。
77 cm的频数为： 1 株。
78 cm的频数为： 3 株。
79 cm的频数为： 1 株。
80 cm的频数为： 2 株。
81 cm的频数为： 1 株。
82 cm的频数为： 0 株。
```

图 5-2　例 5-3 运行结果

程序代码如下：

```
1   str=input("请输入一串字符:")
2   s=str.upper()        #将字符串中的字母转换成大写,方便统计
3   x=[0]*26        #列表 x 充当计数器,保存统计结果
4   for c in s:
5       if c>="A" and c<="Z" :
6           i=ord(c)
7           j=i-65
8           x[j]=x[j]+1
9   for j in range(0,26) :        #输出字母及其出现的次数
10      if x[j]>0 :
11              print(chr(j+65)+ "=",x[j], "   ",end=" ")
```

运行结果如图 5-3 所示。

请输入一串字符:I am a student.
A=2　D=1　E=1　I=1　M=1　N=1　S=1　T=2　U=1

图 5-3　例 5-5 运行结果

5.2.3　计算定积分

例 5-6　求 $\int_a^b f(x)dx$ 。

求一个函数 f(x)在[a,b]上的定积分 $\int_a^b f(x)dx$,其几何意义是求 f(x)曲线和直线 x=a, y=0, x=b 所围成的曲边图形的面积,如图 5-4 所示。

问题分析:为了近似求出此面积,可将[a,b]区间分成若干个小区间,可用矩形法或梯形法等近似求出每个小的曲边图形的面积,每个区间的宽度为 h=(b-a)/n(n 为区间个数)。然后将 n 个小面积加起来,就近似求得总面积,即定积分的近似值。n 越大,计算的结果越接近实际值。

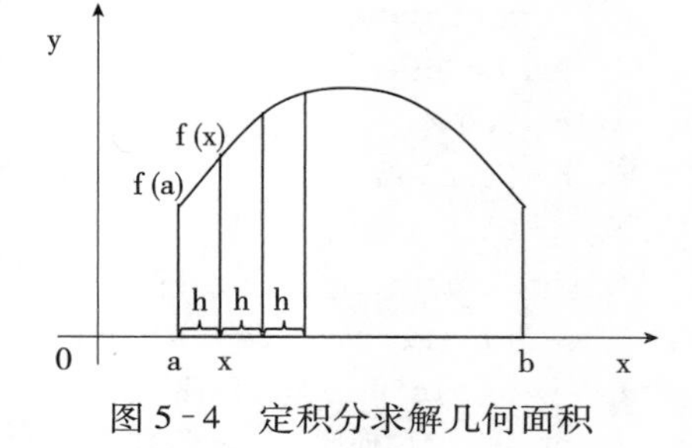

图 5-4　定积分求解几何面积

近似求出小曲边图形面积的方法,常用的有以下三种:

- 用小矩形代替小曲边图形,求出各小矩形的面积,然后累加。
- 用小梯形代替小曲边图形,求出各小梯形的面积,然后累加。
- 在小区间范围内,用一条直线代替该区间内的抛物线,然后求出该直线与 x=a+(i-1)×h,y=0,x=a+i×h 形成的小曲边图形面积。

1. 矩形法求面积

矩形法求积分值是将积分区间[a,b]n 等分,小区间的宽度为 $h=\frac{b-a}{n}$,第 i 块小矩形的面积是 $s_i=h\cdot f(a+(i-1)h)$。

程序设计的基本思路:

① 设置区间[a,b],确定区间等分 n 的值,计算区间宽度 h。

② 第 1 个区间矩形坐标为 x,则 x=a,其对应的函数值 f(x)为矩形一边的长度。

③ 计算区间矩形的长度 f(x),则区间矩形面积为 si=f(x)·h。

④ 进行矩形面积累加:s=s+si。

⑤ 在前一个 x 的基础上,得到下一个矩形坐标 x=x+h。

⑥ 通过②、③、④实现一个矩形面积的计算和累加,通过 n 次累加,得到积分值。

程序流程如图 5-5 所示。代码如下:

```
1    import math
2    a , b=0 , 1          #设置区间
3    n=100         #设置区间等分数
4    h=(b-a)/n         #计算宽度为 h
5    x=a         #设置第 1 个区间矩形坐标
6    s=0
7    for i in range( n ):
```

```
8         si=math.f(x)*h          #计算矩形面积
9         s=s+si        #面积累加
10        x=x+h       #生成下一个 x
11  print ("用矩形法求得的定积分为:", s )
```

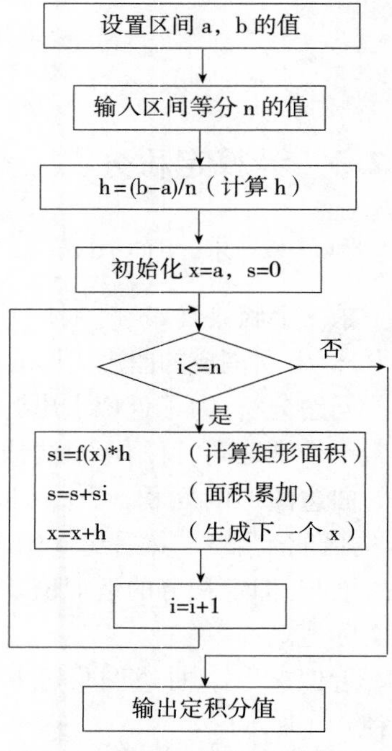

图 5-5 矩形法求定积分流程图

2. 梯形法求面积

梯形法求面积的思路是，将积分区间[a,b] n 等分，小区间的长度为 $h=\frac{b-a}{n}$，第 i 块小梯形的面积是 $s_i=\frac{f(x_i)+f(x_{i+1})}{2}\cdot h$。

方法 1：用循环累加每个小梯形的面积。代码如下：

```
1  import math
2  a , b=0 , 1
3  n=100
4  h=(b-a)/n
5  s=0
6  for i in range(0, n ):
7     si=(math.sin(a+i*h)+math.sin(a+(i+1)*h))*h/2
8     s=s+si        #面积累加
9  print ("用梯形法 1 求得的定积分为:", s )
```

方法 2：对于梯形法来说，上一个小梯形的下底就是下一个梯形的上底，因此，把求面积的问题转化为求小区间端点函数值的问题。计算公式如下：

$$S=h\{\frac{1}{2}(f(a))+(f(b))+\sum_{i=1}^{n-1}(f(x_i))\}$$

在方法 1 的基础上修改程序，可提高算法的效率。代码如下：

```
1   import math
2   a , b=0 , 1
3   n=100
4   h=(b-a)/n
5   s=(math.sin(a)+math.sin(b))/2
6   for i in range( 1,n ):
7        x=a+i*h
8        s=s+math.sin(x)
9   si=s*h
10  print ("用梯形法 2 求得的定积分为:", si )
```

此问题参加运算的数据先通过多个步骤运算处理获得，然后进行面积累加计算。因此，求定积分的值的算法本质上是累加问题，只是运算步骤和过程较多而已。

5.3 穷举法求解问题

穷举法也叫枚举法或列举法，其基本思想是根据提出的问题，列举出所有的可能情况，并依据问题中给定的条件检验哪些情况是想要的（符合要求的），并将符合要求的情况输出。这种方法常用于解决“是否存在”或“有多少种可能”等类型的问题。如判断质数、不定方程求解等。

5.3.1　最大公约数与最小公倍数

例 5-7　给定任意两个整数 m 和 n,求最大公约数和最小公倍数。

问题分析:若两个整数为 m 和 n,假设 m>n,并设 x 为最小公倍数,则 x 的取值范围为[m,m×n],可用穷举法求解。

基本思路:

- 列举出可能是 m、n 最小公倍数 x 的情况,x 的取值范围为[m,m×n]。
- 依据公倍数的定义,判断 x 的每个取值是否满足条件:x 能同时被 m 和 n 整除。
- 若能整除,x 取值为最小公倍数,求解结束。
- 通过循环操作实现穷举每个 x 的取值情况。

基本算法:

- 对 x 取从 m 开始的每一个可能的值,判断能否同时被 m、n 整除(即是否为公倍数)。
- 若是,x 必定是 m 和 n 的最小公倍数,程序运行结束。
- 如果不是,则判断下一个 x。
- 以此类推,直到 x 的取值为 m×n 为止。

求最大公约数的算法与最小公倍数类似。设 y 为最大公约数,y 的取值范围是[1,n]。用程序实现时,y 的取值从 n 开始,判断过程与求最小公倍数类似,程序流程如图 5-6 所示。

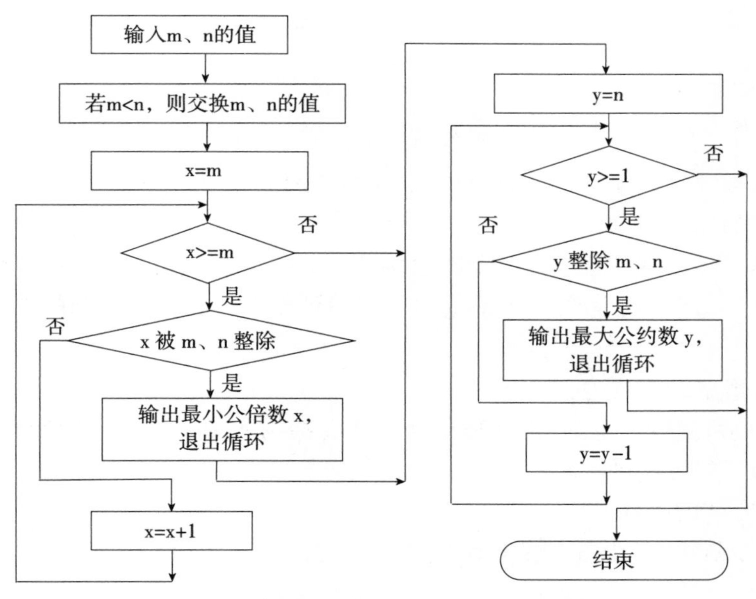

图 5-6　求最小公倍数、最大公约数流程图

代码如下:

```
1    m=int(input("请输入第 1 个数 m:"))
2    n=int(input("请输入第 2 个数 n:"))
```

```
3   if m<n :
4       m , n=n , m     #满足 m>n
5   for x in range(m , m * n+1):    #求最小公倍数
6       if x% m==0 and x% n==0 :
7           print("最小公倍数为:" , x)
8           break    #结束循环
9   for y in range( n ,0 , -1 ):     #y 取值范围为 n~1
10      if m% y==0 and n% y==0 :
11          print ("最大公约数为:",  y)
12          break    #结束循环
```

这种方法效率较低,求最大公约数可采用经典的“辗转相除法”,且求出最大公约数后,最小公倍数就等于两个原数的乘积除以最大公约数。算法描述如下:

- m 除以 n 得余数 r。
- 若 r=0,则 n 为求得的最大公约数,循环结束;若 r≠0,则执行下一步。
- 将 n 赋给 m,将 r 赋给 n,再重新执行前两步。

代码如下:

```
1  m=int(input("请输入第 1 个数 m:"))
2  n=int(input("请输入第 2 个数 n:"))
3  x=m*n
4  r=m% n
5  while r!= 0 :
6      m=n
7      n=r
8      r=m% n
9  print("最大公约数为:{},最小公倍数为:{}。".format(n, int(x/n)))
```

本例因为在循环过程中改变了 m、n 的值,所以先将 m×n 的值放入变量 x 中。读者可以比较一下两种算法的循环次数。

穷举法是基于计算机特点进行解题的思维方法,一般是根据问题中的部分条件(约束条件)将所有可能解的情况列举出来,然后通过一一验证是否符合整个问题的求解要求,从而得到问题的解。

穷举法的一般解题模式为:

(1)求出解的可能搜索范围,用循环或循环嵌套结构实现。此问题用计算机进行求解时一般使用穷举验证的方法进行。

(2)写出符合解的条件。

(3)优化程序语句,以便缩小搜索范围,缩短程序运行时间。

5.3.2 质数

质数也叫素数,是指只能被 1 和它本身整除的自然数。最小的质数是 2。

例 5-8 从键盘输入一个数 m,判断该数是否为质数。

问题分析:判断一个数 m 是否为质数的方法很多,最基本的是通过质数的定义来求解。

设 x 为可能整除 m 的数,则 x 取值范围为[2,m-1],可用穷举法求解。

基本思路:

- 列举出可能整除 m 的数 x 的情况,则 x 取值范围为[2,m-1]。
- 判断 x 每个取值的情况,即 x 是否能整除 m。
- 若能整除,则 m 不是质数,不再进行判断。
- 若不能整除,则需要对下一个 x 进行判断。
- 通过循环操作实现穷举每个 x 的取值情况。
- 结果判读,在循环处理过程中,若都不能整除 m,则 m 为素数,只要其中有一个数能整除 m,则 m 不是质数。

基本算法:

- 输入 m,设置标志 flag=True,默认 m 为质数。
- x 从 2 开始取值,判断 x 能否整除 m。
- 若能整除,则 m 不是质数,设置标志位 flag=False,结束判断。
- 若不能整除,则判断下一个 x,即 x=x+1。
- 以此类推,直到 x 的取值为 m-1 为止。
- 依据 flag 标志判断,若 flag 为 True,则 m 为质数,否则 m 不是质数。

程序流程如图 5-7 所示。程序代码如下:

```
1   m=eval(input("请输入要判断的整数m:"))
2   flag=True      #先假设m是质数
3   for x in range(2 , m):
4           if m% x==0:
5                   flag=False      #x 整除 m,m 为非质数
6                   break      #m 不是质数,结束循环判断
7   if flag==True:
8           print("是质数")
9   else:
10          print("不是质数")
```

实际上,依据质数定义判断一个数 m 是否为质数,x 的取值范围为[2,m-1],通过数学知识推导可知,x 的取值范围可以为[2,m/ 2],这样,循环次数可以减少为原来的一半。由数学推导可知,判断的取值范围也可以是[2, $\sqrt{m}$],这样可进一步减少循环次数,通过优化算法,缩小穷举的搜索范围,缩短程序运行时间。

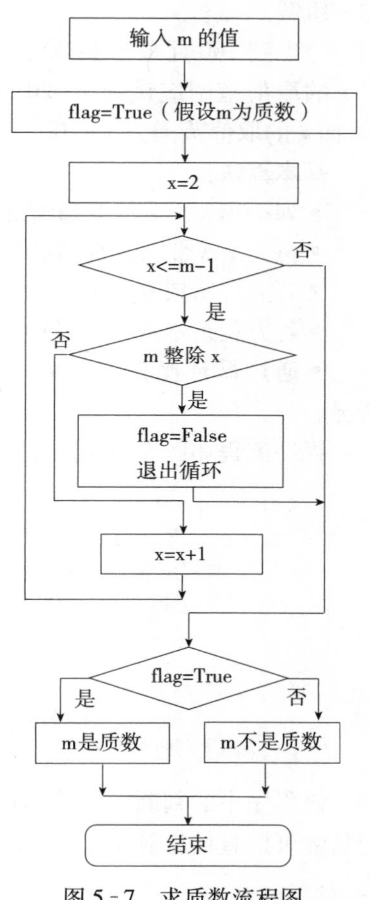

图 5-7　求质数流程图

5.3.3　不定方程求解

例 5-9　我国古代数学家张丘建在《算经》中提出一个不定方程问题,即“百钱买百鸡问题”:公鸡每只值 5 元,母鸡每只值 3 元,小鸡 3 只值 1 元,100 元钱买 100 只鸡,三种鸡都要有。

问:公鸡、母鸡、小鸡各可买多少只?

问题分析:设可买公鸡 x 只,母鸡 y 只,小鸡 z 只,根据数学知识可有下面的方程式:

$$\begin{cases}5x+3y+\dfrac{z}{3}=100\\x+y+z=100\end{cases}$$

这是一个由 3 个未知数、两个方程组成的不定方程组,存在多组可能的解,可用穷举法求解。通过穷举 x、y、z 的各种可能取值情况,将其带入方程组进行验证,若满足方程式,则 x、y、z 的取值为方程组的一组解。

考虑到 100 元最多买 20 只公鸡,33 只母鸡,所以 x 的取值范围应该为 1~20,y 的取值范围为 1~33,而 z 的取值范围为 1~100。

基本算法:

- 列举出 x、y、z 的取值情况。
- 将 x、y、z 带入方程组进行验证。
- 若方程组成立,则输出一组解。
- 若方程组不成立,则继续判断下一种情况。
- 通过循环操作实现穷举所有 x、y、z 的取值情况。

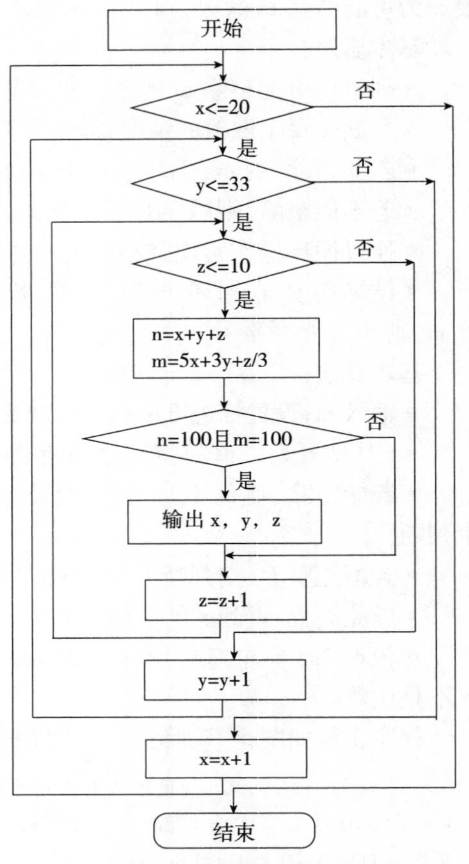

图 5-8　百钱买百鸡问题流程图

程序流程如图 5-8 所示。代码如下:

```
1  for x in range(0,20+1) :
2      for y in range(0,33+1) :
3          for z in range(0,100+1) :
4              m=x+y+z
5              n=3 * x+5 * y+z/3
6              if m==100 and n==100 :
7                  print("可买公鸡{}只,母鸡{}只,小鸡{}只。".format(x,y,z))
8  print("求解结束")
```

该程序中的判断语句共运行了 20×33×100 次,实际上,在确定公鸡和母鸡的只数后,小鸡的只数可以直接推算出来,即 z=100-x-y,不需要再用循环列举 z 的值。因此,程序可以优化为:

```
1  for x in range(1,20+1) :          #确定公鸡的只数
2      for y in range(1,33+1) :          #确定母鸡的只数
3          z=100-x-y                          #计算小鸡的只数
4          n=5 * x+3 * y+z/3
5          if n==100 :          #符合条件的解,即买公鸡、买母鸡和小鸡的只数
6              print("可买公鸡{}只,母鸡{}只,小鸡{}只。".format(x,y,z))
7  print("求解结束")
```

这样循环次数可以减少到 20×33 次,请思考,若在确定公鸡只数 x 的基础上,再确定母鸡的只数 y,是否可以进一步优化程序?

5.4　递推和迭代法求解问题

递推(recurence)指从前面的结果推出后面的结果。解决递推问题必须具备两个条件:

(1)初始条件。

(2)递推关系(或递推公式)。

迭代(iterate)指不断以计算的新值取代原值的过程。

在进行程序设计时,递推的问题一般可以用迭代方法来处理,但若使用列表进行递推问题求解,则可以不用迭代法处理。

递推和迭代算法是用计算机解决问题的两种基本方法。它利用计算机运算速度快、适合做重复性操作的特点,让计算机对一组指令(或一定步骤)重复执行,在每次执行这组指令(或这些步骤)时,都从变量的原值推出它的一个新值,新值(替代原值)又推出下一个新值等,进而实现对复杂问题的求解。

迭代法又分为精确迭代和近似迭代。在后续例题中,例 5-10 求斐波那契数列属于精确迭代,例 5-11 的牛顿迭代法属于近似迭代法。

5.4.1　数列

数学家列昂纳多·斐波那契(Leonardoda Fibonacci)在《计算之书》中研究的一个数学问题是关于兔子在理想环境下繁殖速度的问题。假设 1 对新生的兔子,1 只公的,1 只母的,被放进田里豢养。兔子可以在 1 个月大的时候交配,这样在第 2 个月的月底,雌性兔子就能生产出另 1 对兔子。假设兔子永远不会死,从第 2 个月开始,雌兔每个月都会生 1 对新的兔子(1 只雄的,1 只雌的)。斐波那契提出的问题是:一年后总共会有多少对兔子?具体分析如下:

- 在第 1 个月末,它们交配,但仍然只有 1 对兔子。
- 在第 2 个月末,雌兔生产了 1 对新的兔子,所以现在共有 2 对兔子。
- 在第 3 个月末,原来的雌性兔子生产了第 2 对兔子,总共生产了 3 对兔子。
- 在第 4 个月末,原来的雌性兔子又生产了 1 对新的兔子,两个月前出生的第 2 代雌性兔子也生产了它的第 1 对兔子,现在共有 5 对兔子。

以此类推。

这就是著名的斐波那契(Fibonaccii)数列,又称黄金分割数列,因以兔子繁殖为例而引入,故又称为“兔子数列”,指的是这样一个数列:1,1,2,3,5,8,13,21,34,…。

求数列通常是给出数列的初始几项(或最后几项)和递推公式(或规律),求解出数列中的其他项。

例 5-10:求斐波那契数列。已知数列的前两项均为 1,从第 3 项开始,每一项为其前两项之和,求该数列的前 12 项。

问题分析:设 a,b 分别为数列中的前一项和前两项,c 为后一项,则有 c=a+b,第 3 到第 20 个数用循环中的语句求出。已知第 1 项和第 2 项,在求出第 3 项后,使 a 和 b 分别代表数列中

的第 2、第 3 项,以便求出第 4 项。以此类推,求出其他项。过程如下所示:

	1	1	2	3	5
第 1 次计算	a	b	c		
第 2 次计算		a	b	c	
第 3 次计算			a	b	c

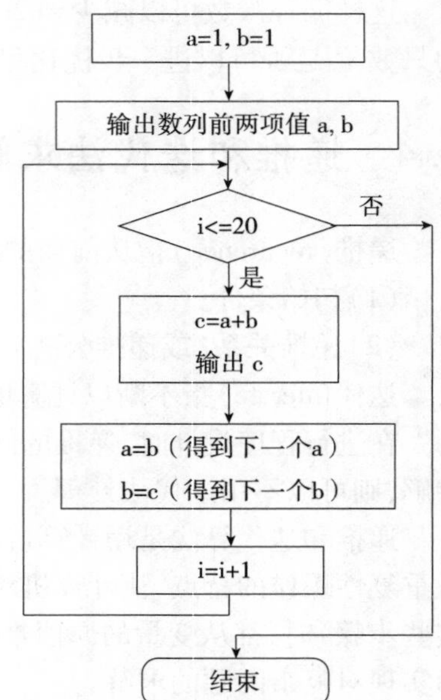

图 5-9　求斐波那契数列流程图

基本算法:

- 设置前一项和前两项 a,b 的值。
- 递推计算下一项 c=a+b。
- 变量迭代:a=b,b=c。
- 重复第 2 步和第 3 步。

程序流程如图 5-9 所示。代码如下:

```
1    n=int(input("请输入数列项数:"))
2    a=1
3    b=1
4    count=2
5    print ("{:>8}{:>8}".format(a,b),end="")
6    for i in range(3, n+1):
7        c=a+b
8        print ("{:^8}".format(c),end="")
9        count+= 1
10       if count% 4==0 : print()     #每输出 4 个数据就换行
11           a=b
12           b=c
```

在这个程序中,用 a,b,c 代表三个数,在每一次循环中它们代表不同的数。在程序运行过程中,这些变量不断地以新值取代原值,使用了递推和迭代的方法。程序中的 a,b,c 称为迭代变量,它们的值是不断更迭的。用列表解决此类问题,程序代码将会更加清晰,只体现递推方法。

例 5-10 中的问题使用列表方式进行递推求解的代码如下:

```
1    n=int(input("请输入数列项数:"))
2    ls=[0]*n
3    ls[0]=1
4    ls[1]=1
5    count=2
6    print ("{:>8}{:>8}".format(ls[0],ls[1]),end="")
7    for i in range( 2 , n):
8          ls[i]=ls[i-2]+ls[i-1]
9          print ("{:>8}".format(ls[i]),end="")
10         count+= 1
11         if count% 4==0 : print()    # 每输出 4 个数据就换行
```

5.4.2　方程求解问题

例 5-11：用牛顿迭代法求解方程 $f(x)=x^3-2x^2+4x+1=0$ 在 $x=0$ 附近的根。

有些一元方程式（尤其是一元高次方程）的根是难以用解析法求出来的，只能用近似方法求根。近似求根的方法有迭代法、二分法、弦截法等。这里只介绍牛顿迭代法（又称牛顿切线法），它比一般迭代法具有更高的收敛速度。

假设函数 $f(x)$ 在某一区间内为单调函数（即在此范围内函数值单调增加或单调减小），而且有一个实根，则用牛顿迭代法求 $f(x)$ 的根的方法为：

①大致估计实根可能的范围，任选一个接近真实根 x 的近似根 x_0。

②通过 x_0 求出 $f(x_0)$ 的值。在几何意义上就是作直线 $x=x_0$ 与曲线 $f(x)$ 交于 $f(x_0)$。

③过 $f(x_0)$ 作曲线 $f(x)$ 的切线，交 x 轴于 x_1。

由图 5-10 可以看出 $f'(x_0)=\dfrac{f(x_0)}{x_0-x_1}$，故 $x_1=x_0-\dfrac{f(x_0)}{f'(x_0)}$。

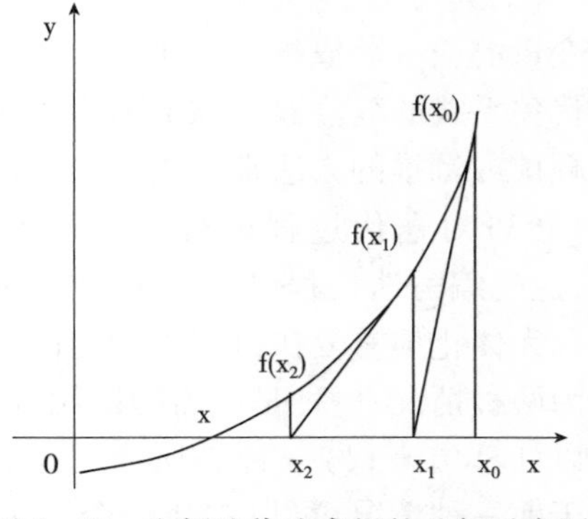

图 5-10　牛顿迭代法求根的几何示意图

④由 x_1 求出 $f(x_1)$。

⑤再过 $f(x_1)$ 作 $f(x)$ 的切线，交 x 轴于 x_2（x_2 的求法同 x_1）。

⑥再通过 x_2 求 $f(x_2)$。

⑦重复以上步骤，求出 $x_3, x_4, x_5, \cdots, x_n$（用公式 $x_n=x_{n-1}-\dfrac{f(x_{n-1})}{f'(x_{n-1})}$ 求解），直到前后两次求出的近似根之差的绝对值 $|x_n-x_{n-1}|\leqslant\varepsilon$ 为止（ε 是一个很小的数），此时就认为 x_n 是足够接近于真实根的近似根。

根据以上算法，程序流程如图 5-11 所示。程序代码如下：

```
1    x0=0
2    n=0
3    while n==0 or abs(x0-x1)>0.000001:
4        x1=x0
5        f=x1**3-2*x1**2+4*x1+1
6        f1=3*x1**2-4*x1+4
7        x0=x1-f/f1
8        print(n, x0)
9        n=n+1
10   print("*"*20)
11   print(x0)
12   print("*"*20)
```

在此程序中，每次循环，x1 和 x0 代表不同的数，x1 存储的是原 x 值，用来计算新的 x 值，

x0 存储的是计算出的新值。

综上可知，利用迭代算法解决问题，需做好以下三个方面的工作：

（1）确定迭代变量。在可以用迭代算法解决的问题中，至少存在一个直接或间接地不断由旧值递推出新值的变量，这个变量就是迭代变量。

（2）建立迭代关系式。所谓迭代关系式，指如何从变量的前一个值推出其下一个值的公式（或关系）。迭代关系式的建立是解决迭代问题的关键，通常可以用顺推或倒推的方法来完成。

（3）对迭代过程进行控制。在何时结束迭代过程，这是编写迭代程序必须考虑的问题。不能让迭代过程无休止地重复执行下去。迭代过程的控制通常可分为两种情况：一种是所需的迭代次数是个确定的值，可以计算出来；另一种是所需的迭代次数无法确定。对于前一种情况，可以构建一个固定次数的循环来实现对迭代过程的控制；对于后一种情况，需要进一步分析出用来结束迭代过程的条件。

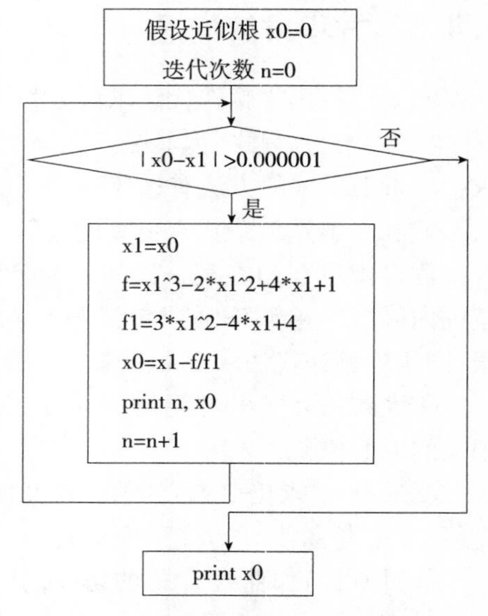

图 5-11　牛顿迭代法求方程根流程图

5.5　排序问题

排序是指将一组数按递增或递减的次序排列。在日常生活中，排序问题和应用无处不在，如学生名单按学号、成绩排序或排名，某个会议代表名单的排序等，这些都是对数据排序的具体应用。

（1）排序的基本思想。对一组原始数据，按递增或递减的方式进行比较，调整其所在整个数据集合中的位置（次序），通过多次比较和调整，使所有数据在整个集合中保持合适的位置，数据所在的位置表明数据的排列次序。

（2）排序实现的基本方法。

①将数据存放在一个列表中，每个数据对应一个列表元素，列表元素的下标代表数据在一组数中的排列位置。

②将列表元素值进行比较，交换列表元素值，通过多次比较操作，实现列表元素值按照递增或递减方式按次序存放在列表元素中，达到数据在列表中有序排列的目的。

③输出列表元素的值，得到排序结果。

常用排序的方法有比较交换法、选择法、冒泡法、插入法等。这里介绍比较交换法、选择法。

例 5-12　2019—2021 年，国家小杂粮豆品种（绿豆）区域试验产量结果如表 5-1 所示。小杂粮（包括谷子、糜子、绿豆、荞麦、高粱等）是我国具有古老特色的农作物，年播种面积 1.5 亿亩。小杂粮营养丰富，是 21 世纪人们健康安全的食物源，是预防现代文明病的“良方妙药”。

小杂粮品种选育以提高产量和品质为主要研究方向，通过多年多点区域试验，在大量的试验品种中，选择优质高产品种。其中，亩产量高低是品种选育的主要指标，因此需要对大量品种产量进行排序。

表 5 - 1　小杂粮豆品种(绿豆)区域试验产量

品种	CLD04 - 01	CLD04 - 02	CLD04 - 03	CLD04 - 04	CLD04 - 05	CLD04 - 06	CLD04 - 07	CLD04 - 08
亩产量(kg)	89	84	102	107	106	104	97	99

请将亩产量数据按照由高到低(由大到小)的顺序排序。

方法 1:比较交换法排序。

①比较交换排序法算法:

- 将列表的第 1 个元素 a[0]与其后的每一个元素进行比较,若 a[0]小于其后的元素值,则将 a[0]与之交换值,通过此轮的多次比较,将最大数交换到 a[0]中。
- 将 a[1]与其后的每一个元素比较,若 a[1]小于其后的元素值,则将 a[1]与之交换,通过此轮比较,将第 2 大的数交换到 a[1]中。
- 以此类推,直到 a[n-1],完成排序,共计需要 n-1 轮比较。
- 按次序输出列表元素值。

②比较交换的过程:

- 先将第 1 个数与第 2 个数比较,若第 1 个数小于第 2 个数,则互换。再将第 1 个数和第 3 个数比较,若第 1 个数小于第 3 个数,则互换。将第 1 个数与第 4 到第 n 个数依次比较并互换。这样就将 n 个数中的最大数通过比较互换安排到列表中的第 1 个位置上。
- 按步骤 1 对其余 n-1 个数进行比较互换,将最大数换到第 2 个数的位置。重复步骤 1 共 n-1 次,最后数组中的元素就是按递减顺序排列的。

设以上数字存放在列表 a 中,如表 5 - 2 所示:

表 5 - 2　列表 a 中数据情况

a	89	84	102	107	106	104	97	99
	0	1	2	3	4	5	6	7

则依照以上步骤,相互比较互换数字的列表元素的下标关系如下:

第一轮		第二轮		第三轮		……	第七轮	
a[0]	a[1]	a[1]	a[2]	a[2]	a[3]		a[6]	a[7]
	a[2]		a[3]		a[4]			
	a[3]		a[4]		a[5]			
	a[4]		a[5]		a[6]			
	a[5]		a[6]		a[7]			
	a[6]		a[7]					
	a[7]							

比较过程中列表下标的变化规律:第 1 轮将 8 个数中的最大数安排在下标为 0 的列表元素中;第 2 轮将剩下 7 个数中的最大数安排在下标为 1 的列表元素中;下标的变化为 0,1,2,…,

6;将 8 个数据排好序,需进行 7 轮比较(若对 n 个数排序,则进行 n-1 轮)。

用循环 for i in range[n-1]控制比较的轮数,循环变量 i 用于表示比较的元素 a[i]。在每一轮比较过程中,a[i]需要和其后的元素比较,则其后元素的下标为从 i+1 到 7(对 n 个数,则从 i+1 到 n),用循环 for j in range[i+1 , n]可控制一轮的比较过程,循环变量 j 表示与 a[i]比较元素的下标。

两个循环嵌套,可实现以上过程。程序流程如图 5-12 所示,程序代码如下:

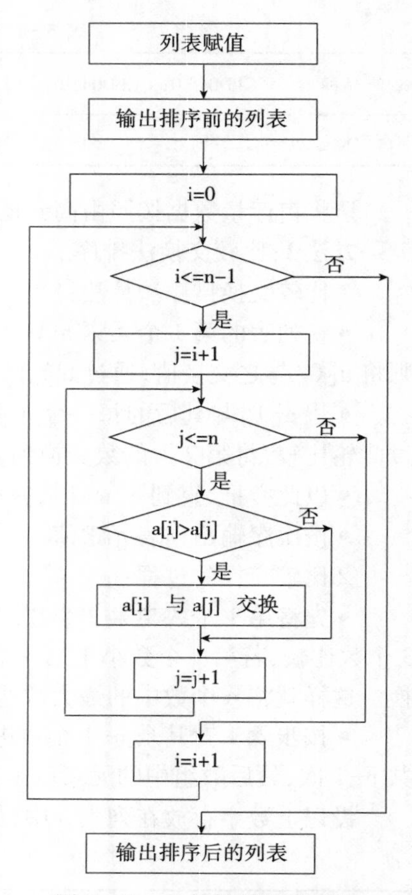

图 5-12　比较排列法流程图

```
1  a=[89,84,102,107,106,104,97,99]
2  n=len(a)
3  print("排序前:",a)
4  for i in range(n-1):
5          for j in range(i+1 , n):
6                  if a[i]<a[j]: #元素值比较
7                          a[i],a[j]=a[j],a[i]
8  print("排序后:",a)
```

方法 2:选择法排序。

选择排序法是在比较交换排序法的基础上进行了改进,每一次比较时并不立即交换元素的值,而是用一个变量 k 记录极值的下标(位置)。当第一轮 a[0]与其他数比较结束后,变量 k 中记录最大数的位置(下标),再将 k 所指向的那个元素与 a[0]交换,这样可减少数据交换次数,提高排序效率。

选择排序法算法如下:

- 设置 k=0,代表第 1 个元素 a[0],默认其为最大数。
- 将列表元素 a[k]与其后元素进行比较,若 a[k]小于其后元素 a[j],则 k=j,记录当前最大元素下标(最大数的位置),通过多次比较,k 中最后的值为最大元素的下标。
- 将 a[0]与 a[k]元素的值进行交换,a[0]中为最大数,即第 1 轮比较结束。
- 设置 k=1,重复第 2、第 3 步过程,完成第 2 轮比较。
- 以此类推,到 k=n-1,进行 n-1 轮比较,完成排序。
- 按次序输出数组元素值。

选择排序法代码如下:

```
1  a=[89,84,102,107,106,104,97,99]
2  n=len(a)
3  print("排序前:",a)
4  for i in range(n-1):
5          k=i          #设置最小元素的下标
6          for j in range(i+1 , n):
7              if a[k]<a[j] :    #比较元素值
8                  k=j     #记录最小元素的下标
```

```
9         a[i],a[k]=a[k],a[i]        #数据交换
10  print("排序后:",a)
```

注意:排序一定要用循环嵌套完成,注意两个嵌套循环的循环变量的初值和终值。

请思考,若排序数据个数未确定,程序如何修改?

(3)排序问题程序设计一般模式。

①列表赋值:用于存放一组数据,若数据个数未确定,则需要使用 input()函数。

②列表输出:输出排序前原数据序列。

③数据排序:排序时进行多轮多次的比较,无论何种排序方法,需要通过双循环嵌套结构实现。

④排序结果输出:将列表中每个元素的值依次输出即可。

5.6 查找问题

查找是在给定的信息(一组数据)中,依据查找的内容(数据),查看是否存在与其相同的内容。日常生活中各种信息查询和检索都是查询的具体应用。

查找的基本思想是将给定的一组数据存放在列表中,将查找的数据与列表元素的值进行比较,看是否相同。若列表元素值中存在与查找数据相同的值,则得到查找结果;若列表元素值中不存在与查找数据相同的值,则无查找结果。

本节介绍顺序查找和折半查找两种查找方法。

1. 顺序查找法

顺序查找是将要查找的数据与列表中的元素逐一比较,若相同,则查找成功;若找不到,则查找失败。

顺序查找法算法如下:

(1)将给定的数据存放在一个列表中。

(2)给定查找的数据。

(3)将查找的数据依次与列表元素比较,看是否相等。

(4)若相等,则查找成功,结束查找;若不相等,则继续查找,直到比较完所有元素。

(5)查找比较结束后,若查找数据与所有元素都不相等,则该数据不在这组数据中。

例5-13 针对例5-12中给定的亩产量(单位:kg)89,84,102,107,106,104,97,99的这组数据,现通过键盘输入一个数,用顺序查找法找出该数在数据序列中的位置。

算法设计:

- 用变量x存放想查找的数,用变量p来标记是否找到,p初值为False。
- 将x与列表中的每一个元素进行比较,如果相等,则使变量p的值为True并退出循环;循环结束后,如果找不到,则p值仍为初值False。
- 通过变量p的值来判断是否找到要找的数。

算法对应的流程如图5-13所示,代码如下:

```
1   a=[89,84,102,07,106,104,97,99]
2   x=eval(input("请输入要查找的数:"))
3   p=False
```

```
4   n=0      #记录 x 在列表中的位置
5   for i in a:
6       n=n+1
7       if x==i :
8          p=True
9          break
10  if p==True :
11      print("找到了,在第{}位。".format(n))
12  else:
13      print("没找到!")
```

列表赋值
输入查找的数 x
设置查找标志 p=False
遍历列表 a
n=n+1
x=a[i]
否
是
p=True
退出循环
p=True
是
否
找到，位置为 n
未找到
结束

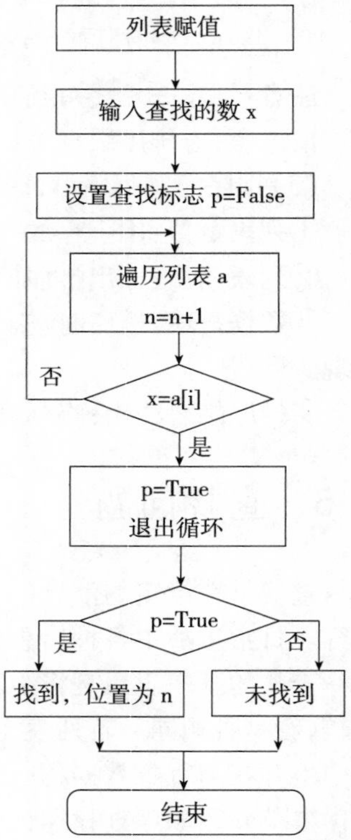

图 5 - 13　顺序查找法流程图

顺序查找法解决问题的方法简单,但算法效率很低,当在大量数据中查找某数时,需要较长的时间。

2. 折半查找法

折半查找法又称为二分法查找法,该方法是在一组有序数据的基础上进行查找的方法,折半法可以提高查找效率。

折半查找法的基本思想是:先确定查找的起始位置 t 和结束位置 b,确定待查找数据所在范围(区间[t,b]),每次查找时将查找数据与查找范围中间位置 m(m=(t+b)// 2)的数据进行比较,若相等,则结束查找,若不相等,则将查找范围缩小为原来的一半。这样不断逐步快速缩小查找范围,直到查找结束。

折半查找法算法如下:

(1)将给定的数据按由小到大的顺序存放在列表 a 中,设置 3 个变量 t、b、m,表示数组元素的下标。t(top)指向查找范围的起始位置(顶部),b(bottom)指向结束位置(底部),m(mid)表示查找范围的中间位置,设 x 为待查找数据。

(2)计算查找范围的中间位置:m=(t+b)//2。

(3)比较 x 与 a[m],进行以下三种判断:

①若 x=a[m],则结束查找,否则继续进行下一步。

②若 x<a[m],则 x 必定落在 t 到 m-1 范围之内,下一步查找只需在这个范围内进行而不必去查找 m 以后的元素,查找范围缩小为原来的一半。因此,设置新的查找结束位置为 b,则 b=m-1,故新的查找范围为[t,b]。

③若 x>a[m],则 x 必定落在 m+1 到 b 范围之内,因此,设置新的查找起始位置为 t,t=m+1,故新的查找范围为[t,b]。

(4)重复查找直到 t<b 不满足而结束。

例 5 - 14　设有一组有序的数据:167,209,217,225,230,235,238,256,通过键盘输入一个数,找出该数在数据序列中的位置。

采用折半查找法的代码如下:

```
1   a=[167, 209, 217, 225, 230, 235, 238, 256]
2   x=eval(input("请输入要查找的数"))
3   find=False
4   t=0
```

```
5   b=len(a)-1
6   while (t<=b and find==False) :
7       m=(t+b)//2        #计算查找范围的中间位置 m
8       if x==a[m] :       #比较判断,找到 x
9           find=True
10          print("{}已找到,位置是:{}" .format(x,m+1))
11      elif x<a[m] :       #比较判断为前一半
12          b=m-1        #折半,重新设定 b
13      else :
14          t=m+1
15  if find==False :
16      print("{}未找到".format(x))
```

本章小结

本章通过一般计算问题、穷举法求解问题、递推与迭代法求解问题、排序与查找法求解问题等示例,介绍了程序设计中常见典型算法和基于算法求解问题的一般方法,其中递推与迭代、排序与查找是本章的难点。在学习中首先要理解算法设计的基本思想,其次要掌握解决同类问题的编程方法,通过上机验证,掌握编程思维与方法。

习　题

编程题

1. 求自然对数 e 的近似值,当任意项的值小于 10^{-4} 时结束计算,近似公式为:$e \approx 1+\frac{1}{1!}+\frac{1}{2!}+\frac{1}{3!}+\cdots+\frac{1}{n!}$。

2. 编程求定积分。求函数$\int_0^1 e^{-x^2}dx$ 的近似值。

3. 求 1000 到 1100 之间的所有质数,每行输出 6 个,分多行输出。

4. 如果一个自然数倒过来仍是这个数,此数就叫回文数,如 151。编程求出 100~999 的回文数。

5. “水仙花数”是指一个 3 位数,其各位数字立方和等于该数本身。例如,153 是一个水仙花数,因为 $153=1^3+5^3+3^3$。

6. 马克思手稿中有一道趣味数学题:有 30 个人,其中有男人、女人和小孩,在一家饭馆吃饭花了 50 先令。每个男人花 3 先令,每个女人花 2 先令,每个小孩花 1 先令。问:男人、女人和小孩各有几人?

7. 设有一个分数序列:$\frac{2}{1},\frac{3}{2},\frac{5}{3},\frac{8}{5},\frac{13}{8},\frac{21}{13},\cdots$,编程求出这个数列的前 20 项之和。

8. 用牛顿迭代法求方程 $2x^3-4x^2+3x-6=0$ 在 1.5 附近的根。

9. 用迭代法求 $x=\sqrt{a}$。求平方根的迭代公式为 $x_{n+1}=\frac{1}{2}(x_n+\frac{a}{x_n})$。

10. 从键盘输入某班学生某门课的成绩(具体人数从键盘输入),试编程将成绩按从高到低的顺序输出。

11. 某校召开运动会有10人参加男子100m短跑决赛,运动员号码和成绩如表5-3所示,试编写程序,按成绩由高到低排序输出。

表5-3 某校运动会成绩

运动员号码	成绩	运动员号码	成绩
011号	12.4s	009号	10.4s
095号	11.1s	021号	14.4s
041号	13.4s	061号	15.1s
070号	12.1s	006号	15.4s
008号	12.4s	004号	11.4s

12. 通过键盘输入10个学生的姓名,再通过键盘输入一个姓名,查找这个姓名是否在前面输入的10个姓名之中。

参考答案

实验指导

1. 实验目的

本章设置验证性实验内容和设计性实验,通过例题调试与习题训练,理解一般计算问题、穷举法求解问题、递推和迭代法求解问题、排序与查找法求解问题等的基本编程思路、基本算法设计描述和算法优化方法,掌握程序设计方法,培养应用计算机解决实际问题的能力。

2. 实验内容

(1)上机调试和验证教材中例题的程序,理解程序设计基本方法。

(2)上机前完成习题中各题目的程序设计及代码编写,上机调试、运行编写的代码,进行结果验证。掌握常见程序设计方法的应用。

(3)在完成(1)(2)实验任务后,再完成以下拓展练习,进一步提升程序设计能力。

①松鼠妈妈采松果,晴天每天可采20个,雨天每天可采12个。它一连几天采了112个松果,平均每天采14个。这些天中有几天下雨?

②设有4个数字1,2,3,4,能组成多少个互不相同且无重复数字的三位数?各是多少?

③某年级的同学集体去公园划船,如果每只船坐10人,则多出2个座位;如果每只船多坐2人,则可少租1只船;这样,共需要租几只船?按照题目要求设计编写代码,并保存程序。

④从键盘上输入3个整数,求这3个整数的最大公约数。

⑤将一个班n个学生成绩按降序排序,要求用不同于习题10的排序算法实现。注意:成绩可以考虑从键盘输入,或用随机函数产生,注意程序调试方法和策略。

⑥假设某门课程考试成绩表包括学号、成绩两项数据,编写查找程序,依据学号,查找对应的成绩。要求用查找算法实现。

第6章

函数与模块化程序设计

本章内容提示

本章介绍模块化程序设计的概念、设计思想及通过函数实现模块化程序设计的方法。通过实例讲解函数的定义、调用、参数传递、变量作用域等相关概念，匿名函数和递归函数的概念及应用，通过手机通信录小软件介绍函数与模块化程序设计的综合应用。

本章学习目标

理解模块化程序设计的基本思想和方法，掌握函数定义和调用方法，理解实参和形参实现函数调用过程数据的传递、局部变量和全局变量作用域、递归算法的思想。通过设计和实现手机通信录小软件，掌握模块化程序设计方法，培养利用模块化程序设计思想分析问题和解决问题的能力。

6.1 模块化程序设计

前面章节程序设计中的代码量都很小，随着问题复杂性的提升，相应的代码量也会增大，这样不利于程序设计、代码编写和调试。在程序设计中要采用模块化程序设计思想，将问题划分为多个相对独立的小问题（模块），采用设计函数的方法实现求解，能够有效提高程序设计的质量和效率。

6.1.1 模块化程序设计思想

模块化程序设计思想是指在程序设计中将一个复杂的大程序系统分解成若干个相对独立、功能单一的小程序模块，模块之间通过接口建立连接，利用这些模块组合成所需功能的程序设计方法。

模块化程序设计采用“分而治之”的设计思想。分而治之是指把一个复杂的问题按照一定的方法分解为规模较小的若干部分，然后逐个求解找出每部分的解，从而解决复杂的问题。

专业程序员编写大规模的软件时，当代码的长度在百行以上时，程序的可读性很差。此时可以运用分而治之的思想，将问题划分为多个独立子问题，每个子问题用一段代码实现，这段代码功能相对独立，称为一个功能模块。

采用模块化思想设计的程序具有以下特点：

(1)降低程序设计的复杂性。模块间是相互独立的，每个模块可以独立地被理解、编写、测试、排错和修改，使得程序容易设计，便于理解和阅读。

(2)提高了代码的复用率。功能相同的代码只需定义一次就可多次使用，减少程序中的代码重复量，降低了程序的冗余度。

(3)提高了软件的可靠性。模块的独立性能有效地防止错误在模块之间扩散蔓延，有助于提高软件的可靠性。

(4)有利于团队合作开发。模块化程序设计可以按功能分割，从而简化程序设计过程，复杂的大型软件可由团队分工合作开发，有助于软件开发工程的组织管理。

6.1.2 模块化程序设计基本方法

在采用分而治之的模块化设计方法中，不是直接逐条编写程序语句，而是先将程序按问题划分为独立命名并且可以独立访问的模块，每个模块完成一个特定的子功能，然后以功能模块为单位进行程序设计，再将模块集成起来构成一个整体，完成系统功能设计，进而满足用户需求。模块化程序设计可采用“自顶向下，逐步细化”的方法进行模块设计，通过“自底向上，逐个编码”的方法实现。

1.“自顶向下，逐步细化”的模块设计

自顶向下的方法是从全局走向局部，从概略走向详细的设计方法。最重要的是顶层设计，强调全局在胸，完成程序框架结构的设计。顶层设计需要先分析问题，明确要处理的问题和解决的方法，再整体规划，设计主要的程序模块，明确每个模块的功能和模块之间的逻辑关系。逐步细化的本质是将各个程序模块细化分解，每个模块需要分解为更小的子模块，子模块再分解为更小的子模块，直到问题解决。在分解的过程中，问题的复杂度降低，代码编写难度相应降低。

下面以求解 100~1000 范围内的回文质数为例进行讲述。首先将这个问题分解为两个子问题：回文数判定问题和质数判定问题，这两个子问题对应两个独立的功能模块。程序框架包括主程序、回文数判定模块、质数判定模块。主程序调用回文数判定模块和质数判定模块，依据模块返回值判定一个数是否为回文质数，再通过穷举法列举并输出 100~1000 范围内的所有回文质数，从而得到最终结果。程序功能模块逻辑设计和调用关系如图 6-1 所示。

完成顶层设计后，再逐步具体设计每个模块，模块独立且规模要适当，重点定义好各个模块之间的输入和输出接口。本程序中回文数判定模块和质数判定模块已经是最小模块，不需要再进行更小子模块的划分。回文数判定模块的详细设计采用 IPO 方法分析，如图 6-2 所示。

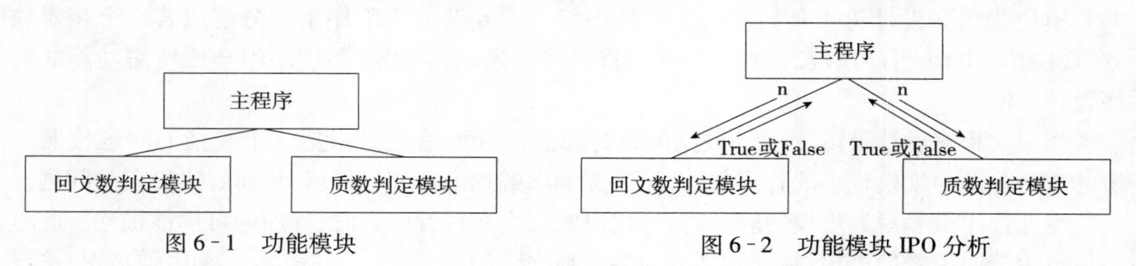

图 6-1 功能模块　　图 6-2 功能模块 IPO 分析

数据输入 Input:模块输入为模块入口,接收来自主程序的数据,设定参数 n 接收用于判定回文数的数据。

数据处理 Process:在模块内部完成参数 n 是否为回文数的判定。

结果输出 Output:返回判定结果数据 n 是回文数或者不是回文数,可以返回一个布尔变量,用 True 代表是回文数,False 代表不是回文数。

可以采用同样的设计思路对质数判定模块进行类似的分析与设计。

2. "自底向上,逐个编码"的模块实现

模块化程序设计中代码的编写采用自底向上的方法实现。在自顶向下的设计过程中,程序被划分为多个独立的小模块,编程实现过程可以分模块实现,每个模块独立完成编码,并单独测试,所有模块完成并测试无误后,按照顶层设计的逻辑集成为一个整体。回文质数判定的程序可以分为回文数判定模块和质数判定模块来编写(详见 6.2.3),再通过主程序调用(详见 6.2.4)进行集成。

模块化程序设计通过函数或对象的封装功能将程序划分成主程序和子程序,同时需要定义各个模块的数据传递接口。在 Python 中可以通过参数、函数返回值和全局变量等实现数据传递。独立运行测试模块无误后,主程序模块将多个模块集成,通过调用该模块的函数实现多个模块的集成。

模块化程序设计要满足"高内聚,低耦合"的要求。内聚是指模块内部的各个成分关联度高,高内聚要求模块的行为和内部状态与该模块紧密相连,不存在与该功能模块无关的行为和状态。模块化设计的准则是:一个模块一个功能,要求一个模块要完成一个任务,该任务所包含的所有程序必须全部纳入该模块内,并且不能包含其他任务。例如,回文数的判定模块内不能包含与质数相关的程序,所有的变量和代码均和判定回文数关联。耦合是指模块之间的关联度,模块之间的关联度要低。例如,回文数判定模块和质数判定模块是两个独立模块,回文数判定模块与质数判定模块彼此独立,相互之间不存在直接调用和修改对方模块的变量,这两个模块间的耦合度要低。

6.2 函数设计与调用

模块化程序设计将程序划分为多个功能模块,利用函数可以实现这些功能模块,函数是程序的一种基本抽象方式,它将代码封装起来通过命名被其他函数多次使用,函数之间通过参数传递数据和返回结果。

6.2.1 函数抽象的意义

数学中的函数定义为 y=f(x),一个函数就是一种映射关系,给定一个 x,函数映射到值域空间得到 y。从程序设计的角度理解函数,f(x)是一个模块,内部封装的是一段代码,x 是 f(x)的输入,得到输出 y。函数模块如图 6-3 所示。

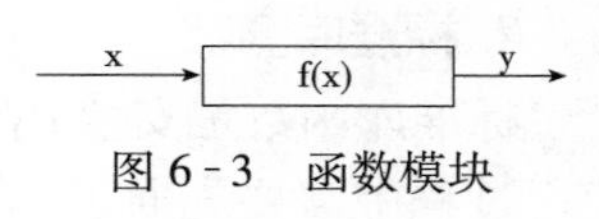

图 6-3　函数模块

例如,函数 f(x)= sqrt(x),输入 x 的值为 4,输出 4 的平方根值为 2。

这里的函数类似一个黑盒子,在调用函数时并不需要了解其内部的原理,只需要了解函数的输入和输出,其他的程序只要有求平方根的需求,就可以多次调用 f(x)函数,每次只需要提供不同的参数 x 作为输入，函数执行后得到对应的输出 y 即可。

例 6-1 求 5! +8! +13! 的值。

问题分析：分别求三个数的阶乘，再相加求和。非模块化程序设计如下：

```
1  sum=0
2  s=1
3  for i in range(1,6):   #5!
4      s*=i
5  sum=sum+s
6  s=1
7  for i in range(1,9):   #8!
8      s*=i
9  sum=sum+s
10 s=1
11 for i in range(1,14):   #13!
12     s*=i
13 sum=sum+s
14 print('5!+8!+14! =', sum)
```

在上例代码中，计算阶乘的代码（代码 2~4 行）重复出现 3 次。若将求阶乘代码提取出来，封装为一个模块用函数实现，即可在程序中通过 3 次调用，完成求和运算。函数设计方法详见 6.2.3，函数调用方法详见 6.2.4。函数封装的优点是提高代码的复用率，减少了代码冗余。

在程序设计中，函数是一段具有特定功能的、可重用的语句组，它是一种功能的抽象，表达特定的含义。一般来说，函数有两个作用，程序通过函数定义一段功能，可以降低编码的难度；同时也可以对一段代码进行复用，减少程序中代码的重复量，有助于提升代码的整洁度，使代码更易于理解。

6.2.2 Python 函数分类

Python 程序提供了强大的函数，为了方便对函数的管理，Python 将函数存放到不同的函数库，每个库都是一组相关函数的集合。Python 本身提供了许多可以调用的内部函数，而更多的函数库以模块的形式存在。常用的函数分为四大类：

1. 内置函数

内置函数是 Python 自带的函数，在程序中可以直接使用。如 input( ) 函数、print( ) 函数和 eval( ) 函数等，可使用函数名直接调用。

2. 标准库函数

标准库函数是安装 Python 解释器时自动安装的若干标准库，例如 math 库和 random 库，在使用过程中需要先通过 import 语句导入标准库，再使用其中定义的函数，这一知识点在本书 2.6 节已做过详细介绍。

3. 第三方库函数

Python 语言最出众的优点就是它有众多的第三方库函数，可以利用第三方库函数更高效率地实现程序开发，如中文分词库 Jieba、科学计算库 Numpy 等。这些库在使用时需下载安装，

Python 官方提供并维护的在线第三方库可以用安装工具 pip 安装。pip 是在命令行下输入命令,命令格式为:

```
pip install <拟安装库名>
```

第三方库安装后通过 import 语句导入库,然后就可以使用该库定义的函数了。

4. 用户自定义函数

用户自定义函数是指用户根据自己的需求编写函数并使用,这是本章的重点讲解内容。

6.2.3　函数的定义

函数定义是依据模块设计,编写实现其功能代码的过程。Python 使用 def 保留字定义函数,语法形式如下:

```
def <函数名>([参数列表]):
    <函数体>
    [return [返回值列表]]
```

函数名:函数的标识,通过函数名实现函数的调用。

参数列表:函数名后面圆括号中的参数称为形式参数,简称形参,相当于数学函数中的自变量。形参是调用程序与被调用函数之间的接口,通常把函数要处理的数据、影响函数功能的参数作为形参。多个形参形成参数列表。

函数体:函数功能实现的代码。

返回值:函数调用后需要得到的运算结果,称为函数的返回值。多个返回值构成返回值列表。

例 6-2　定义阶乘函数。

```
1 def fact(n):
2     s=1
3     for i in range(1, n+1):
4         s *=i
5     return s
```

本例题中 fact 是函数名,n 是形式参数,用来实现调用程序与被调用函数之间的数据传递,函数体实现计算 n 的阶乘,计算结果 s 通过 return 返回。

注意:fact(n)后的":"不能省略,函数体内的代码必须缩进书写。

例 6-3　定义无参数函数。

```
1 def ft():
2     print("我也是函数")
```

函数可以有参数,也可以没有参数,如果没有参数,就是无参函数,但必须保留圆括号。例 6-3 定义的函数 ft(),只有一个 print 输出语句,没有返回值,但它也是一个函数,可以理解为用于实现特定操作。

函数定义的 return 语句是可选项,它可以在函数体内任何地方出现,表示函数执行到此结束,返回函数被调用处,控制权交回调用程序,同时带回函数处理结果。若函数体中有 return

语句,则可以返回 0 个或者多个处理结果,若没有 return 语句,则函数没有返回值。

例 6-4 定义回文数判定函数。

问题分析:定义回文数判定函数,形式参数为 n,在函数体内判定参数 n 是否为回文数并返回判定结果。若参数 n 是回文数则返回 True,若不是回文数则返回 False。函数定义代码如下:

```
1  def palindrome(n):
2      p=False
3      string1=str(n)
4      string2=string1[-1:-(len(string1)+1):-1]   #字符串倒序
5      if string1==string2:
6          p=True
7      return p
```

例 6-5 定义质数判定函数。

问题分析:定义质数判定函数,形式参数为 n,在函数体内判定参数 n 是否为质数并返回判定结果。若参数 n 是质数则返回 True,若不是质数则返回 False。函数定义代码如下:

```
1  def prime(n):
2      p=True
3      for i in range(2,int(n/2)):
4        if n% i==0:
5           p=False
6           break
7      return p
```

6.2.4 函数的调用

调用函数也就是执行函数。函数定义后,如果不经过调用,不会被执行。如果把创建的函数理解为一个具有某种用途的工具,那么调用函数就相当于使用该工具。

在 Python 中,调用函数的语法如下:

```
函数名([实参列表])
```

在调用函数时,需要给函数传递具体的参数值,此时参数称为实际参数,简称实参(根据函数的定义也可以没有实参),相当于数学中函数计算时给定自变量的值。

实参可以是常量、变量、表达式、函数等,无论何种类型,在进行函数调用时都必须具有确定的值。实参列表一般需要与函数定义时的形参列表一一对应。执行函数调用时,实际参数替换定义中的形式参数,函数调用结束后得到函数的返回值。

例 6-6 调用阶乘函数求 5! +8! +13! 的值。

```
1  def fact(n) :  #定义阶乘函数
2      s=1
3      for i in range(1, n+1):
4          s *=i
5      return s
```

```
6  n1,n2,n3=5,8,13
7  sum=fact(n1)+fact(n2)+fact(n3)   #调用阶乘函数
8  print(sum)
```

主程序为代码 6~8 行,n1,n2,n3 为实际参数,分别赋初始值为 5,8,13,第 7 行代码共调用了 3 次 fact(n) 函数,首先调用 fact(n1),实参 n1 传递形参 n 的值为 5,函数执行计算 5!,return s 结束函数,返回主程序调用点,得到函数返回值 120。函数执行流程如图 6-4 所示。

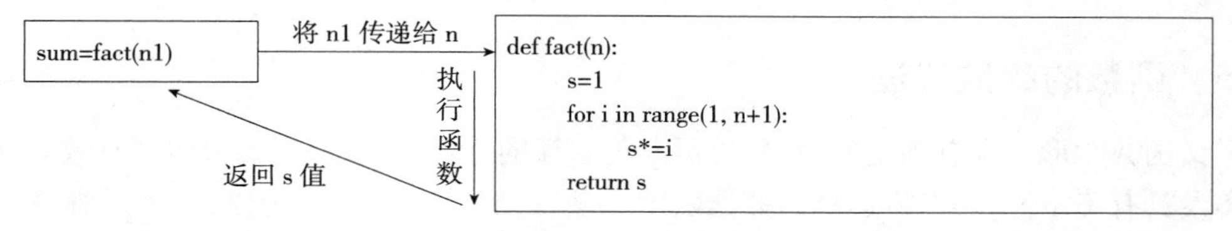

图 6-4　fact(n1)函数执行流程

函数 fact(n)完成第 1 次调用求得 5!,再调用 fact(n2),实参 n2 传递给形参 n 的值为 8,函数执行计算 8!,return s 结束函数,返回主程序调用点。函数执行流程如图 6-5 所示。

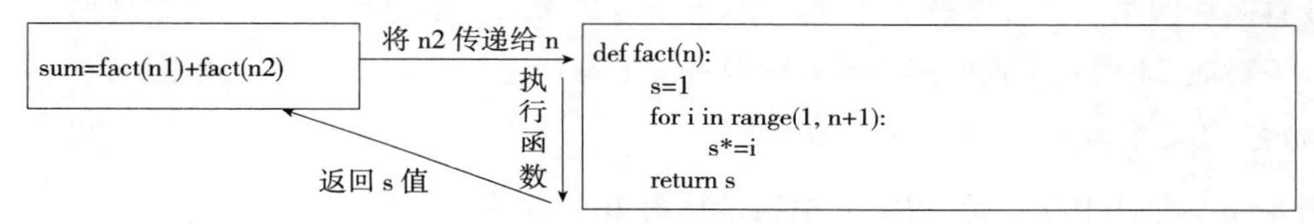

图 6-5　fact(n2)函数执行流程

同理求得 13! 并相加。程序运行结果如下:

```
6227061240
```

例 6-7　求 100~1000 范围内的回文质数。

问题分析:在例 6-4 和例 6-5 中,已定义回文数判定函数和质数判定函数,可以调用该函数实现问题的求解。

```
1      def palindrome(n):  #判断回文数的函数定义
2         p=False
3         string1=str(n)
4         string2=string1[-1:-(len(string1)+1):-1]
5         if string1==string2:
6             p=True
7         return p

8      def prime(n):            #判断质数的函数定义
9         p=True
10        for i in range(2,int(n/2)):
11           if n% i==0:
12                 p=False
13                 break
14        return p
```

```
15      for n in range(100,1001):   #主程序
16          if prime(n)==True and palindrome(n)==True:
17              print(n,end=" ")
```

主程序 15~16 行为主程序，调用 prime(n)判定回文数，调用 palindrome(n)判定回文数，如果两个返回结果都为 True，则判定该数为回文质数。程序运行结果为：

```
101  131  151  181  191  313  353  373  383  727  757  787  797  919  929
```

6.2.5 函数的参数传递

定义函数时形参没有确定的值，只表示参与运算的变量，形参只在函数内部有效。函数调用时实参具有确定值，实参将运算的数据赋于形参后，形参才具有确定值，这个过程称为参数传递。函数的参数传递是根据不同的参数类型，将实参的值或引用传递给形参。函数实参和形参的数据传递方式有以下 4 种：

1. 按照位置传递参数

这是函数调用的默认参数传递方式，要求形参和实参的个数必须一致，并且按照参数书写位置一一对应，即相同位置的实参向对应位置的形参传递运算数据。函数调用形式如下：

函数名（参数 1，参数 2，…）

例 6-8 存款 10000 元，利率为 4%，计算第 10 年的利息和本金。

问题分析：定义函数 money()计算利息和本金，需要传递存款本金 p、利率 r 和年份 n 三个数据，实参和形参都需要三个参数，函数返回值为第 10 年的利息和本金。

参考代码如下：

```
1    def money(p,n,r):
2        m=0
3        for i in range(1,n+1):
4            m=p*r
5            p=p*(1+r)
6        return m,p

7    a,b,c=10000,10,0.04
8    print(money(a,b,c))   #函数调用时按照位置传递参数
```

函数执行过程中，相同位置的实参 a、b、c 向相同位置的形参 p、n、r 传递。运行结果：

```
569.3247249685941, 14802.442849183446
```

2. 按照关键字传递参数

函数调用时在实参前添加参数名（即关键字），按照关键字指定传入参数。此时形参和实参不需要严格按照位置顺序一一对应。这样即便参数顺序被打乱，参数的位置发生改变，也不会影响参数的正确传递。

函数调用形式如下：

函数名（参数名 1=值 1，参数名 2=值 2，…）

例6-9　存款10000元,利率为4%,计算第10年的利息和本金。

问题分析:函数调用实参按照关键字传递。

参考代码如下:

```
1    def money(p,n,r):
2        m=0
3        for i in range(1,n+1):
4            m=p*r
5            p=p*(1+r)
6        return m,p

7    print(money(n=10,p=10000,r=0.04))  #函数调用时实参按照关键字传递
```

运行结果:

```
569.3247249685941, 14802.442849183446
```

使用关键字参数具有三个优点:参数按名称传递意义明确;传递的参数与顺序无关;如果有多个可选参数,则可以选择指定某个参数值。

3. 按照默认值传递参数

在定义函数时,可直接给形式参数指定一个默认值。调用函数时如果没有给拥有默认值的形参传递参数,该参数可以直接使用定义函数时设置的默认值。若该参数传递了参数值,则使用传递的参数值,即传递的参数优先级高于默认参数。

例6-10　存款10000元,利率为4%,计算第10年的利息和本金。函数定义时给形参r指定默认值为0.04。

```
1    def money(p,n,r=0.04):  #形参r指定默认值为0.04
2        m=0
3        for i in range(1,n+1):
4            m=p*r
5            p=p*(1+r)
6        return m,p

7    print(money(n=10,p=10000))
```

运行结果:

```
569.3247249685941, 14802.442849183446
```

注意:在使用此格式定义函数时,指定默认值的形式参数必须放在其他参数之后,否则会产生语法错误。

4. 可变数量的参数传递

定义函数时无法确定参数个数,Python允许函数设计可变数量的参数。形参既可以接收实参是元组,也可以是字典。若形参接收的是元组,则函数定义形式如下:

函数名(*参数)

其中,参数名前加“ * ”,表示该参数是元组,元素个数可以是 0、1 或多个。调用函数时,该参数之后所有的参数都被收集为一个元组。

例 6-11 求多个数的和。

```
1  def sum( *s):
2    sum_s=0
3    for i in s:
4        sum_s=sum_s+i
5    return sum_s

6  print(sum(1,2,3,4)) #本例假定求 1+2+3+4 的和
```

运行结果:

```
10
```

若形参接收的是字典,则函数定义形式如下:

函数名(* * 参数)

其中,参数前加“ * * ”,表示该参数是字典。调用函数时,该参数之后所有的参数都被收集为一个字典。调用语句中的关键字(参数名)成为字典的键,参数值成为字典的值。

例 6-12 定义形参为字典的函数。

```
1    def sum( * *s):
2      return s

3    print(sum(x=1,y=2,z=3))
```

运行结果:

```
{'x': 1, 'y': 2, 'z': 3}
```

在定义函数时,可以混合使用多种参数传递方式,但要遵循以下规则:

(1)关键字参数应放在位置参数后。

(2)元组参数必须在关键字参数后。

(3)字典参数要放在元组参数后。

在调用函数时,首先按位置顺序传递参数,其次按关键字传递参数,多余的非关键字参数传递给元组,多余的关键字参数传递给字典。

6.3 变量作用域

Python 在创建函数时,将为函数内部创建的各种变量分配内存空间,当函数运行结束后会释放这个内存空间,此时函数中存储的变量会随之消失。若主程序要使用函数中的变量,则无法访问。也就是说在一段程序代码中,其变量并不是在任何位置都可以访问的。

变量的作用域指变量能够被访问的有效范围。变量按照作用范围分为两类:局部变量和全局变量。

6.3.1　局部变量

函数内部创建的变量只能在函数内部使用和访问，因此被称为局部变量（local variable），或者局部作用域。

例 6-2 中定义了阶乘函数，fact(n)中的参数 n、s 和 i 都是局部变量。

例 6-13　局部变量的应用。

```
1  def fact(n):   #n,s,i 为局部变量
2      s=1
3      for i in range(1, n+1):
4         s*=i
5      return s

6  print(fact(5),i)
```

运行结果：

```
print(fact(5),i)
NameError:name 'i' is not defined
```

通过分析程序运行结果可知，i 为函数 fact(n)的局部变量，若在函数体外输出 i，因为局部变量 i 在函数体外无法访问，所以程序运行出错。

6.3.2　全局变量

在函数体外定义的变量，可以被程序的任何部分（如其他函数）访问和使用，这样的变量称为全局变量（global variable）。

例 6-14　全局变量的应用。

```
1  def fact(n):   #n,s,i 为局部变量
2    s=1
3    for i in range(1,n+1):
4       s*=i
5    print(m)
6    return s

7  m=5   #m 为全局变量
8  print(fact(m))
```

运行结果为：

```
5
120
```

fact(n)中的参数 n、s 和 i 都是局部变量，而函数体外的变量 m 为全局变量，所以第 7 行代码函数体内输出 m 的结果为 5，主程序第 8 行代码运行后输出 120。

有时会出现函数体内的局部变量和全局变量同名的情况，此时函数体内遵循局部变量屏蔽全局变量，即局部变量优先原则。

例 6-15 局部变量和全局变量同名。

```
1  def fact(n):   #n,s,i,m 为局部变量
2      s=1
3      for i in range(1,n+1):
4          s *=i
5      m=8
6      print(m)
7      return s

8  m=5         #m 为全局变量
9  print(fact(m),m)
```

运行结果为:

```
8
120 5
```

当局部变量(包括形参)和全局变量同名时,第 5 行函数体内的变量 m 和第 8 行函数体外的变量 m 是两个不同的变量,函数内部 m 为局部变量,值为 8,而函数体外的变量 m 为全局变量,值为 5,因为遵循局部变量优先原则,所以第 6 行代码运行后输出 8,主程序第 9 行代码运行后输出 120 和 5,全局变量 m 的值并未被修改。

如果一定要在函数中访问全局变量 m,只需在函数体内使用保留字 global 申明 m 为全局变量即可。

例 6-16 global 的应用。

```
1  def fact(n):   #n,s,i 为局部变量
2      s=1
3      for i in range(1,n+1):
4          s *=i
5      global m   #全局变量 m
6      m=8
7      print(m)
8      return s

9  m=5         #m 为全局变量
10 print(fact(m),m)
```

运行结果为:

```
8
120 8
```

代码第 7 行使用 global 声明变量 m 为全局变量,所以第 6 行代码运行后输出 8,主程序第 10 行代码运行后输出 120 和 8,全局变量 m 的值在函数体内被修改。

6.4 匿名函数

Python 使用 lambda 关键字定义了一种特殊函数——匿名函数,该函数又称 lambda 函数,

用来表示内部仅包含一行内代码的函数,函数名作为函数的返回结果。lambda 函数可用于任何需要函数对象的地方,在语法上,匿名函数只能是单个表达式。

lambda 函数语法格式如下:

<函数名>=lambda <参数列表>: <表达式>

lambda 函数等价于下面的形式:

```
def <函数名>(<参数列表>):
        return <表达式>
```

例 6-17 定义一个 lambda 函数,用于求三个数之和。

```
>>> sum=lambda x,y,z:x+y+z
>>>sum(1,2,3)
6
>>> type(sum)
<class 'function'>
```

其中,lambda 是保留字,x,y,z 为形参,返回值为 x+y+z 的和,调用函数 sum(1,2,3)求和。在上述代码中,生成了一个函数 sum(x,y,z),只要调用 sum(x,y,z),即可实现使用函数方式求和计算。

6.5 函数的递归方法

函数作为一种代码的复用方式,封装后可以被其他程序调用,也可以被自身的代码调用。

6.5.1 递归的思想

复杂问题的求解可以层层转化为一个与原问题相同的、规模较小的问题来求解,这是一种求解问题的策略。解决大规模问题和解决小规模问题的方法是相同的,相同的方法可以用同一个函数实现。因此在函数定义中会出现函数调用其本身的情况。递归的方法是程序设计中有效的方法,递归策略只需少量的程序就可描述出解题过程所需要的多次重复计算,减少了程序的代码量,能使程序变得简洁和清晰。

程序设计中递归是指函数定义中调用函数自身的方法。递归在计算机科学中是指通过重复将问题分解为同类的子问题,递归过程不断求解同类的子问题,直到同类问题的最小问题可解。

6.5.2 递归的方法

递归是一种程序设计方法,递归过程分为两个阶段:递推和回归。递推阶段,即递归函数在内部调用自己。每一次函数调用自己后,重新执行此函数的代码,再调用自己,直到函数调用的最后一级。回归阶段,即递归函数从调用的最后一级逐层返回,一直返回至函数第一次调用的函数体内。

例 6-18 求 n! 的值。

问题分析:

①问题递推分析:求解 n!,而 n! = (n-1)! ×n,问题转换为求(n-1)!。若能求得(n-

1)!,则 n! 可解。同理,求(n-1)! 的问题可转化为求(n-2)! 的问题。以此类推,自顶向下递推。推导到求 1! 的问题,只要能求得 0! 即可解决问题。

②最小问题求解:求 0!,而 0! =1,最小问题可解。

③问题回归分析:最小子问题 1! =1 可解,故 2! =1! ×2。以此类推,依次自下向上回归求解,直到求出(n-1)!,(n-1)! =(n-2)! ×(n-1)。

建立数学模型:

由于 n! =(n-1)! ×n,而(n-1)! =(n-2)!,以此类推,1! =0! ×1,而 0!=1 可解。建立递归函数的数学模型:

$$f(n)=\begin{cases}(n-1)!\times n, n>0\\ 1, n=0\end{cases}$$

算法设计:

①定义求阶乘的函数为 fact(n),其中 n 为形式参数,默认按位置传递。

②根据数学模型,将函数设计为:若 n=0 则 fact(n)返回值为 1;若 n>0 则 fact(n)返回值为 fact(n-1) * n。

③主程序在需要计算阶乘时调用函数。

递归求阶乘代码如下:

```
1  def fact(n):
2      if n==0:
3          return 1
4      else:
5          return n * fact(n-1)

6  m=2     # 输出 2 的阶乘
7  print(fact(2))
```

分析阶乘递归函数的执行过程可知,函数的调用逐层递推过程如图 6-6 所示,逐层回归过程如图 6-7 所示。

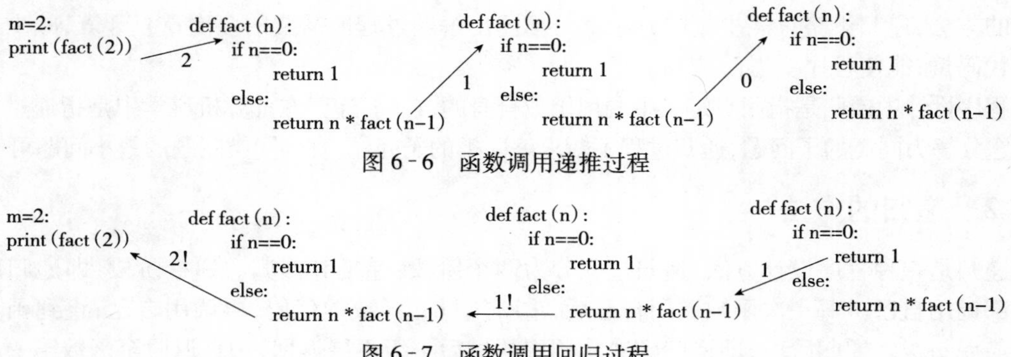

图 6-6　函数调用递推过程

图 6-7　函数调用回归过程

每个递归函数必须包括两个主要部分:终止条件和递归步骤。其中,终止条件表示递归的结束条件,用于返回函数值,不再递归调用。在 fact()函数中,递归的结束条件为 n==0。而递归步骤用于将第 n 步的函数与第 n-1 步的函数关联。对于 fact(n)函数,其递归步骤为 n * fact (n-1),即把求 n 的阶乘转化为求 n-1 的阶乘。

例 6-19　用递归方法求斐波那契数列的前 20 项。

```
1  def fibo(n):
2      if n==1 or n==2:      #递归结束条件
3        return 1
4      else:
5          return fibo(n-1)+fibo(n-2)

6  for i in range(1, 20+1):
7      print("{:>6}".format(fibo(i)), end="  ")
8      if i% 5==0:print()
```

运行结果如下:

```
     1       1       2       3       5
     8      13      21      34      55
    89     144     233     377     610
   987    1597    2584    4181    6765
```

6.6　函数与模块化程序设计应用

设计一款手机通信录小软件,要求该软件能够管理联系人的电话号码,具有添加联系人、修改联系人、删除联系人、按姓名查询等功能。

6.6.1　软件设计基本流程

1. 用户需求分析

通过用户需求的调研,理解用户需求,确定业务处理及数据处理方法等。

2. 功能模块设计

功能设计遵循"自顶向下,逐层细化"的原则,划分功能模块及子模块,建立功能模块间的关系。

3. 代码设计

使用自定义函数进行功能模块实现,一个功能模块可以用一个或多个函数实现。设计函数的功能,定义函数输入的数据、输出的结果,再根据功能设计函数体,实现数据处理。函数设计好之后,需要进行函数运行调试,测试参数数据输入、数据处理、数据输出是否正确,是否达到功能设计的要求。

4. 模块集成、调试运行

模块设计功能实现之后,要对模块进行测试、组装,再进行软件的整体测试运行。发现问题并改进,完善软件。

5. 部署运行、交付使用

将软件交付用户使用,并部署软件运行环境,比如网络通信录软件,还需要设计服务器端的软件,并在服务器上部署软件运行环境,最终交付用户使用。

6.6.2 软件设计实例分析

1. 用户需求分析

该软件需要能够记录联系人的姓名、电话号码等信息。能够对联系人信息进行查看、增加、修改、删除等处理,能够存储联系人信息,能够导入和导出联系人信息等。确定用户具体需求,是进行软件设计的基础。

2. 功能模块设计

依据需求分析,进行功能设计,将手机通信录管理划分为数据编辑、查询和存储 3 大功能模块,形成总体功能设计,再将功能细化形成子功能模块。功能模块设计如图 6-8 所示。

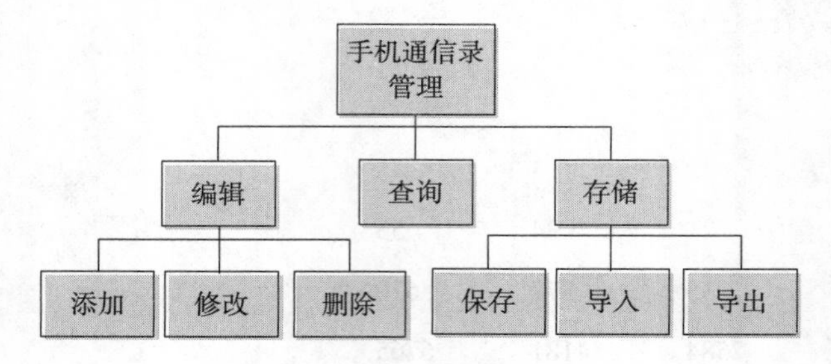

图 6-8 手机通信录功能模块

(1)数据编辑模块划分为添加子模块、修改子模块和删除子模块。添加子模块实现联系人姓名、电话号码等信息的添加;修改子模块实现联系人姓名、电话号码等信息的修改;删除子模块实现联系人姓名、电话号码等信息的删除。

(2)查询模块实现使用联系人的姓名查找电话号码的功能。

(3)存储模块划分为保存子模块、导入子模块和导出子模块。导入、导出子模块实现将联系人信息整体通过文件导入或导出功能。

3. 代码设计

(1)函数功能确定。按照功能模块划分,用函数实现各个模块的程序设计。本例共设计了 6 个函数,实现了手机通信录管理功能的编辑和查询功能,存储功能暂时未实现,对文件相关内容学习后再设计实现。

6 个函数分别为:菜单函数 tel_menu()、显示函数 tel_view()、查找函数 tel_find()、添加函数 tel_append()、修改函数 tel_edit()和删除函数 tel_delete(),如图 6-9 所示。

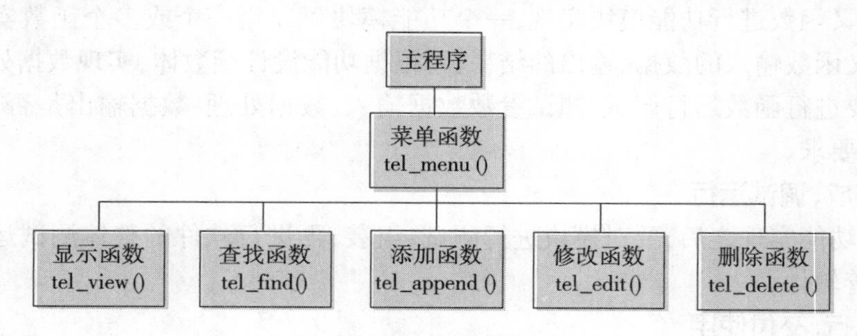

图 6-9 函数设计

(2)函数功能设计。每个函数从数据的输入、函数体功能设计、返回结果三个方面进行设计。

菜单函数 tel_menu( )设计:输入时的菜单内容“1--显示,2--查询,3--添加,4--修改,5--删除,0--退出”,函数体实现菜单的显示和选择,返回值为选择的结果,即0~5的整数。

显示函数 tel_view( )设计:输入为联系人信息的列表,函数体实现以列表形式输出联系人的信息,函数无返回值。

查找函数 tel_find( )设计:输入为联系人信息的列表,函数体实现根据姓名查找功能,查找该联系人的电话号码,若联系人存在则返回其电话号码,若不存在则返回查无此人。

添加函数 tel_append( )设计:添加函数无输入,函数体实现获取需要添加联系人的信息,函数返回值为添加人信息。

修改函数 tel_edit( )设计:输入为联系人信息的列表,函数体实现联系人的查找和修改,函数返回值为修改后的联系人列表。

删除函数 tel_delete( )设计:输入为联系人信息列表,函数体实现联系人的查找和删除,函数返回值为删除后的联系人列表。

4. 函数代码实现

依据函数功能设计,函数实现代码如例6-20至例6-25所示。

例6-20　菜单函数。

```
1  def tel_menu(menu_str):  #定义菜单函数,参数
2      print()
3      print(menu_str)   #显示菜单内容
4      menu_index=eval(input("请选择操作功能:0-5 "))
5      if menu_index<0  or menu_index>6 :
6          menu_index=1   #选错,则默认为“1--显示”
7      return menu_index   #返回选择结果
```

例6-21　显示函数。

```
1  def tel_view(tel_number):   #1.通信录显示
2      print("{:<10}{:<15}{:<20}".format("姓名","电话号码", "备注"))
3      for tel in tel_number:
4          print("{:<10}{:<15}{:<20}".format(tel[0],tel[1],tel[2]))
```

例6-22　查找函数。

```
1  def tel_find(tel_number):     #2.按姓名查询
2      name=input("联系人姓名:")
3      if name=="":
4          return
5      tel_find=[]
6      for tel in tel_number:
7          if name==tel[0]:      #若查找到,则显示
8              tel_find.append(tel)
9      if len(tel_find)==0:
10         print("查无此人")
11     return tel_find
```

例 6-23 添加函数。

```
1 def tel_append():  #3.添加联系人信息
2     name=input("姓名:")    #输入联系人的姓名
3     phone=input("电话号码:")
4     remarks=input("备注:")
5     t=[name,phone,remarks]  #建立联系人信息(元组数据类型)
6     return t  #以一维元组方式以返回联系人信息
```

例 6-24 修改函数。

```
1 def tel_edit(tel_number):  #4.修改联系人信息
2     tel=tel_find(tel_number)  #调用查找函数
3     if len(tel)>0:        #若找到,进行修改
4         for t intel :
5             num=tel_number.index(t)    #查找修改的元素序号
6             name=input("姓名:")        #修改数据
7             phone=input("电话号码:")       #修改数据
8             remarks=input("备注:")
9             t=[name,phone,remarks]   #将联系人信息建立为一维元组数据类型
10            tel_number[num]=t      #修改联系人信息
11    return tel_number    #返回修改结果
```

例 6-25 删除函数。

```
1 def tel_delete(tel_number):     #5.删除联系人信息
2     if len(tel_number)==0:
3         return
4     tel=tel_find(tel_number)  #查找函数
5     if len(tel)>0:      #若找到,进行修改
6         for t intel :
7             num=tel_number.index(t)    #删除元素序号
8             print(t)
9             yn=input("是否输出(Y-删除,N-不删除):")   # 确认是否删除

10            if yn=="Y" or yn=="y" :
11                del(tel_number[num])
12        return tel_number
```

5. 模块集成

主程序通过调用不同功能的函数,将所有的功能模块集成。主程序功能设计为完成变量的定义和初始化、菜单显示和选择,并根据选择结果调用相关函数。

例 6-26 主程序。

```
1 tel_list=[]        #定义存储联系人信息的列表
2 tel_deflaut=["机主","12345678900","本机号码"]        #数据组织为一维列表
3 tel_list.append(tel_deflaut)         #添加本机联系人信息
4 menu="1--显示,2--查询,3--添加,4--修改,5--删除,0--退出"        #菜单内容
```

```
5  while True:
6      num=tel_menu(menu)
7      if num==0: #0.退出
8          print("退出程序")
9          break
10     elif num==1:     #1.显示
11         tel_view(tel_list)
12     elif num==2:     #2.查找
13         info=tel_find(tel_list)     #查找处理
14         tel_view(info)          #查找结果输出
15     elif num==3:     #3.添加
16         info=tel_append()      #调用添加函数,生成添加的数据
17         tel_list.append(info)      #添加联系人信息
18     elif num==4:     #4.修改
19         info=tel_edit(tel_list)      #修改数据
20         tel_view(info)      #显示联系人
21     elif num==5:     #5.删除
22         info=tel_delete(tel_list)     #查找处理
23         tel_view(info)          #查找结果输出
```

6. 模块调试运行

测试各个模块功能,其中“0--退出”运行后结束程序,其他函数运行结果如下:

(1)主程序运行结果。结果如下:

```
1--显示,2--查询,3--添加,4--修改,5--删除,0--退出
```

(2)显示函数运行结果。结果如下:

```
请选择操作功能:0-5 1
姓名          电话号码          备注
机主          12345678900     本机号码
```

(3)添加函数运行结果。结果如下:

```
1--显示,2--查询,3--添加,4--修改,5--删除,0--退出
请选择操作功能:0-5 3
姓名:张三
电话号码:14572183892
备注:无
```

(4)查询函数运行结果。结果如下:

```
1--显示,2--查询,3--添加,4--修改,5--删除,0--退出
请选择操作功能:0-5 2
联系人姓名:张三
姓名          电话号码          备注
张三          14572183892     无
```

(5)修改函数运行结果。结果如下:

```
1--显示,2--查询,3--添加,4--修改,5--删除,0--退出
请选择操作功能:0-5 4
联系人姓名:张三
姓名:张力
电话号码:19572183892
备注:业务员
姓名        电话号码          备注
机主        12345678900     本机号码
张力        19572183892     业务员
```

(6)删除函数运行结果。结果如下:

```
1--显示,2--查询,3--添加,4--修改,5--删除,0--退出
请选择操作功能:0-5 5
联系人姓名:张力
['张力','19572183892','业务员']
是否输出(Y-删除,N-不删除):Y
姓名        电话号码          备注
机主        12345678900     本机号码
```

本章小结

本章介绍了模块化程序设计"分而治之"的设计思想,程序设计"自顶向下,逐层细化"的设计方法和"自底向上,逐个编码"的实现方法。学习重点是函数设计、调用及参数传递,难点是变量作用域和函数递归中递推与回归过程。通过手机通信录小软件设计及功能实现掌握模块化程序设计的流程和实现方法。

参考答案

习　题

编程题

1. 自定义函数 MyAbs(x),求 x 的绝对值。

2. 编写函数 MyGdc(x,y),求两个数的最大公约数,并调用此函数求 1260、198、72 的最大公约数。

3. 利用质数判定函数,找出 2 到 100 范围内所有的孪生素数。孪生素数指相差 2 的素数对,如 3 和 5,5 和 7,11 和 13 等。

4. 编写函数 comb(a,b),将两个两位数的正整数 a、b 合并成一个整数并返回。合并的方式是,将 a 的十位和个位数依次放在结果的十位与千位上,b 的十位和个位数依次放在结果的个位与百位上。例如,当 a=45,b=12 时,调用该函数后,返回 5241。要求在主程序中调用该函数进行验证:从键盘输入两个整数,然后调用该函数进行合并,并输出合并后的结果。

5. 编写函数 insert(string, c),用于在一个已排好序(ASCII 值从小到大)的字符串 string(少于 50 个字符)中的适当位置插入字符 c,要求插入后字符串的排序不变(从小到大),允许

字符重复,函数返回插入后的字符串。在主程序中调用该函数,从键盘分别输入有序字符串和单个字符,然后调用 insert( )函数,并在屏幕上输出插入后的字符串。

6. 编写使用递归方法求最大公约数的函数,调用此函数求两个数的最大公约数。

7. 编写函数 avg(lst),返回列表 lst 的整数平均值,调用 avg( )函数求每个学生的平均成绩。已知成绩列表 s={'小李':[77,54],'小张':[89,66,78,99],'小陈':[90],'小杨':[69,58,93]},输出结果为{'小李': 65, '小张': 83, '小陈': 90, '小杨': 73}。

8. 假设某小麦品种田间试验统计株高情况,测得样株的高度,统计株高的频数分布情况,可以为品种株高选择进一步提供参考。若株高的范围为[75,76,77,78,79,80,81,82]cm,要求每种株高作为一个分段,该小麦品种株高可分为 8 段。假如已经田间测得 9 个样株的高度分别是 80cm,78cm,81cm,76cm,78cm,80cm,77cm,79cm,78cm,编写 frequence(lst)函数计算各株高的频数。

实验指导

1. 实验目的

本实验要求理解函数和模块化程序设计的基本方法与步骤,熟练掌握函数设计与编码、函数调用等方法。能够用基本编程方法进行程序设计,解决实际应用问题。理解递归算法程序设计方法,掌握模块化程序设计的基本方法。本章设置验证性实验和设计性实验,重点掌握函数和模块化编程方法与代码调试。

2. 实验任务

(1)上机调试和验证本章中的案例及程序。

(2)完成习题的代码编写,进行调试和结果验证。

(3)完成手机通信录程序的编码调试,提高编程能力。

3. 实验过程与步骤

(1)验证教学视频(PPT)中的例题,并保存程序。

①分段函数编程。

②求阶乘。

③函数的参数传递例题。

④变量作用域的例题和课堂练习题。

⑤求年龄。

⑥求[100,1000]的回文质数。

⑦上机验证手机通信录小软件代码。

⑧验证第三方库安装。

⑨验证 Pyinstaller 库。

(2)按照题目要求设计编写代码,并保存程序。

①编写函数 Fibonacci(x),实现求斐波拉契数列第 n 项。例如,若 n=4,则 Fibonacci(4)的返回值是斐波拉契数列第 4 项的值 3(斐波拉契数列为 1,1,2,3,5,8,…)。

②有一组正整数数据,找出其中的质数并统计其个数,再求出质数的和。要求用函数 is_prime(x)实现质数判断(可考虑用函数 prime_sum( )实现质数求和)。

例如,假设正整数数据为 56,41,70,31,83。输出形式如下:

原数据为 56,41,70,31,83,共计 5 个数据。

其中质数为 41,61,83,共计 3 个质数。

③学生成绩表数据包括学号,姓名,高数、英语和计算机 3 门课的成绩,计算每名学生的总分,每门课程平均分、最高分和最低分。要求用函数和模块化程序设计方法实现。

第7章 文 件

本章内容提示

本章主要讲述数据文件的基本概念，文本文件、CSV 文件及二进制文件的读写操作，以及利用文件进行程序中数据输入或输出的方法。

本章学习目标

理解数据文件的类型及特点，数据文件的组成，文件读写的概念；掌握文本文件、CSV 文件、二进制文件的创建、读、写操作方法与步骤，培养应用数据文件解决实际应用问题的能力。

7.1 文件概述

程序 IPO 结构包括输入、处理和输出三部分。在前面的学习中一般将程序输入和输出部分所需的数据存入简单变量、列表等组合数据类型中；简单变量、组合数据类型用于数据存储时具有一定的局限性，它们只能用于临时存储程序的输入和输出，随着程序运行结束，简单变量、组合数据类型中的数据也随之消失。

文件是按照一定的组织方式存储在外部存储介质（如磁盘）上的数据集合。文件可以长期保留在计算机外存中，具有一次写入、多次使用的特点。使用文件作为程序的输入和输出，主要目的是将应用程序所需要的原始数据、处理的中间结果以及最后结果以文件的形式保存在外存中，以便永久保存并能再次使用。当程序所需的输入或输出的数据量比较大时，文件存储方式能够避免数据重复录入，也有利于大量数据的存储和共享使用。

通常情况下，计算机处理的大量数据都是以文件的形式存放在外部存储介质上的。操作系统也是以文件为单位对数据进行管理的。如果要访问数据文件中的数据，操作系统必须先按文件名找到所指定的文件，然后再从该文件中读取数据。同理，要向外部介质中存储数据也必须先建立一个文件，才能向该文件写入数据。

7.1.1 数据文件

1. 文件类型

数据文件按存储信息的形式分为文本文件和二进制文件,前者以标准的 ASCII 编码形式存储,后者以二进制代码形式存储。

文本文件通常存储基本的文本字符,如字母、数字、标点符号和换行符等,但不 包含字体、大小和颜色信息。这种文件一般可采用记事本等软件编辑。除文本文件外,其他文件类型都为二进制文件,如图像、音频、Office 文件等,这种文件除了文本字符外,还包含图像、声音等数据,可以借助一些专业的编辑器来查看二进制文件。

例如,十进制整数 1025,若以二进制代码存储,共需 2 个字节;若以 ASCII 编码形式存储,1025 中的每一个字符均要占 1 个字节,共需 4 个字节。文本文件与二进制文件中的数据存储形式如图 7 - 1 所示。

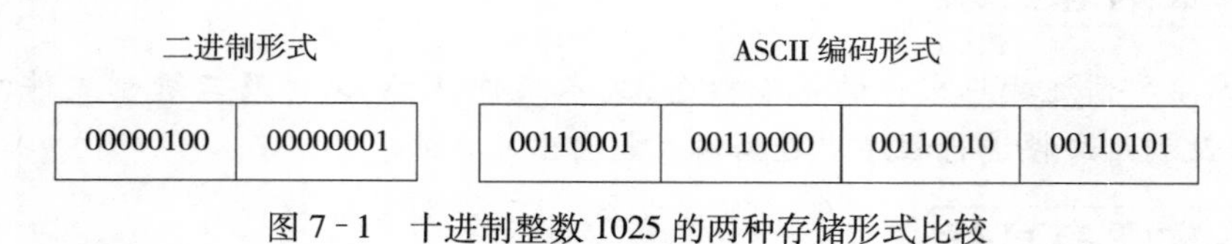

图 7 - 1　十进制整数 1025 的两种存储形式比较

2. 数据文件组成

记录是一组相互关联的数据集合,这些数据可以是相同的数据类型,也可以是不同数据类型。数据文件是以记录的方式构成数据集合的。

如表 7 - 1 所示的学生成绩登记表,由学号、姓名、高数成绩、英语成绩、物理成绩和计算机成绩 6 列组成,每行称为一条记录,每列称为一个属性或字段,用来描述某个学生基本信息和 4 门课程的考试成绩。为便于计算机进行数据存储和表示,通常将学号、姓名定义为字符串型数据,而将高数、英语、物理和计算机定义为数值型数据。每个学生的信息是这 6 个字段值的集合。如第 1 条记录描述学号为“020101”、姓名为“张一帆”同学的考试成绩,记录内容是{“020101”,“张一帆”,90,87,86,94}。数据文件的操作(包括文件的读和写)一般是以记录为单位进行的。

表 7 - 1　学生成绩登记表

学号	姓名	高数成绩	英语成绩	物理成绩	计算机成绩
0201011	张一帆	90	87	86	94
0201012	王志文	85	92	85	75

7.1.2 文件的基本操作

程序对文件的操作通常包括打开文件、写文件、读文件和关闭文件。

1. 打开文件

文件打开操作是将文件从外存调入内存的操作。在访问和处理文件内容之前,必须先打开文件,以便给文件分配对应的内存缓冲区。

2. 写文件

写文件操作是从计算机内存向外存（如磁盘）传送数据，并将数据存储在磁盘上的操作。其实质是将内存缓冲区中的临时数据永久保存在外部磁盘上的文件中。

3. 读文件

读文件操作是将外存文件中的数据向计算机内存传送，即将文件内容读入内存缓冲区的过程。外部磁盘上的文件数据只有先读入内存缓冲区中，才能进行下一步操作。

4. 关闭文件

文件读写操作结束，需要将打开的文件及时关闭，以便及时保存文件内容，防止数据丢失，并及时释放文件占用的内存空间。

5. 文件读写操作的一般流程

一般需要先打开文件，再进行读写操作，操作完毕还需要关闭文件。写文件操作的一般流程为打开文件、写入数据、关闭文件；读文件操作的一般流程为打开文件、读取数据、关闭文件。

7.1.3 文件指针

文件读写操作总是针对文件当前位置的记录（即当前记录）进行的。文件指针是用来标记文件操作位置的一个特殊标记，也叫文件游标。文件操作位置通常包括文件当前位置、文件首（起始位置）、文件尾（结束位置）等。通常在打开文件时，文件指针默认指向文件首部，文件指针会随着文件读写操作发生移动，文件操作完毕，指向文件结尾。例如，以读模式打开一个文件，文件指针就指向了文件的最开头，这时读取文件内容，指针就会向文件末尾方向移动，期间遇到的每一个字符都会被读出并存储在内存中，直到移动到末尾，完成读取操作。

对文件进行读写操作时，文件指针通常以字符（文本文件）或字节（二进制文件）为单位进行移动。可以利用文件对象的特定方法来获取文件指针当前的位置，或移动文件指针位置。

7.2 文本文件操作

文本文件以ASCII码形式存储数据，记录中各数据项之间用特定的分界符（如逗号、空格等）分隔。记录与记录之间用回车、换行符分隔。文本文件的存储格式如图7-2所示。文本文件读写操作符合文件的一般操作流程，需要先打开文件，再进行读或写，最后关闭文件。

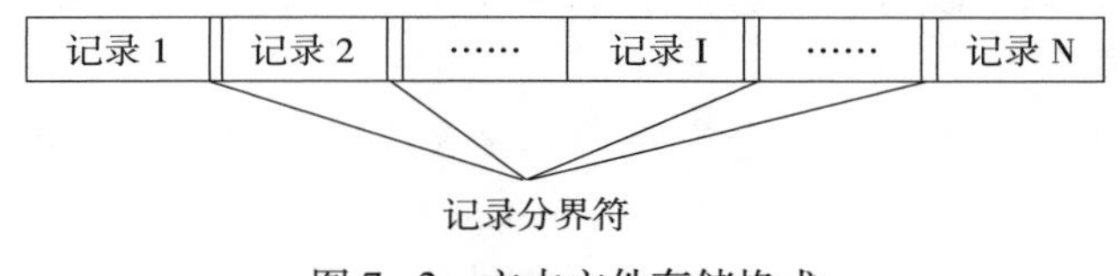

图7-2 文本文件存储格式

7.2.1 打开与关闭文件

Python提供了内置函数open()用于打开文本文件，打开文件后，可通过调用文件对象的close()方法关闭已经打开的文件。

1. open()函数

open()函数用于打开一个文件，并返回该文件对应的文件对象，通过文件对象可以实现

后续对文件的读写和关闭等操作。open( )函数的一般用法如下:

```
fo=open(file,mode,encoding)
```

该语句按照指定文件名称、读写模式和编码方式打开一个文件,并返回该文件对应的文件对象,如果文件不存在,可能会引发文件打开异常。

open 函数主要参数如下:

fo:文件对象,该参数对应被打开的文件的内存对象,也叫"文件句柄",是一个迭代器对象。通过这个内存对象,可以完成文件读取、写入和关闭等操作。

file:必选参数,用于指定要打开的文件路径及文件名,该参数类型为字符串类型。文件路径可以是绝对路径也可以是相对路径,路径字符串中的路径符号需要采用双反斜杠"\\"。如果该参数只有文件名没有路径,默认表示打开当前程序目录下的文件。

mode:可选参数,用于指定文件打开的模式,该参数一般为包含文件类型和读写模式的字符串参数。默认的文件类型为文本文件(t 模式),默认的文件打开模式为读模式(r 模式)。文件读写模式详细知识将在下小节单独讲述。

encoding:可选参数,用于指定文件的编码方式,该参数只在文本模式下使用,二进制文件不能指定编码方式。如果 encoding 没有指定,则根据平台来决定所使用的编码。常用的编码方式有 utf-8、gbk 编码等。当读取文件的内容显示为乱码时,可能是由读文件时的编码方式和写文件时的编码方式不一致导致的。

open( )函数参数较多,上述 open( )函数仅使用了常用的 file、mode 和 encoding 三个参数,完整的 open( )函数用法如下:

fo=open(file,mode,buffering,encoding,errors, newline,closefd,opener)

其中,buffering 为可选参数,用于设置缓冲策略,该参数省略时,默认值-1 表示采用系统默认的缓冲机制。文本模式下,buffering=1 表示行缓冲;buffering >1 的整数表示固定大小的块缓冲区的大小(以字节为单位),二进制文件以固定大小的块进行缓冲(通常为 4096 或 8192 字节);buffering=0 表示切换缓冲关闭(仅允许在二进制模式下)。

newline 为可选参数,该参数仅适用于文本模式,用于指定文件中插入一个新行的工作方式,它可以是 None,' ','\n','\r' 和 '\r\n'。其中,newline=''表示插入一个新行后不增加空行。

errors 为可选参数,该参数用于指定字符编码出现问题时,程序会报错或忽略错误继续执行。

2. 文件的读写模式

打开文件时,open( )函数中的一个主要参数是文件的打开模式。Python 中包含写模式、读模式和追加模式三种基本读写模式,分别用 w、r、a 表示,还有文本模式、二进制模式和读写模式三种附加的读写模式,分别用 t、b、+表示。文件读写模式及其含义如表 7-2 所示。

表 7-2　文件读写模式及其含义

分类	打开模式	说明
基本模式	'r'	只读模式,默认读写模式。如果文件不存在,返回异常
	'w'	写模式,如果文件不存在则创建新文件,若存在则完全覆盖原文件
	'a'	追加写模式,如果文件不存在则创建,若存在则在原文件末尾追加内容

（续）

分类	打开模式	说明
附加模式	'b'	以二进制文件模式打开文件(可以添加到其他模式中)
	't'	以文本文件模式打开文件,默认方式
	'+'	与 r、w、a 组合使用,增加同时读写功能

通常情况下,附加模式需要与基本模式组合使用,例如 rt 表示以文本只读模式打开文件,rb 表示以二进制读模式打开文件,rt+表示以文本读写模式打开文件。

文件读写模式直接决定后续可以对文件进行哪些操作,例如以 r 模式打开文件时,要求文件必须先存在,若文件不存在则会抛出文件不存在的异常;以 w 模式打开文件时只能进行写操作,若进行读操作也会报错。

文本文件和二进制文件常用打开模式的操作功能、操作要求如表 7 - 3 所示。

表 7 - 3　文本文件和二进制文件常用打开模式

文件类型	打开模式	操作功能	文件不存在时	是否覆盖写
文本文件	'r'	读文件	报错	—
	'r+'	读写文件	报错	是
	'w'	写文件	新建文件	是
	'w+'	读写文件	新建文件	是
	'a'	追加写文件	新建文件	否,从文件尾处开始追加写
	'a+'	读写文件	新建文件	否,从文件尾处开始追加写
二进制文件	'rb'	读文件	报错	—
	'rb+'	读写文件	报错	是
	'wb'	写文件	新建文件	是
	'wb+'	读写文件	新建文件	是
	'ab'	追加写文件	新建文件	否,从 EOF 处开始追加写
	'ab+'	读写文件	新建文件	否,从 EOF 处开始追加写

3. close()方法

文件打开后,可通过调用文件对象的 close()方法关闭已经打开的文件。关闭文件的基本方法为:

fo . close()

例如:

```
file1=open('E:\\python\\testfile1.txt','w')    #打开文件
file1.close()    #关闭文件
```

4. 文件对象的常用方法

利用 open()函数打开文件后,会返回该文件对应的文件对象。如果需要继续对文件进行读写操作,通常利用该文件对象提供的方法完成。文件对象的常用方法及其作用如表 7 - 4 所

示。本章后面所讲述的文件操作大多借助这些方法完成。在 Python 交互式模式下依次输入以下命令，可以查看文件对象的属性和方法：

```
>>> file1=open('E:\\python\\testfile1.txt','w')     #假设文件 testfile1.txt 存放在 E:\\python 下
>>> dir(file1)
```

表 7-4　文件对象的常用方法

序号	方法	作用
1	write()	向文本文件中写入一个字符串
2	writelines()	向文本文件中写入一个字符串序列
3	read()	从文件读取指定的字节数，若未指定参数则读取文件所有内容
4	readline()	读取文件中的一行内容，包括行尾 '\n' 字符
5	readlines()	读取文件中所有行并返回一个列表对象
6	close()	关闭文件，关闭后文件不能再进行读写操作
7	seek()	移动文件指针到文件指定位置。参数为 0：文件开头，1：当前位置，2：文件末尾
8	next()	返回文件的下一行，并将文件指针移到下一行
9	tell()	以文件开头为原点返回文件指针当前位置
10	flush()	把缓冲区的内容写入文件

7.2.2　创建文本文件

1. 创建文本文件的流程

创建文本文件是将数据写入文件的过程，如果文件不存在则先创建文本文件然后再写入内容，其操作流程一般为打开文件、写入数据和关闭文件，如图 7－3 所示。首先，文件需要以'w'或'a'模式打开，然后通过调用文件对象的 write()方法或 writelines()方法将数据写入文件中，最后全部数据写入完成后，调用文件对象的 close()方法关闭文件。

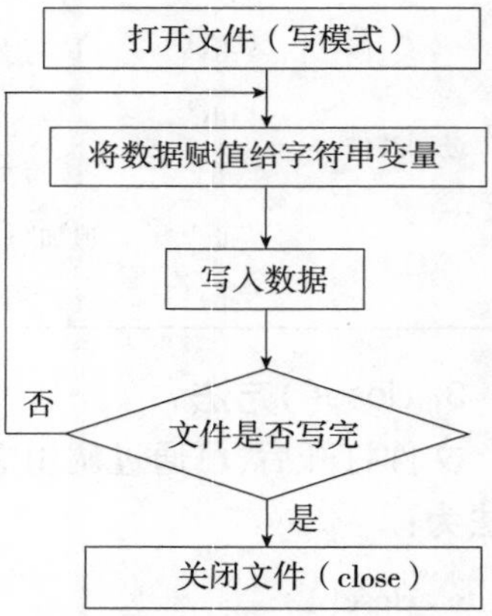

图 7－3　文本文件创建流程

2. 数据写入方法

向文本文件中写入数据时，通常采用文件对象的 write()方法或 writelines()方法。文本文件的写操作通常使用以下两种方式：

(1) write()方法。

语法格式：**fo.write(ch)**

该语句的功能是将字符串变量写入文件的当前位置（默认位置为文件起始位置）。其中，fo 为文件对象名，ch 为字符串变量。

注意：

①write()方法只能将一个字符串类型的数据写入文件，如需写入的数据为整数等其他数据类型，则应首先将其转换为字符串类型后再写入，否则会报错。

②write()方法本身不具有换行功能，如果写入数据后需要换行，可以在字符串末尾通过添加转义字符'\n'实现。

例7-1　利用write()方法向文本文件中写入内容。

```
1  file1=open('E:\\python\\testfile1.txt','w')
2  file1.write('欢迎学习Python语言\n')
3  file1.write('The Zen of Python, by Tim Peters\n')
4  file1.write('\n')
5  file1.write('Beautiful is better than ugly.\n')
6  file1.close()
```

(2)writelines()方法。

语法格式：**fo.writelines(ls)**

该语句的功能是将字符串序列写入文件当前位置（默认位置为文件起始位置）。其中，fo为文件对象名，ls为字符串序列类型的变量。与write()方法相比，writelines()方法以序列形式接收多个字符串作为参数，可一次性写入多个字符串内容。

注意：

①参数ls可以是列表、元组等序列类型，且序列中的元素必须为字符串类型，不允许是整数等其他类型，否则写入文件会报错。

②与write()方法类似，writelines()方法本身也不具有换行功能，如果序列中每个元素写入后需要换行则可以通过在元素末尾添加'\n'的方式实现。

例7-2　利用writelines()方法向文本文件中写入内容。

```
1  f1=open("E:\\python\\t2.txt","w")
2  a=["唐诗","宋词","元曲"]
3  f1.writelines(a)
4  f1.close()
```

思考：分析以下程序，并说出程序执行结果与例7-2的区别。

```
1  f1=open("E:\\python\\t2.txt","w")
2  a=["唐诗\n","宋词\n","元曲\n"]
3  f1.writelines(a)
4  f1.close()
```

3. 追加写和覆盖写

写文件时存在两种方式，分别为追加写文件和覆盖写文件。追加写是在指定文件的末尾写入新的内容，而文件中原有内容继续保留；覆盖写会先清除文件中的原有内容，从文件起始位置写入新的内容，文件中的原有内容不会保留。

追加写文件和覆盖写文件操作的不同之处是在写文件之前，文件的打开方式不一样。如果想进行追加写文件，那么打开文件时open()函数应该指定读写模式为'a'；如果想进行覆盖写文件，则打开文件时open()函数应该指定读写模式为'w'。不管是追加写文件还是覆盖写文件操作，二者进行数据写入的方法都是一样的，都是利用文件对象的write()方法或writelines()方法。

例7-3　先运行例7-2，再分别运行以下2个程序，对比追加写和覆盖写的效果。

```
#追加写程序
1  f1=open("E:\\python\\t2.txt","a")
2  b=["10","20","30"]
3  f1.writelines(a)
4  f1.close()
#覆盖写程序
1  f1=open("E:\\python\\t2.txt","w")
2  b=["10","20","30"]
3  f1.writelines(a)
4  f1.close()
```

4. 应用举例

例 7-4　随机产生 200 个[0,100]范围内的整数,分行写入文件 num. txt 中。

算法设计:首先以' w '模式创建并打开文件 num. txt。然后重复执行的操作是

①产生一个随机整数。

②将其转换为字符串类型。

③用 write( )方法写入文件中并换行。

④操作完成后关闭文件。

提示:

①产生随机整数需要用 random 库函数;200 个数据可以用 write( )方法逐个多次写入,也可以先将 200 个元素存储在列表变量中,然后用 writelines( )方法一次性写入文件。

②由于 write( )方法或 writelines( )方法只能写入字符串或字符串序列,因此,产生的随机整数需要先转换为字符串类型,然后再写入。

③若写入一个数据后需要换行,则可以通过转义字符'\n '实现。

方法 1:采用 write( )方法写入。

```
1  import random
2  file1=open('E:\\python\\num.txt','w')
3  for i in range(1,201):
4      x=random.randint(0,100)
5      s=str(x)+'\n'
6      file1.write(s)
7  file1.close()
```

方法 2:采用 writelines( )方法写入。

```
1  import random
2  a=[]
3  f1=open("E:\\python\\num_ex2.txt",'w')
4  for i inrange(1,201):
5      x=random.randint(0,100)
6      y=str(x)+"\n"
7      a.append(y)      #将 y 追加到列表 a 中
8  f1.writelines(a)
9  f1.close()
```

7.2.3　读取文本文件

1. 读取文本文件的一般流程

读取文本文件是将已经存在的文本文件内容读取到内存中,以便后续计算处理。读文件的一般流程为打开文件、读取数据、关闭文件。首先用读模式' r '打开文件,然后再通过文件对象的 read( )方法、readline( )方法或 readlines( )方法将文件内容读取出来,最后,全部数据读取完成后调用文件对象的 close( )方法关闭文件,如图 7－4 所示。其中,判断文件是否读完可用 while 循环或 for 循环结构完成。程序框架如下:

```
file1=open(…,' r ')
s=…    #读取文本文件第 1 行
while s! ='':  #重复读取直到文件结尾
        读取数据
        数据处理
```

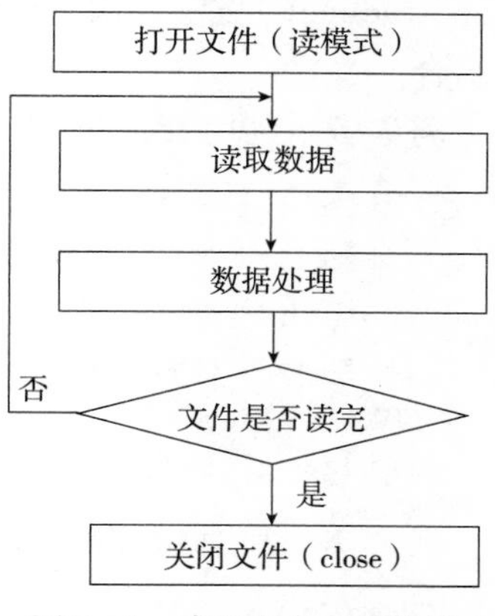

图 7－4　读取文本文件流程

也可以通过 for 循环来遍历文件对象,完成对全部文件内容的读取:

```
file2=open(…,' r ')
for s in file2:  #文件对象 file2 作为迭代对象
        数据处理
```

2. 文本文件读取方法

文本文件读取方法有三种,通常采用文件对象的 read( )方法、readline( )方法或 readlines( )方法,可根据具体应用需求选择其一。

(1)read( )方法。

语法格式:**s1=fo. read([size])**

该语句中 read( )方法的功能是从文本文件中读取内容,并将读取的数据返回给一个字符串变量。其中,fo 为文件对象名,s1 为字符串变量,size 是可选参数,若省略参数 size 则意味着读取整个文件内容,即 fo. read( )将得到整个文件内容。当 size 取其他值时,读取并返回最多 size 个字符,即 fo. read(size)从文件当前位置开始读取 size 个字符。

例 7－5　利用 read( )方法读取文本文件。

```
1  file2=open('E:\\python\\testfile1.txt','r')  #例 7-1 文件
2  s1=file2.read()     #以字符为单位读取所有内容
3  print(s1)
4  file2.close()
```

例 7－6　利用 read( )方法读取指定长度内容。

```
1  file2=open('E:\\python\\testfile1.txt','r'))
2  s1=file2.read(10)    #读取文件前 10 个字符
3  print(s1)
4  file2.close()
```

(2)readline( )方法。

语法格式:**s1=fo. readline()**

在该语句中,readline()方法的功能是从文件中读取单行文本数据,字符串末尾保留换行符(\n),并将读取的内容返回给一个字符串变量。如果返回一个空字符串,说明已经读取到最后一行。其中,fo 为文件对象名,s1 为字符串变量。

只要 f. readline()返回空字符串,就表示已经到达了文件末尾,空行用 '\n' 表示,该字符串只包含一个换行符。

与 read()方法相比,readline()方法以行为单位读取文件,而不是以字符为单位读取文件。此外,readline()方法一次只能读取一行内容,如果需要读取文件中的多行内容,可以和循环语句结合。

例 7-7 利用 readline()方法读取文本文件。

```
1  file2=open('E:\\python\\testfile1.txt','r')
2  s1=file2.readline()   #以行为单位读取文件第 1 行
3  print(s1,end='')
4  s2=file2.readline()   #以行为单位读取文件第 2 行
5  print(s2,end='')
6  file2.close()
```

例 7-8 利用 readline()方法读取文本文件所有内容。

```
1  file2=open('E:\\python\\testfile1.txt','r')
2  s=file2.readline()  #读取文本文件第 1 行
3  while s!="":  #重复读取直到文件结尾
4      print(s, end="")
5      s=file2.readline()
6  file2.close()
```

(3) readlines()方法。

语法格式:**s1=fo. readlines()**

在该语句中,readlines()方法的功能是以行为单位读取文本文件中的所有数据(文本文件以'\n'作为换行标志),并将读取的内容按行返回给一个字符串列表。其中,fo 为文件对象名,s1 为一个字符串列表,s1 的每个元素对应文件中的一行内容。与 readline()方法相比,readlines()方法一次即可读取文件中所有内容,无须利用循环语句遍历读取文件。

例 7-9 利用 readlines()方法读取文本文件。

```
1  file2=open('E:\\python\\testfile1.txt','r')
2  s3=file2.readlines()
3  print(s3)
4  file2.close()
```

3. 应用举例

例 7-10 读取例 7-4 生成的 num. txt 文件,并输出其中的偶数。

算法设计:以'r'模式打开指定的 num. txt 文件。采用 readline()方法读取一行内容。重复执行以下操作,直到文件结尾:

①先删除读取内容末尾的换行符,然后将字符串类型数据转换成数值型。

②判断数据是否为偶数,如果是偶数则输出。

③读取结束后关闭文件。

提示:

①readline()方法读取文件一行内容时返回一个带换行符的字符串变量,因此需要先去掉换行符,然后转换成数值型。

②readline()方法一次只能读取一行内容,本例中采用循环语句和 readline()方法结合遍历整个文件。

程序代码:

```
1  file2=open('E:\\python\\testfile1.txt','r')
2  s=file2.readline()  #读取文本文件第1行
3  while s!='':  #重复读取直到文件结尾
4      print(s, end='')
5      s=file2.readline()
6      file2.close()
```

7.2.4 修改文本文件

对文本文件中的记录进行编辑,通常涉及记录的修改、插入、删除等操作。一般这些操作需要借助一个临时文件,具体操作步骤如下:

1. 文本文件记录的插入(在第 i 条记录之后插入若干条记录)

(1)以 r 模式打开原文件 A1。

(2)以 w 模式打开临时文件 A2。

(3)读取 A1 中的前 i 条记录,直接写入 A2。

(4)将要追加的若干条记录内容逐一输入,并写入 A2。

(5)将 A1 中剩余记录读出,直接写入 A2。

(6)关闭 A1、A2。

(7)删除 A1。

(8)将 A2 文件名改为 A1。

注意:

①删除或重命名文件需要导入 os 模块。

②删除文件的格式:**os. remove(文件名)**。其中,文件名应包含盘符和路径。

③修改文件名的格式:**os. rename(旧文件名,新文件名)**。旧文件名应包含盘符和路径。

2. 文本文件记录的删除

(1)以 r 模式打开原文件 A1。

(2)以 w 模式打开临时文件 A2。

(3)读取 A1 中的记录,将不删除的记录直接写入 A2。

(4)关闭 A1、A2。

(5)删除 A1。

(6)将 A2 文件名改为 A1。

3. 文本文件记录的修改

(1)以 r 模式打开原文件 A1。

(2)以 w 模式打开一个临时文件 A2。

(3)将原文件的内容读出,判断原文件内容是否要进行修改,如果是,修改原文件内容后写入临时文件,否则直接写入临时文件。

(4)关闭 A1、A2。

(5)删除 A1。

(6)将文件名改为 A1。

7.2.5 综合应用举例

例 7-11 某班 30 名同学的成绩数据如表 7-5 所示。请先建立一个名为“student1. txt”的文本文件,存放该班学生的成绩信息数据,包括学号、姓名、高数成绩、英语成绩和计算机成绩 5 项数据,然后对 student1. txt 文件数据进行如下处理:

(1)计算每个学生的平均成绩。

(2)将平均成绩大于 80 分的记录写入 student2. txt 文件中。

表 7-5 学生成绩表

学号	姓名	高数成绩	英语成绩	计算机成绩
201001	张无忌	90	94	93
201002	赵敏	60	69	61
⋮	⋮	⋮	⋮	⋮
201030	张三丰	94	86	91

算法设计:本例为文本文件综合应用,涉及文件写操作和读操作。

首先,新建一个“student1. txt”文件,以写模式打开并依次写入表格中的数据。文件中每行写入一名学生的学号、姓名等 5 项数据,各项数据之间可用逗号分隔,数据写入效果如图 7-5 所示。

计算每个学生的平均成绩时需要采用 readline( )方法逐行读取 student1. txt 中的数据,每行数据为一个包含 5 项数据的字符串,使用字符串的 split( )方法分别获取 5 项数据,进而计算平均成绩。如果平均成绩大于等于 80 分则写入 student2. txt 文件。

采用循环结构与 readline( )方法逐行遍历文件完成每个学生的成绩计算和判断是否大于 80 分。

student1.txt - 记事本

文件(F) 编辑(E) 格式(O) 查看(V) 帮助(H)

201001,张无忌,97,94,93
201002,赵敏,60,69,61
201003,王强,85,95,98
201004,张明,99,95,90
201005,钱多多,74,57,83

图 7-5 数据写入效果示例

读写操作完成后关闭文件。

程序代码如下:

```
1    file1=open('E:\\python\\student1.txt','w')
2    for i in range(1,31):
3        xh=input('请输入学号:')
```

```
4        xm=input('请输入姓名')
5        gs=input('请输入高数成绩:')
6        yy=input('请输入英语成绩:')
7        jsj=input('请输入计算机成绩:')
8        s=xh+','+xm+','+gs+','+yy+','+jsj+'\n'    #字符串连接并换行
9        file1.write(s)  #写入一行内容
10   file1.close()
11   #打开 student1.txt 文件(读),打开 student2.txt 文件(写)。
12   file1=open('E:\\python\\student1.txt','r')
13   file2=open('E:\\python\\student2.txt','w')
14   s=file1.readline()  #字符串 s 包括最后的换行符
15   #计算每个学生平均分,将平均成绩大于或等于 80 分的记录写入 student2.txt
16   while s!='':
17       s=s.strip('\n') #去掉行尾换行符
18       lst=s.split(',')  #以逗号作为分隔符,将字符串 s 转为列表
19       aver=(eval(lst[2])+eval(lst[3])+eval(lst[4]))/3 #平均分
20       if aver>=80:
21         file2.write(s)
22         s=file1.readline()
23   file2.close()
24   file1.close()
```

7.3 CSV 文件操作

CSV(comma separated values,逗号分隔值)是以带逗号分隔(或其他字符)的纯文本形式存储表格数据的文件。CSV 是电子表格和数据库中最常见的输入输出文件格式,用于在本身不兼容的程序之间进行表格数据的转移,是广泛应用的输入输出文件格式。可以利用记事本、写字板或 Excel 打开或编辑 CSV 文件。CSV 文件是一种特殊的文本文件,其主要特点如下:

(1)文件内容。CSV 文件为纯文本文件,文件中的存储内容为数字或字符,文件中不能包含字体、颜色等样式,也不能存储图像。字符编码可采用 ASCII、Unicode、EBCDIC 或 GB 2312 等。

(2)文件结构。与普通的文本文件相比,CSV 文件一般用于存储具有特定结构的表格数据。一个 CSV 文件可包含多条记录,每一行对应一条记录且每条记录都有同样的字段序列。如果文件包含字段名,则字段名写在文件第一行,每行开头不留空格。

(3)文件记录分隔符。将记录用英文半角符号逗号、分号、制表符等分隔为多个字段。

7.3.1 Python 内置 csv 模块

Python 提供内置 csv 模块对 CSV 文件进行读写操作。csv 模块实现读写操作时主要借助该模块中的 reader()函数和 writer()函数。

(1)csv. reader()函数。

语法格式:**rd=csv. reader(csvfile)**

在该语句中,csv. reader( )函数用于返回 CSV 文件对象对应的 reader 对象,其中 csvfile 为指定的文件对象,rd 为返回的 reader 对象。返回值 rd 是一个可迭代的对象,利用该对象可以逐行遍历 csvfile 文件中的内容,可使用循环结构实现遍历。

(2)csv. writer( )函数。

语法格式:**wt=csv. writer(csvfile)**

在该语句中,csv. writer( )函数用于返回指定 CSV 文件对象对应的一个 writer 对象,其中,csvfile 为一个 CSV 文件对象,wt 为返回的 writer 对象。

7.3.2 打开与关闭文件

打开 CSV 文件仍用 open( )函数,关闭 CSV 文件同文本文件一样,使用文件对象的 close( )方法实现。CSV 文件的打开与关闭操作通常采用以下两种方法:

方法 1:

```
csvfile=open(文件名,读写模式)      #打开 CSV 文件
#读写操作
csvfile.close()       #关闭 CSV 文件
```

上述打开与关闭 CSV 文件的方法及操作流程与前面讲述的文本文件操作流程类似,这种方法需要在文件操作结束后采用 close( )方法显式关闭文件。

实际操作时会忘记关闭已经打开的文件,或者打开了许多文件占用太多内存资源。因此,一般多采用上下文管理器 with open 语句打开文件,然后进行文件读写操作。with 关键字一般用于 Python 上下文管理器机制。采用 with open 语句打开 CSV 文件时,当文件读写操作完成后,系统会自动关闭文件,释放内存空间,无须再使用 close( )方法关闭文件。

方法 2:

```
import csv
with open(文件名,读写模式) as csvfile :
    #读写操作
```

其中,文件名和读写模式同文本文件,csvfile 为返回的 CSV 文件对象,后续读写操作需要借助该文件对象完成。

7.3.3 创建 CSV 文件

创建 CSV 文件的一般流程如图 7-6 所示,包括导入 csv 模块、打开文件、创建文件对象的 writer 对象、写入数据和关闭文件。其中,打开和关闭文件通过 with open 语句完成,写入数据通常采用 writer 对象的 writerow( )方法或 writerows( )方法。

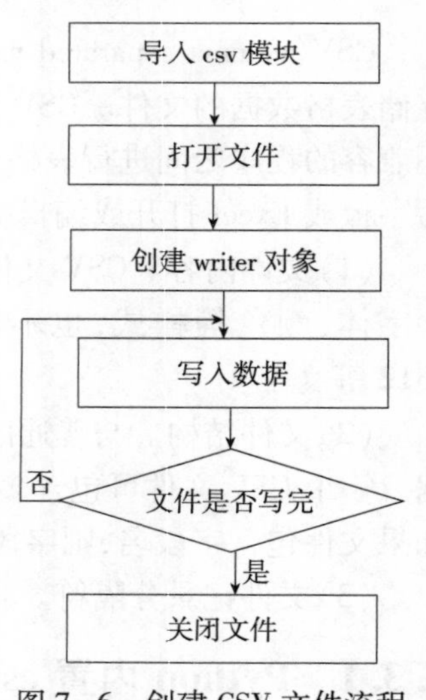

图 7-6 创建 CSV 文件流程

1. writerow( )方法

语法格式:

```
wt=csv.writer(csvfile)
wt.writerow(ls)
```

上述语句先利用 csv. writer( )函数创建文件对象 csvfile 的 writer 对象,再利用 writer 对象

的 writerow( )方法向 CSV 文件写入一行数据。

其中,csvfile 为 open 语句创建的文件对象,wt 为 writer 对象,ls 为写入的数据,一般以列表方式组织数据。

例 7-12 利用 writerow( )方法向 CSV 文件写入一行数据。

```
1  import csv
2  with open("E:\\python\\stu1.csv",'w',newline='') as csv_file:
3      writer1=csv.writer(csv_file)
4      writer1.writerow(['学号','姓名','高数','英语','计算机'])
5      writer1.writerow(['201901','张明',83,80,89])
6      writer1.writerow(['201902','李亮',90,94,97])
7      writer1.writerow(['201903','赵青',75,70,83])
```

在上述例子中,首先将需要写入 CSV 文件的每行数据存储为一个列表,然后利用 writer 对象的 writerow( )方法逐行写入,文件写入效果如图 7-7 所示。其中,open 语句中的参数 newline='' 用于指明在文件中写入新记录后不插入空行,如果缺少该参数,则每写入一条新记录都会插入一个空行,如图 7-8 所示。

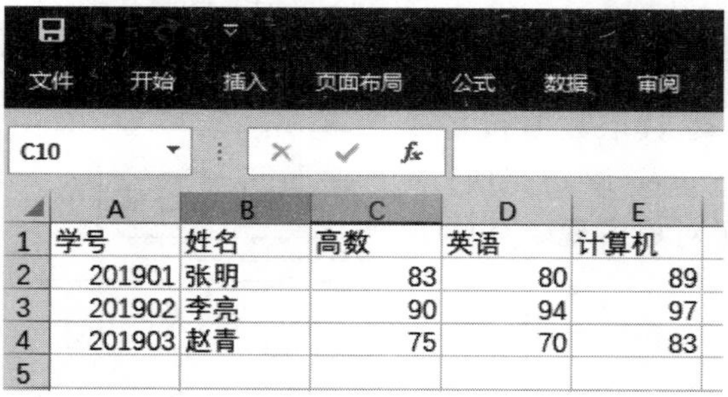

	A	B	C	D	E
1	学号	姓名	高数	英语	计算机
2	201901	张明	83	80	89
3	201902	李亮	90	94	97
4	201903	赵青	75	70	83
5					

图 7-7 采用 newline 参数写入效果

	A	B	C	D	E	F
1	学号	姓名	高数	英语	计算机	
2						
3	201901	张明	83	80	89	
4						
5	201902	李亮	90	94	97	
6						
7	201903	赵青	75	70	83	
8						

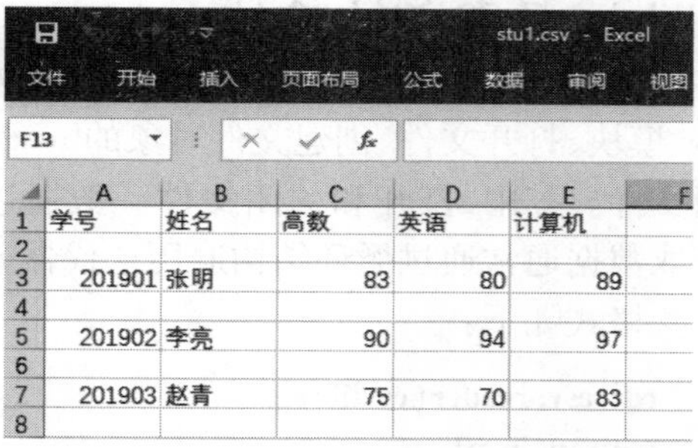

图 7-8 未用 newline 参数写入效果

2. writerows( )方法

语法格式:

wt=csv.writer(csvfile)
wt.writerows(ls)

上述语句先利用 csv.writer( )函数创建文件对象 csvfile 的 writer 对象,再利用 writer 对象的 writerows( )方法向 CSV 文件中一次写入多行数据。

其中,csvfile 为 open 语句创建的文件对象,wt 为 writer 对象,ls 为一般为嵌套列表,其中存储要写入的数据。

例 7-13 利用 writerows( )方法向 CSV 文件写入多行数据。

```
1  import csv
2  header=['学号','姓名','高数','英语','计算机']
3      ls=[ ['201901','张明',83,80,89],
4           ['201902','李亮',90,94,97],
5           ['201903','赵青',75,70,83]]
6  with open("E:\\python\\stu8.csv",'w',newline='') as csv_file:
```

```
7      writer1=csv.writer(csv_file)
8      writer1.writerow(header)
9      writer1.writerows(ls)
```

与例 7-12 不同,本例中利用 writerows()方法向 CSV 文件中写入多行数据。首先将需要写入的三名学生的数据存储在嵌套列表 ls 中,再利用 writer 对象的 writerows()方法写入。

3. 追加写 CSV 文件

打开 CSV 文件时,当读写模式为'w'时完成的是覆盖写操作,如果要想对 CSV 文件进行追加写操作,需要将读写模式'w'改为'a'。

例 7-14 利用 writerows()方法向 CSV 文件写入多行数据。

```
1  import csv
2  with open("E:\\python\\stu1.csv",'a',newline='') as csv_file:
3      writer1=csv.writer(csv_file)
4      writer1.writerow(['201904','王强','65','69','68'])
5      writer1.writerow(['201905','李莉','76','79','70'])
```

7.3.4 读取 CSV 文件

读取 CSV 文件的一般流程如图 7-9 所示。通常包括导入 csv 模块、打开文件、创建文件对象的 reader 对象、读取数据和关闭文件。其中,打开和关闭文件一般通过 with open 语句完成,读取数据通常通过循环结构遍历迭代器 reader 对象实现。具体语法格式如下:

```
rd=csv.reader(csvfile)
for row in rd:
    #读取数据
```

该语句先利用 csv.reader()函数创建文件对象 csvfile 的 reader 对象,再利用 for 循环遍历 reader 对象的每个元素实现数据读取。

其中,csvfile 为 open 语句创建的文件对象,rd 为 reader 对象,for 循环读取 CSV 文件中的每行内容并复制给列表 row。

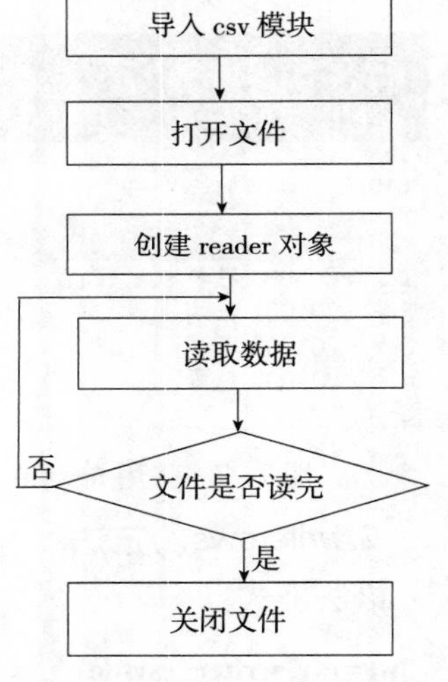

图 7-9 读取 CSV 文件流程

例 7-15 读取 stu1.csv 文件并输出文件内容。

```
1  import csv
2  with open("E:\\python\\stu1.csv",'r') as csv_file:
3      reader1=csv.reader(csv_file)
4      for row in reader1:
5          print(row)
```

7.3.5 综合应用举例

例 7-16 现有通信录数据如表 7-6 所示。建立一个"通信录.csv"文件,存放该通信录数据,包括姓名、手机号码、微信号和 QQ 号 4 项数据,然后编程查询并输出赵六的手机号码、

QQ 号和微信号。

表 7-6　通信录数据

姓名	手机号码	微信号	QQ 号
张三	13125000001	zs001	75177001
李四	13125000002	13125000002	75177002
王五	13125000003	w555	75177003
赵六	13125000004	Liu66	75177004
刘七	13125000005	13125000005	75177005

算法设计:本例为 CSV 文件综合应用,涉及文件写操作和读操作。首先以写模式打开“通信录 . csv”文件,可采用列表存储表格中每行的 4 项数据,然后用 writerow( )方法写入。或采用嵌套列表存储 5 行表格数据,然后用 writerows( )方法写入。最后,查询赵六的通信录信息需要读取“通信录 . csv”文件,逐行遍历该文件直到该行第一个元素,也就是姓名字段为“赵六”的元素,输出该行的手机号码、QQ 号和微信号 3 个字段信息。

程序代码如下:

```
1    #创建通信录文件
2    import csv
3    data=[['姓名','手机','QQ','微信号'],
4          ['张三','13125000001','zs001','75177001'],
5          ['李四','13125000002','13125000002','75177002'],
6          ['王五','13125000003','w555','75177003'],
8          ['赵六','13125000004','Liu66','75177004'],
9          ['刘七','13125000005','13125000005','75177005']]
10   with open('通信录.csv','w',newline='') as file1:
11       writer1=csv.writer(file1)
12       writer1.writerows(data)
13   #读取文件并查询
14   import csv
15   with open('通信录.csv','r') as file1:
16       reader1=csv.reader(file1)
17       for row in reader1:
18           if row[0]=='赵六':
19               print(row[1],row[2],row[3])
20               break
```

例 7-17　用 CSV 文件实现例 7-11 的功能。

```
1    #创建 CSV 文件
2    import random
3    import csv
4    with open('E:\\python\\student.csv','w',newline='') as f1:
```

```
5        w1=csv.writer(f1)
6        w1.writerow(['学号','姓名','高数','英语','计算机'])
8        for i in range(1,6):
9            xh=input('请输入学号:')
10           xm=input('请输入姓名')
11           gs=random.randint(0,100)
12           yy=random.randint(0,100)
13           jsj=random.randint(0,100)
14           rowdata=[xh,xm,gs,yy,jsj]
15           w1.writerow(rowdata)
16
17   #读取文件并计算平均成绩
18   import csv
19   newdata=[]
20   n=0
21   with open('E:\\python\\student.csv','r') as f1:
22       r1=csv.reader(f1)
23       for data in r1:
24           n=n+1
25           if n>1:     #去掉首行字段名称行,从第2行开始计算
26               aver=(eval(data[2])+eval(data[3])+eval(data[4]))/3
27               if aver>=80:
28                   newdata.append(data)    #将符合条件的记录追加到newdata
29   print(newdata)
30   with open('E:\\python\\student2.csv','w',newline='') as f2:
31       w1=csv.writer(f2)
32       w1.writerows(newdata)
```

7.4 二进制文件操作

与文本文件和 CSV 文件不同,图像、视频、音频、Office 文档、可执行文件等均具有特殊格式,这些文件是二进制文件。当用记事本、Notepad++等文本编辑软件打开二进制文件时都显示为乱码,二进制文件可以用 WINHEX 等软件打开。

二进制文件中以字节串(bytes)为单位存储数据,文件中的字节可以代表任何信息。在进行二进制文件读写操作时,需要按照字节字符串进行读写,而不是按文本字符串格式进行读写;同样,在写入时必须保证数据类型是字节形式的数据对象。与文本文件相比,二进制文件具有节约存储空间、读写速度快、有一定的加密保护作用等优点。

7.4.1 文件的打开与关闭

二进制文件的打开也采用 open()函数,与打开文本文件不同,打开二进制文件时读写模式需要指定为二进制模式(rb、wb 等)。需要指出的是,文本文件可以用文本模式(r、w)打开,也可以用二进制模式(rb、wb)打开,但二进制文件只能以二进制模式(rb、wb)打开,且不能指

定编码方式。关闭二进制文件同文本文件一样,使用文件对象的 close( ) 方法实现。

7.4.2　二进制文件的读写

读文件操作是从已打开文件的某个位置开始,读取一定长度的数据。写文件操作是在已打开的二进制文件的某个位置写入字节数据。一个二进制文件被打开后,可以用文件对象的 read( ) 方法来读取字节数据,用文件对象的 write( ) 方法写入字节数据。

读取二进制文件的程序示例代码如下:

```
f1=open(文件名,二进制读模式)
a=f1.read([size])
f1.close()
```

其中,f1. read( ) 的功能是从二进制文件对象 f1 中读取所有数据并存储在字节变量 a 中。size 是可选的数值参数,该参数省略时将读取整个文件的内容,否则将从文件中读取指定的 size 个字节内容。

向二进制文件中写入数据的程序示例代码如下:

```
f2=open(文件名,二进制写模式)
f2.write(b)
f2.close()
```

其中,f2. write(b) 的功能是把字节变量 b 写入二进制文件 f2 的当前位置。

例 7-18　文件 char. txt 中存放着 100 个大写字符,将其复制到二进制文件 char. bin 中。

```
1  ft=open("E:\\python\\char.txt","rb")
2  fb=open("E:\\python\\char.bin","wb")
3  data=ft.read()
4  print(data)
5  fb.write(data)
6  ft.close()
7  fb.close()
```

7.4.3　图像文件基本操作

图像文件属于二进制文件,对图像进行读写操作时,文件读写模式参数需要设置为"rb"或者"wb"。目前已经开发出很多 Python 第三方库,如 Pillow、Skimage 以及 Opencv 等,使用这些第三方库不但能够实现对图像文件的基本读写操作,还可以完成图像旋转、缩放、颜色变换等相对复杂的图像处理操作。

1. 直接读写

图像文件读写操作和一般文件操作步骤一样,包括图像文件打开、读写和关闭,其中图像打开可以采用 open( ) 语句,图像读取可以借助文件对象的 read( ) 方法,图像写入可以借助文件对象的 write( ) 方法。与文本文件、CSV 文件读写操作不同的是,由于图像是二进制文件,在对图像进行读写操作时,需要将读写模式改为"rb"或者"wb",这里的"b"代表二进制读写模式。

例 7-19　使用二进制文件操作实现图像文件复制。

```
1  f1=open('1.png','rb')
2  data=f1.read()
3  f2=open('2.png','wb')
4  f2.write(data)
5  f1.close()
6  f2.close()
```

2. 利用 pillow 模块完成操作

PIL 即 Python imaging library，是一个很流行的图像库，它已经成为 Python 的图像处理标准库。由于 PIL 仅支持到 Python 2.7，因此 Python 3.x 在 PIL 的基础上提供最新兼容的版本 Pillow。Pillow 已成为 Python 3 最常用的图像处理库。由于 pillow 模块是第三方模块而不是 Python 标准模块，因此使用前需要在命令行中用 pip install pillow 命令安装。

基本图像操作，例如图像读取、显示和保存等，通常利用 pillow 的 image 类提供的相关方法来完成，包括 image 模块的 open()方法、show()方法、save()方法等。

例 7-20 利用 pillow 模块进行图像基本操作：读取、显示、缩放、保存。

```
1  from PIL import Image
2  img=Image.open("test.png")
3  img.show()
4  w, h=img.size
5  print('图片宽高:{}*{}'.format(w, h))
6  img.thumbanail((w//2,h//2))  #缩放到 50%
7  print('缩放后图片宽高:{}*{}'.format(w//2, h//2))
8  img.save('缩放.jpg','jpeg')
```

3. 利用 skimage 模块完成操作

skimage 即 scikit-image。scikit-image 是基于 scipy 的一款图像处理包，它将图像作为 numpy 数组进行处理。skimage 包由许多的子模块组成，各个子模块提供不同的功能。例如，使用 skimage 模块的 io 子模块可实现图像读取、显示和保存等基本功能。其中，图像读取、显示以及保存操作可分别借助该模块的 imread()方法、imshow()方法以及 imsave()方法，保存图像还可使用 io 模块的 imsave()函数来实现。skimage 还提供一个 data 模块，里面嵌套了一些示例图像，可以直接使用。

例 7-21 利用 skimage 模块读取图像并显示。

```
1  from skimage import io
2  img=io.imread('test.jpg')
3  io.imshow(img)
```

例 7-22 利用 skimage 模块保存图像。

```
1  from skimage import io,data
2  img=data.chelsea()
3  io.imshow(img)
4  io.imsave('test2.jpg',img)
```

7.4.4　利用struct模块进行文件读写操作

struct模块是Python的一个内置模块，该模块用来解决字节型数据和其他二进制数据类型的转换。使用struct模块操作二进制文件时，需要对写入和读取的数据进行打包pack和解包unpack操作，以便可以正确地解析和存储数据。其中，struct的pack()函数可以把任意数据类型变成字节流，struct的unpack()函数可以把字节流数据解包还原为原始数据。struct模块的常用函数及格式字符分别见表7-7和表7-8

表7-7　struct模块的常用函数

函数	返回值	作用
pack(fmt,v1,v2,…)	string	按照给定的格式(fmt)，把数据转换成字符串(字节流)，并将该字符串返回
unpack(fmt,v1,v2,…)	tuple	按照给定的格式(fmt)解析字节流，并返回解析结果
calcsize(fmt)	fmt长度	计算给定的格式(fmt)占用多少字节的内存

表7-8　struct模块的常用格式字符

格式字符	表示的数据类型	标准长度/字节
i	int	4
f	float	4
?	bool	1
s	bytes	—

利用struct模块创建二进制文件的流程如图7-10所示。首先需要以二进制写模式打开文件，其次将写入的数据利用struct.pack()函数转换成字节数据类型，然后利用文件对象的write()方法写入文件，数据写入完毕用文件对象的close()方法关闭文件。利用struct模块创建二进制文件的示例代码见例7-23。

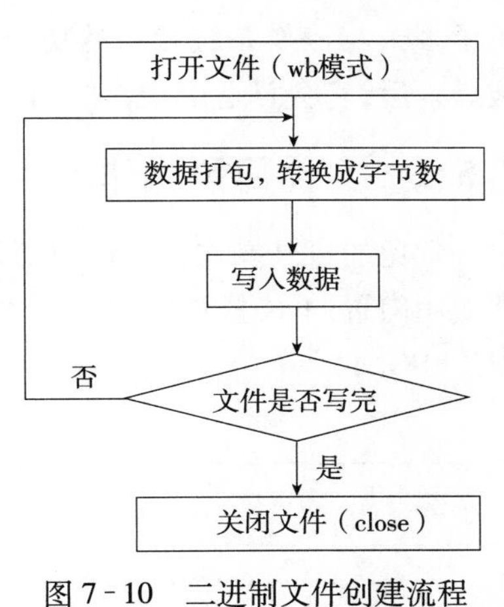

图7-10　二进制文件创建流程

例7-23　利用struct模块创建二进制文件。

```
1   import struct
2   a=20
3   b=3.14
4   c=True
5   d='我爱python!'
6   sn=struct.pack('if?',a,b,c)
7   wf=open('bfile.dat','wb')
8   wf.write(sn)
9   wf.write(d.encode())
10  wf.close()
```

利用struct模块进行读取二进制文件的流程如图7-11所示。首先需要以二进制读模式打开文件,然后利用文件对象的 read(n)方法读取文件内容,其次将读取的字节类型数据利用 struct. unpack()函数还原成原始数据,最后用文件对象的 close()方法关闭文件。利用 struct 模块读取二进制文件示例代码见例 7-24。

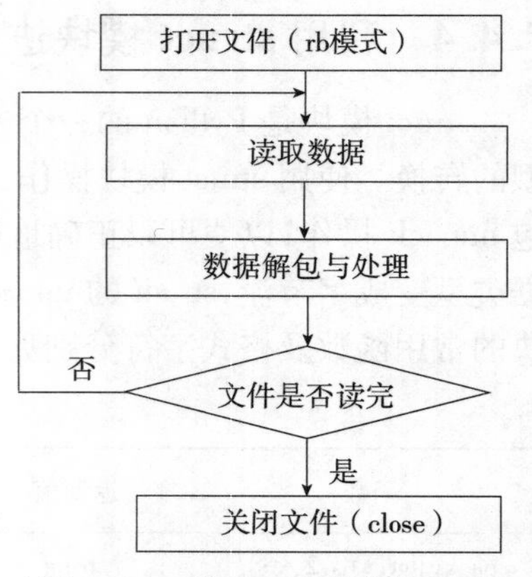

图 7-11 读取二进制文件流程

例 7-24 利用 struct 模块读取二进制文件。

```
1   import struct
2   rf=open('bfile.dat','rb')
3   x=rf.read(9)
4   print(x)
5   y=struct.unpack('if?',x)
6   print(y)
7   x1=rf.read(12)
8   print('bin=',x1)
9   y1=x1.decode()
10  print('txt=',y1)
11  rf.close()
```

7.5 os 模块中的文件类

Python 编程时,常常通过文件进行输入输出操作,这就需要进行文件夹及路径管理。例如,获取程序文件所在的当前工作路径、获取特定文件基本信息等,这些操作需要借助 Python 内置的 os(operation system)模块。Python 的 os 模块是和操作系统进行交互的接口,该模块提供了多个与操作系统相关的功能函数,具有对操作系统、目录和文件的管理功能。当 os 模块被导入后,它会自适应于不同的操作系统平台,实现跨平台访问。

7.5.1 文件目录操作

常见的目录操作包括创建新目录、删除已有目录、修改目录和查看目录信息等。Python 通常使用内置的 os 模块对操作系统进行调用,os 模块提供了非常丰富的方法来管理目录,如表 7-9所示。

表 7-9 os 模块的目录操作方法

序号	方法	功能
1	os. getcwd()	返回当前工作目录
2	os. chdir(path)	改变当前工作目录
3	os. listdir(path)	列出指定目录 path 下所有的文件和文件夹
4	os. mkdir(path[, mode])	以数字权限模式创建目录。默认的模式为 0777(八进制)
5	os. rmdir(path)	删除指定位置的一个文件夹
6	os. rename(src, dst)	将目录 src 重命名为 dst

Python对目录文件的上述操作需要先导入os模块,然后利用os模块的上述方法实现具体操作。例7-25演示了在命令行模式下获取当前路径、改变当前目录以及列出指定目录下的文件信息等操作的实现方法。

例7-25　利用os模块进行目录操作。

```
1  >>> import os
2  >>> s=os.getcwd()  #获得当前程序所在目录
3  >>> s
4  >>> os.chdir('E:\\')  #将当前目录改为E盘根目录
5  >>> file_dir=os.listdir('E:\\')
```

7.5.2　获取文件基本信息

文件基本信息包括文件路径、大小、创建和修改的时间等。Python的os模块、os.path模块中提供了获取文件基本信息的相关方法或函数,如表7-10所示。

表7-10　os模块os.path模块提供的文件操作方法

序号	方法	功能
1	os.path.dirname(path)	返回指定路径中的文件路径(不含文件名)
2	os.path.basename(path)	返回指定路径中最后的文件名
3	os.remove(path)	用于删除指定路径下的文件。如果指定的路径是一个目录,将抛出OSError。
4	os.rename(src, dst)	将文件src重命名为dst
5	os.path.exists(path)	判定指定文件或文件夹是否存在,返回True或False
6	os.path.abspath(path)	返回指定文件的绝对路径
7	os.path.split(path)	将路径分解为(文件夹,文件名),返回的是元组类型
8	os.path.getsize(path)	获取文件或文件夹的大小,若是文件夹则返回0
9	os.path.getctime(path)	获取文件创建时间
10	os.path.getmtime(path)	获取文件最新修改时间

利用上述方法获取文件基本信息时,首先导入os模块,然后利用os模块或os.path模块的上述方法实现具体操作。例7-26演示了在命令行模式下获取文件基本信息等操作的实现方法。

例7-26　利用os.path模块获取文件基本信息。

```
1  >>> import os
2  >>> os.path.dirname('E:\\python\\stu1.txt')  #返回目录路径
3  >>> os.path.basename('E:\\python\\stu1.txt')  #返回文件名
4  >>> os.path.split('E:\\python\\stu1.txt')  #分割文件名与路径
5  >>> os.path.getsize('E:\\python\\stu1.txt')  #获取文件大小
```

7.5.3　综合应用举例

利用os模块下的目录和文件相关操作方法,Python能够很方便地实现对文件系统的管理。例如实现创建目录、删除目录、修改目录等目录管理操作,以及查看文件大小、重命名文件、复制文件等文件管理操作。

例 7-27 输入一个目录和一个文件名,删除该目录下的指定文件。

```
1   import os
2   path=input("请输入路径名称:")
3   os.chdir(path)
4   print(os.getcwd())
5   filename=input("请输入文件名称:")
6   if os.path.exists(filename):
7       os.remove(filename)
8       print("文件删除完毕")
9   else:
10      print("文件不存在")
```

本章小结

数据文件管理是程序设计语言的基本功能之一,它为程序中数据的永久保存提供了方法。通过建立数据文件操作,可以实现数据共享,即所谓"一次建立多处享用"。数据文件操作的步骤相对固定,本章主要介绍数据文件的基本概念、基本操作和文件读写编程实现方法,不涉及新的数据类型和程序结构等知识。

在本章学习过程中,首先要理解数据文件的类型、读写操作的概念,这是进行文件操作的基础;其次,理解文件操作流程,文件读写操作的实现方法;最后通过案例代码调试,掌握文件读写实现方法的步骤及代码的编写方法,再通过上机练习进一步掌握文件在程序设计中的应用。

习　题

参考答案

一、选择题

1. 打开文件时采用以下读写模式,只能进行读不能写的是(　)。

A. w　　B. a　　C. w+　　D. r

2. 执行语句 fo=open(Sample. txt,'r+') 后,对文件"Sample. txt"能够进行的操作是(　)。

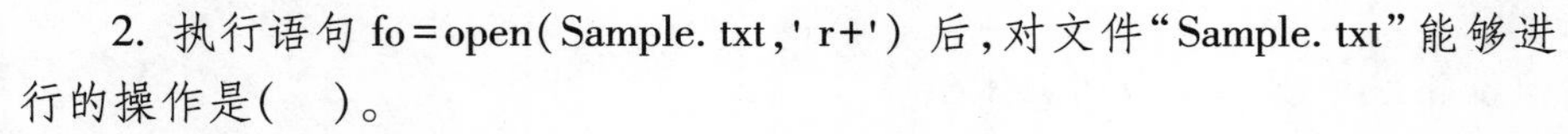

A. 只能写不能读　　B. 只能读不能写

C. 既可以读,也可以写　　D. 不能读,也不能写

3. 以下哪项不属于 CSV 文件特点?(　)

A. CSV 文件可以存储字体、颜色、图像信息

B. CSV 文件一般用于存储具有特定结构的表格数据

C. CSV 文件每一行一般都由同样的字段构成

D. CSV 文件每一行一般以逗号为分隔符,将记录分为不同字段

4. 打开二进制文件时分别采用以下读写模式,只能进行读不能写的是(　)。

A. wb　　B. ab　　C. wb+　　D. rb

二、简答题

1. 什么是文本文件？文本文件和二进制文件各自的存储特点是什么？

2. 请说明 write()和 writelines()方法的区别。

3. 请用三种不同的方法，将文本文件 text. txt 中的内容写入变量 strTest 中(写出程序代码片段)。

4. 文本文件和二进制文件的读写操作有何不同？

三、编程题

1. 有一个文本文件，请编程检测文件的段落数。提示：两种方法，一种是可以一个字符一个字符地读取信息，判断回车符个数；另一种是逐行读出，判断可读取的行数。

2. 把随机产生的 200 个 4 位整数存入文本文件 file1. txt 中。

3. 从第 2 题的 file1. txt 文件中读出数据存入列表 a 中，从中挑出所有个位和百位是偶数的数据存入列表 b 中，并存放在 CSV 文件 file2. csv 中。

4. 准备一篇英文文章 file3. txt(至少 3 段)，编程读出其中的内容，将所有字符进行替代，替代关系为：f(p)=(p*11) mod 256(p 是某个字符的 ASCII 值，f(p)是计算后新字符的 ASCII 值)。如果计算后 f(p)的值小于等于 32 或大于 130，则该字符不变，否则用 f(p)对应的字符替换原有字符后写入文件 file4. txt 中。

5. 设有一个 20 名学生的成绩单，其中包含每个学生的姓名和 5 门课程成绩。姓名依次记作 A~T，成绩均随机产生(范围为 50~100 分)。请计算出平均成绩，并按平均成绩由高到低排序后分别写入文本文件 file5. txt 和 CSV 文件 file6. csv 中。

实验指导

1. 实验目的

通过实验掌握数据文件的概念；理解文本文件、CSV 文件和二进制文件的存取特点；掌握建立、读取、修改文本文件的方法与步骤；掌握建立、读取、修改 CSV 文件的方法与步骤；了解常用的文件操作语句和函数。

2. 实验内容

(1)完成本章涉及的所有例题。注意：教材中为了便于说明，将所生成的数据文件均写在了“E:\python”下，实习时最好与读者的程序文件放在同一文件夹中。

(2)完成编程题中第 2、第 3、第 4、第 5 题。

3. 常见错误及分析

(1)文本文件打开方式错误。open 语句中的打开文件模式不同，其作用也是不同的，不得随意相互替代。如果打开方式为' w '，表示建立新文件；如果为' r '模式，表示读取已经存在的文件。若在写入一个文件时使用了' w '方式，则会覆盖原来的全部数据。

(2)建立和访问文件要使用相对路径，避免出现找不到文件的错误。如果在建立文件时不带路径，Python 会将文件建立在默认文件夹下。但是如果应用程序和文件不在同一文件夹下，或访问文件时忘记指明路径，就会出现找不到文件的错误。解决此问题的方法是使用相对路径，在建立和使用数据文件时，文件路径都用 os. getcwd()，这样，数据文件就会与应用程序

在同一个文件夹下,也就避免出现文件找不到的错误。例如:

```
import os
wf=Open(os.getcwd() & "\testfile.txt",'w')
```

建立一个名为 testfile. txt 的数据文件,文件与应用程序在同一个文件夹下。

(3)文件使用完毕应及时关闭,避免出现不必要的错误。使用数据文件有一个基本要求:使用时应打开,使用完毕应及时关闭。如果不及时关闭文件会产生以下问题:

①不能及时释放内存空间,占用大量资源。

②只有关闭文件才能断开数据文件与内存缓冲区的联系,也才能保证文件完整地保存到磁盘上。否则容易造成数据丢失。

③在下一次打开这个文件时,会出现"文件已打开"的错误信息,也就会影响程序的运行。

④在删除或修改时会出现错误。

第8章 面向对象程序设计

本章内容提示

本章介绍面向程序设计的基本概念，主要介绍类的创建与使用方法，通过三连棋游戏介绍面向对象程序设计的基本应用。

本章学习目标

理解面向对象的相关概念，重点掌握类的创建和使用方法，通过三连棋游戏案例理解面向对象程序设计的基本思路和实现方法。

8.1 面向对象的基本概念

面向对象程序设计(object oriented programming，OPP)是最有效的软件设计方法之一，面向对象程序设计思想可以使软件设计更加灵活，能够更好地支持代码复用和设计复用，并能使代码具有更好的可读性和可扩展性。面向对象指以属性和行为的观点去分析现实生活中的事物。面向对象编程指先以面向对象的思想进行分析，然后使用面向对象的编程语言进行表达的过程。

8.1.1 对象

现实世界中客观存在的事物称作对象(object)，任何对象都具有各自的特征(属性)和行为(方法)。面向对象程序设计中的对象是现实世界中的客观事物在程序设计中的具体体现。对象的特征用数据来表示，称为属性(property)。对象的行为用程序代码来实现，称为对象的方法(method)。例如，某一辆汽车就是一个对象，品牌、型号等就是该对象的属性，启动、加速、减速、停止等就是该对象的方法。

8.1.2 类

类(class)是具有相同属性和行为的一组对象的集合，它为属于该类的全部对象提供了统一的抽象描述。类是创建对象的模板，而对象是类实例化后的结果。任何对象都是某个类的实例(instance)。

1. 类的属性

通常某类共有的特征被称为该类的属性，具体对象的某个属性的值被称为属性值，可以通过同一属性的不同属性值来区分同一类中不同的对象。

例如，有三辆不同的汽车，这就是实例化的汽车类。这三辆汽车都具备品牌、型号等属性，只是各自的属性值不同而已，此时就可以根据这三辆汽车不同的属性值来描述与区分汽车类，即类拥有一系列属于该类对象共有的特征，而任何一个属于该类的对象对于某指定特征都可以拥有不同的值。

2. 类的方法

每一个类都有能够执行的一些行为或者动作，这些行为或动作被称为类的方法，类的方法类似于第 6 章学过的函数，方法也会接收一些参数，并返回值，因此类的方法也被称为成员函数。例如，汽车类具有增加里程数这一方法，该方法传入一个代表新增里程数的参数，返回修改后的总里程数。

8.1.3　封装

封装（encapsulation）是指把对象的数和操作数据的方法结合在一起，构成独立的单元。它的内部信息对外界是隐蔽的，不允许外界直接存取对象的属性，只能通过使用类提供的外部接口对该对象实施各项操作，保证了程序中数据的安全性。

类是数据封装的工具，对象是封装的实现。类的访问控制机制体现在类的成员中可以有公有成员、私有成员和保护成员。对于外界而言，只需要知道对象所表现的外部行为，而不必了解内部实现细节。

8.1.4　继承

继承（inheritance）反映的是类与类之间抽象级别的不同，根据继承与被继承的关系，可分为基类和衍类，基类也称为父类，衍类也称为子类。正如“继承”这个词的字面含义一样，子类将从父类那里获得所有的属性和方法，并且可以对这些获得的属性和方法加以改造，使之具有自己的特点。

例如，对于电动汽车，它是一种特殊的汽车，因此可以在前面创建的汽车类的基础上创建新类，即电动汽车类，这样只需为电动汽车特有的属性和行为编写代码。

8.1.5　多态

多态（polymorphism）是指同一名字的方法产生了多个不同的动作行为，也就是不同的对象收到相同的参数时产生不同的行为方式。例如，对于前面提到的汽车类和电动汽车类都具有启动这一方法，但是调用这一方法时采用的行为不同。

将多态的概念应用于面向对象程序设计，增强了程序对客观世界的模拟性，使得对象程序具有了更好的可读性，更易于理解，而且显著提高了软件的可复用性和可扩充性。

8.2　类的创建与使用

在 Python 中，使用类可以定义同一种类型的对象。类可以看作广义的数据类型，能够定义复杂数据的特性,包括静态特征(即数据抽象)和动态特征(即行为抽象)。Python 中的类使用变量存储数据域,称为类的属性,通过构造方法来完成类对应的动作或者功能。

8.2.1　类的创建

在 Python 中,使用 class 关键字来定义类,类名必须遵循标准的 Python 变量名命名规则,最后以冒号结尾,类的定义行后为类的内容块,内容块与定义行保持缩进关系,内容块包括类属性及类方法的构造,格式如下:

```
class <类名称>:
    类属性 1
    类属性 2
    ……
    类属性 n
    <方法 1>
    <方法 2>
    ……
    <方法 n>
```

例 8-1　定义前面提到的汽车类。

程序代码:

```
1 class Car:
2     model='Audi A4'   #定义类的属性,并初始化
3     year=2022
4     odeometer=100
5     def increment_odeometer(self, miles):  #增加里程信息
6         self.odeometer+=miles
7         return self.odeometer
```

注意:类的所有方法中第一个形式参数必须是 self,self 参数代表类实例化后的对象本身。

8.2.2　__init__( )方法

__init__( )方法是一个特殊的方法,与其他方法不同的是,在实例化创建类时,该方法会被自动运行,不需要专门调用,是 Python 中的默认方法。为了避免与其他普通方法名称冲突,在该方法的名称中,开头和末尾均为两个下划线。

例 8-2　用__init__()方法创建前面提到的汽车类。

程序代码:

```
1 class Car:
2     def __init__(self,model,year,odeometer):
3         self.model=model     #定义类的属性并初始化
4         self.year=year
5         self.odeometer=odeometer
```

本例中,__init__( )方法定义时包含了 4 个形式参数:self、model、year、odeometer。其中 self 参数必不可少,而且必须在其他参数之前,self 参数是一个代表实例本身的引用。当

Python 自动调用_ _init_ _( )方法来创建 Car 类的实例时,将自动传入实参 self,每个与类相关联的方法调用都会自动传递实参 self,使实例能够访问类中的属性和方法。后续根据 Car 类创建实例时,只需要提供后三个实际参数的值,不需要再给 self 传递值。

在_ _init_ _( )方法中定义的三个变量都以 self 为前缀,目的是使这些变量可供类中所有方法使用,也可以通过类的任何实例访问这些变量。例如,self. year = year 表示获取存储在形参 year 中的值,并将其存储至变量 year 中,于是该变量就能被关联到当前创建的实例中,该变量也被称为属性。

8.2.3 创建类的成员

在类中创建了类的成员后,就可以通过类的实例进行访问。类的成员主要由方法和数据成员组成。

1. 创建类的方法

类的方法其实就是在类中定义的函数,该函数是一种在类的实例化上操作的函数,用来描述该类能够完成的某种特定功能。方法的第一个参数也必须是 self,并且必须包含一个 self 参数。创建实例方法的格式如下:

```
def 方法名(self, 参数列表):
    方法体
```

其中,方法名一般以小写字母开头,遵循 Python 中变量命名规则;参数列表指的是既定参数 self 以外的其他参数,各参数间用逗号“,”分隔;方法体用于描述该方法实现的具体功能。

例 8-3 根据例 8-2 中创建的 Car 类,创建一个实例方法。

程序代码:

```
1 class Car:
2     def __init__(self,model,year,odeometer):
3       self.model=model       #定义类的属性并初始化
4       self.year=year
5       self.odeometer=odeometer
6     def increment_odeometer(self, miles):  #增加里程信息
7       self.odeometer+=miles
8       return self.odeometer
```

本例中的 increment_odeometer( )方法有两个参数,分别是 self 和 miles,后面 miles 用来描述增加的里程信息。

2. 创建数据成员

类中的数据成员即在类中定义的变量,也被称为类的属性,根据其定义的位置可以分为类属性和实例属性。类属性指的是定义在类中,且在 def 定义的函数体之外的属性,该属性可以在类的所有实例之间共享值,即在所有实例化的对象中共用,类属性可以通过类名称或实例名访问。实例属性则是在类的方法中定义的属性,只能作用于当前的实例中,不能被所有实例化对象共用,实例属性只能通过实例名访问。

例 8-4 定义一个汽车类,并在类中定义其类属性,用于记录该类的特征。

程序代码:

```
1  class Car:
2    model='Audi A4'
3    year=2022
4    odeometer=100
5    def__init__(self):
6      print("该汽车的型号", Car.model)
7      print("购买时间是", Car.year)
8      print("总里程数为", Car.odeometer)
```

此时该汽车类定义了三个类属性,分别是 model、year、odeometer,用于记录型号、购买年限及总里程数三个特征,model='Audi A4'表示该汽车类型号属性值为'Audi A4'。

例 8-5　定义一个汽车类,并定义其实例属性,用于记录当前实例中汽车类的属性。

程序代码:

```
1  class Car:
2      def__init__(self):
3          model='Audi A4'
4          year=2022
5          odeometer=100
6          print("该汽车的型号", self.model)
7          print("购买时间是", self.year)
8          print("总里程数为", self.odeometer)
```

对比例 8-4 的代码及例 8-5 的代码可知,类属性可以通过类名访问,而实例属性只能通过实例名访问。在类实例化后,可以通过实例名修改该实例的某一个实例属性,并不会影响其他实例的实例属性。

8.2.4　创建类的实例与应用

类定义好之后,只是有了一个“设计图”,并没有真正的实例对象,需要根据类的“设计图”创建实例,创建类的实例语法如下:

类名(参数)

其中,当创建的类没有创建__init__()方法,或者__init__()方法只有一个 self 参数时,创建类的实例时可以省略参数。

例 8-6　将例 8-3 创建的汽车类进行实例化。

程序代码:

```
1  OneCar=Car('Audi A4',2022,200)  #实例化类
2  print(OneCar)
```

运行后的输出结果为<__main__. Car object at 0x00000259FD1E8400>,表示 OneCar 是 Car 类的实例。

一般在创建类的实例后,会通过访问类的属性、调用类的方法、创建多个实例等来使用类及类的实例。

1. 访问属性

通常用“实例名．属性名”格式的语句来访问类的属性，此时 Python 会根据实例名获取与该实例相关联的属性名，并获取该属性的值。

例 8-7 将例 8-3 创建的汽车类进行实例化，并访问其属性。

程序代码：

```
1  OneCar=Car('Audi A4',2022,200)  #实例化类
2  print(OneCar.year)
```

此处，通过 OneCar=Car()实现对 Car 类的实例化，通过 OneCar. year 来实现对类的属性 year 的访问，并通过 print(OneCar. year)语句输出访问到的该实例关联的 year 属性的值 2022。

2. 调用方法

根据定义好的类创建实例后，也可以使用“实例名．方法名(参数列表)”来调用类中定义的方法。

例 8-8 将例 8-3 创建的汽车类进行实例化，并调用其方法。

程序代码：

```
1  OneCar=Car('Audi A4',2022,200)  #实例化类
2  OneCar.increment_odeometer(100)  #调用类的方法
```

此处，在代码运行到 OneCar. increment_odeometer(100)这一句时，程序会在定义的 Car 类中查找构造好的方法 increment_odeometer，并运行其代码。

3. 创建多个实例

在日常应用中，会出现需要访问不止一个实例的情况，此时可以根据需求创建多个实例。

例 8-9 根据例 8-3 定义的汽车类，创建多个实例。

程序代码：

```
1  OneCar1=Car('Audi A6',2021,150)
2  OneCar1.increment_odeometer(60)
3  OneCar2=Car('Audi A4',2022,200)
4  OneCar2.increment_odeometer(100)
5  OneCar3=Car('Subaru Outback',2020,210)
6  OneCar3.increment_odeometer(50)
```

此代码创建了三个 Car 类的实例，分别为 OneCar1、OneCar2 和 OneCar3，在代码中分别对这三个实例化对象进行访问。

8.3 应用案例

Tic-tac-toe 游戏，即三连棋游戏，两人轮流在印有九格方盘上画“X”或“O”，谁先把三个同一记号排成横线、直线、斜线，即为胜者，如图 8-1 所示。

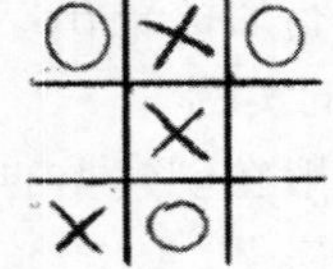

图 8-1 三连棋游戏

在本节中，通过创建一个 Tic-tac-toe 游戏类，使用面向对象的思想来实现游戏的逻辑。

该类包含两个成员：self. player 表示当前玩家编号的整数，self. B 表示棋盘的 3×3 列表，列表中变量取值为 0、1、2 中的一个，0

代表空位,1 代表由 1 号玩家标记的位置,2 代表由 2 号玩家标记的位置。

该类包含五种方法:get_open_spots 返回棋盘上尚未被玩家标记的位置列表。is_valid_move 获取该位置是否允许被玩家标记,如果允许则返回 True,否则返回 False。make_ move 执行当前玩家的标记操作,先调用 is_valid _ move 查看标记是否允许,如果正常,相应地设置棋盘阵列,并切换到对家。check_for_winner 扫描棋盘列表,如果玩家 1 获胜,则返回 1;如果玩家 2 获胜,则返回 2;如果没有剩余的移动,则为平局,返回 0;如果游戏继续,则返回 -1。print_board 打印棋盘,空位用短线表示, 1 号玩家标记的位置用 X 表示, 2 号玩家标记的位置用 O 表示。实现的代码如下:

例 8-10　定义 Tic-tac-toe 游戏类。

程序代码:

```
1   class Tic_tac_toe:
2     def __init__(self):
3       self.B=[[0,0,0],[0,0,0],[0,0,0]]
4       self.player=1
5     def get_open_spots(self):
6       res=[]
7       for r in range(3):
8         for c in range(3):
9           if self.B[r][c]==0:
10            res.append([r,c])
11      return res
12    def is_valid_move(self,r,c):
13      if 0<=r<=2 and 0<=c<=2 and self.B[r][c]==0:
14        return True
15      return False
16    def make_move(self,r,c):
17      if self.is_valid_move(r,c):
18        self.B[r][c]=self.player
19        self.player=(self.player+2)%2+1
20    def check_for_winner(self):
21      for c in range(3):
22        if self.B[0][c]==self.B[1][c]==self.B[2][c]!=0:
23          return self.B[0][c]
24      for r in range(3):
25        if self.B[r][0]==self.B[r][1]==self.B[r][2]!=0:
26          return self.B[r][0]
27        if self.B[0][0]==self.B[1][1]==self.B[2][2]!=0:
28          return self.B[0][0]
29        if self.B[2][0]==self.B[1][1]==self.B[0][2]!=0:
30          return self.B[2][0]
31        if self.get_open_spots()==[]:
32          return 0
33      return -1
```

```
34    def print_board(self):
35      chars=['-','X','O']
36      for r in range(3):
37        for c in range(3):
38          print(chars[self.B[r][c]], end='')
39      print()
```

使用 Tic-tac-toe 类实例化一个游戏，完成一个由玩家 1 和玩家 2 轮流落子的井字棋游戏，并在最后打印出获胜或平局信息。

例 8-11 使用 Tic-tac-toe 游戏类。

程序代码：

```
1   game=Tic_tac_toe()
2   while game.check_for_winner()==-1:
3       game.print_board()
4       r,c=eval(input('Enter spot, player '+str(game.player)+': '))
5       game.make_move(r,c)
6       game.print_board()
7   x=game.check_for_winner()
8   if x==0:
9       print("It's a draw.")
10  else:
11      print('Player', x, 'wins! ')
```

一轮游戏的运行结果如图 8-1 所示。

```
---
---
---
Enter spot, player 1: 1,1
---
-X-
---
Enter spot, player 2: 0,0
O--
-X-
---
Enter spot, player 1: 2,0
O--
-X-
X--
Enter spot, player 2: 1,0
O--
OX-
X--
Enter spot, player 1: 0,2
O-X
OX-
X--
Player 1 wins!
```

图 8-1　运行结果

本章小结

本章介绍对象、类、封装、继承和多态等面向程序设计的基本概念，以汽车类为例介绍类的创建与使用方法，以三连棋游戏案例简要说明面向对象程序设计的基本应用。

习　　题

简答题

1. 描述类和对象的含义以及两者之间的关系。
2. 举例说明面向对象中继承的含义以及继承的优点。
3. 举例说明面向对象中多态的含义以及多态的优点。
4. 将身边的一个事物抽象出一个类，比如老师、学生、桌子、椅子或任意物品。设计类的基本属性、基本方法，并通过类创建出几个不同的对象。
5. 在给出的汽车类的基础上，添加修改、打印里程数值的方法。在修改里程数值时，添加一些逻辑，禁止任何人将里程数值回调。

实验指导

一、实验目的

本实验要求理解面向对象程序设计的基本思想，熟练掌握类的创建和使用方法。能够用面向对象的思想进行程序设计。本章设置验证性实验内容，要求掌握类的编程方法和代码调试。

二、实验任务

(1)上机调试和验证本章中的案例程序。

(2)完成习题中编程题目的代码编写，进行调试和结果验证。

三、实验过程与步骤

(1)验证教学视频(PPT)中的例题，并保存程序。

(2)根据 8.2 节内容，完成对汽车类的创建和使用。

(3)根据 8.3 节内容，使用面向对象的思想来实现三连棋游戏，理解面向对象程序设计的基本思想。

第9章

Python应用程序设计

本章内容提示

本章主要内容涉及Python在数据分析、图像处理和人工智能等方面的基本应用,以案例方式介绍Python应用问题的基础知识、实现技术和编程实现方法,使读者理解Python程序设计在实际问题中的应用方法。

本章学习目标

首先要了解相关问题基础知识,其次理解涉及的Python库及函数的功能,最后理解编程实现的思路和实现方法。通过案例学习,理解Python在应用中求解问题的方法,提升和拓展应用Python程序解决实际应用问题的能力。

9.1 Python数据分析

在信息社会,能够被记录和分析的数据无处不在,数据本身没有直接明确的价值,只有经过有效的数据分析,隐藏在大量数据背后富含价值的信息才能够得以展示,借助这些有价值的信息辅助人们做出正确决策,将会带来巨大的价值回报。Python能够帮助人们快速分析数据,提供基于数据的决策支持。

大数据时代背景下,大量纷繁复杂的数据和信息充斥着社会各个领域,数据分析可以更加准确快捷地从大量数据中挖掘有价值的信息。数据分析应用已经渗透到人们生活和生产的各个领域,各行各业对数据分析要求越来越高,需求也越来越多,数据分析的作用越来越重要。

9.1.1 数据分析的基础知识

1. 数据分析的相关概念

(1)数据。指对客观事件进行记录并可以鉴别的符号,是对客观事物的性质、状态以及相互关系等进行记载的物理符号或这些物理符号的组合。在计算机科学中,数据是所有能输入计算机并被计算机程序处理的符号介质的总称,是用于输入电子计算机进行处理,具有一定意义的数字、字母、符号和模拟量等的通称。

(2)大数据。指不能够集中存储,并且难以在可接受时间内进行分析处理,其中个体或部分数据呈现低价值性而数据整体呈现高价值的海量复杂数据集。区分大数据和传统数据的关键因素是数据量,传统数据集数据量一般仅仅达到 GB 级,而大数据的数据量则已经达到 PB、EB 甚至 ZB 级。大数据的产生速率是极快的,大数据对处理速度的要求更高。

(3)数据分析。指用适当的统计分析方法,对收集来的大量数据进行分析,把隐藏在大量看起来杂乱无章的数据中的信息集中和提炼出来,从而找出所研究对象的内在规律。在实际应用中,数据分析可以帮助人们做出判断,以便采取适当的行动。

2. 数据处理与分析的基本流程

数据处理与分析的主要作用是辅助决策,通常包括六个基本流程,分别为数据分析目标的确立、数据获取、数据预处理、数据分析、结果可视化及应用和撰写分析报告,如图 9-1 所示。

图 9-1　数据处理与分析的基本流程

(1)数据分析目标的确立。

在开始数据分析之前,首先应当弄清楚为什么要做数据分析,需要用到哪些数据来进行分析,需要得到什么样的信息反馈,需要通过分析结果解决什么问题等,也就是要明确数据分析的目标,确立数据分析思路,找准数据分析的角度,选择合适的数据分析方法。

(2)数据获取。确立数据分析的目标后,需要面对的问题是,如何才能准确有效地获取数据,从而实现客观全面反映所研究问题的状况。实际工作中数据的来源有多种,包括数据库、公开出版物、统计工具、市场调查、实验数据等。

(3)数据预处理。获取数据之后,要对数据进行预处理,因为人们获取到的数据有可能是杂乱无章、残缺不全的,此时就需要通过预处理把它变得规范,使数据能满足数据分析的基本要求,避免不满足条件的垃圾数据影响数据分析的结果。

(4)数据分析。数据预处理结束后,就要应用数据分析方法,借助常用数据分析工具对数据进行分析。本书中介绍的 Python 就是常用的数据分析工具。

(5)结果可视化及分析。完成数据分析后,如果给出的是通篇文字或者数据的分析结果,并不利于从结果中得到想要的、有意义的信息。图表可以将文字中或者表格中的数据以图形的形式表现出来,使数据更加可视化和形象化,以便用户观察数据的宏观走势和规律。

(6)撰写分析报告。数据分析完成后,应根据数据分析原理与方法,运用数据来反映、研究和分析某项事物的现状、问题、原因、本质与规律,并得出结论,提出解决方法。数据分析报告通过对事物数据全方位地科学分析来评估环境及发展情况,为决策者提供科学严谨的依据。

3. 用 Python 进行数据分析的优点

Python 自 1991 年诞生以来,发展十分迅速,现已成为最受欢迎的动态编程语言之一。Python 最大的特点是拥有一个巨大而活跃的科学计算(scientific computing)社区。进入 21 世纪以来,在行业应用和学术研究中采用 Python 进行科学计算的势头越来越猛。

(1)Python 自身的优势。Python 简单、易学、可读性强,并且还拥有非常多优秀的、不断改良的、免费开源的第三方库可用于数据分析。对于像 Pandas、Numpy 和 Matplotlib 这样以数据为中心的库,任何懂 Python 语法规则的人都可以操作部署。

此外，作为一个科学计算平台，Python 的成功部分源于其能够轻松地集成 C、C++以及 Fortran 代码。大部分现代计算环境都利用了一些 Fortran 和 C 库来实现线性代数、优选、积分、快速傅里叶变换以及其他类似的算法。许多企业和国家实验室也利用 Python 来“粘合”那些已经用了 30 多年的遗留软件系统。

（2）Python 与其他数据分析工具的对比。

① Python 处理 Excel 表格时，是通过调用模块处理这些数据并生成报表的。相比 Excel，Python 能够处理更大的数据集，能够更容易地实现自动化分析，能够比较容易地建立复杂的机器学习模型。

②SPSS 只适合在科学研究领域做实验数据的分析，并不适合做偏向实际应用场景的数据分析，而 Python 能够处理复杂的数据逻辑。

③相比 R 语言，Python 中大部分的机器学习方法都集中在 Sklearn 这一个库中，而 R 语言中的机器学习方法较为分散，因此很难掌握。

④相比上述的几个工具，Python 在做机器学习、网络爬虫、大数据分析时更加得心应手。目前很多数据科学方面的应用都可以轻松使用 Python 实现，包括数据收集、清洗、整理、可视化、机器学习、人工智能等。结合其在通用编程方面的强大实力，完全可以只使用 Python 这一种语言去构建以数据为中心的应用程序。

4. 开发环境配置

（1）安装基本库。在 Windows 的命令提示符或者是 MAC OS X 的终端利用 pip install 安装数据分析的基本库 Numpy、Matplotlib、Pandas 和 Sklearn。本书前面已经讲过第三方库的安装，在此不再赘述。有的库安装时间比较长，需耐心等待。安装完毕后，会显示是否成功。若还不放心，可以打开 Python 自带的编辑器，import 导入第三方库，如果不报错，就说明安装成功。

因为上述的库都是开源的，所以能够将它们集结在一个大包中，这就是所谓集成式的安装包。通过集成式安装包，能够便捷地安装和管理所需数据分析库。其中比较有名的是 Anaconda，网站中分别有 Windows、Mac OS、Linux 三种操作系统的安装包供下载使用。

（2）使用 Jupyter。在学习 Python 时人们经常在交互模式中进行一些操作。但是，Python 默认的交互模式其实很不友好，推荐使用 Jupyter Notebook 作为开发工具。Jupyter Notebook 是一种基于浏览器的交互环境。

在 Windows 的命令提示符或者是 Mac OS 的终端中输入 jupyter notebook，就可以启动 Jupyter Notebook，如图 9-2 所示。

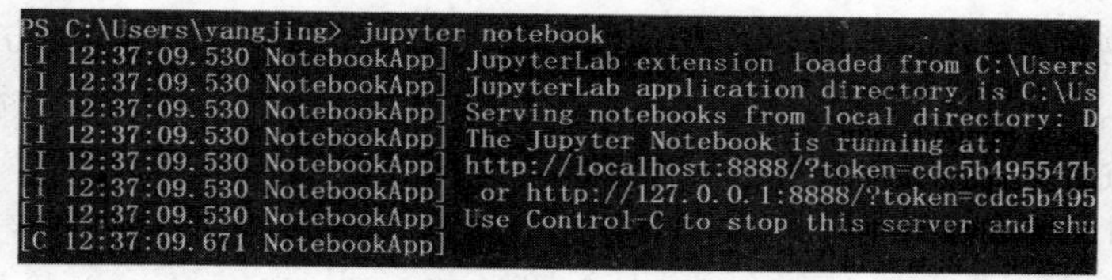

图 9-2　启动 Jupyter Notebook

执行上述命令后会自动打开默认浏览器，显示如图 9-3 所示的界面。

单击图 9-3 所示界面中的 New 下拉按钮，在下拉菜单中选择 Python 3，此时会创建一个新的标签，这就是工作界面。

图 9 - 3　Jupyter Notebook 界面

关于 Jupyter 的一些使用技巧不是本章的重点，建议上网查找资料了解。

在 Jupyter Notebook 中操作时，最终可以将当前页面上的内容保存为扩展名为 . ipynb 的文件，也可以将其他这种文件导入当前的 Jupyter Notebook 界面中。

本章的大部分代码示例都会按照其在 Jupyter Notebook 中执行的样子进行排版。例如：

```
In [1]:   Code
Out [1]:  Output
```

9. 1. 2　常用的数据分析库

安装 Python 和 Jupyter Notebook 后，还需要安装常用的数据分析库，包括 Numpy、Matplotlib、Pandas、Scikit-learn。下面简要介绍这些库。

1. Numpy 库

Numpy 是 Python 语言的一个第三方库，被广泛应用于数据分析领域。它实现了多维数组与矩阵的高效运算，还提供了大量的数学函数。用更高、更快、更强来描述 Numpy 并不为过，更高即开发效率高，更快即运行速度快，更强即数据处理方面功能强大。

（1）数组对象基础。ndarray 是 Numpy 的核心功能，其含义为 n-dimensional array，即多维数组，它是 Numpy 的一个重要数据结构。

为了认识数组对象，先要创建一个数组，其类型为 numpy. ndarray。正如 Python 中"万物皆对象"原则，数组也是一个对象，这个对象具有自身的独特之处，具体表现在其属性和方法上。例如：

```
In [1]:    import numpy as np
In [2]:    data=np.array([1,2,3,4,5])
           data
Out [2]:   array([1,2,3,4,5])
In [3]:    type(data)
Out [3]:   numpy.ndarray
```

Numpy 的优势在于科学计算和数值处理。例如，有一个比较大的列表，由很多整数组成，如果要对这些整数进行某种运算，在 Python 中不得不使用循环，而使用 Numpy 则不需要写循环语句，用更直接的运算符号或者函数就能完成对多数值的操作。

（2）简单统计应用。Numpy 中提供了很多函数，犹如一个巨大无比的工具箱，如表 9 - 1 所示。本章只重点介绍几个常用函数，读者可以通过它们了解工具的基本使用方法。在后续的项目实践中，基本的原则还是依靠文档进行搜索，然后从诸多备选项中选择合适的选项。

表 9-1　简单统计函数

函数	说明
np. mean( )	计算平均值
np. val( )	计算方差
np. std( )	计算标准差
np. min np. max( )	计算最小值、最大值
np. ptp( )	计算全距,即最大值和最小值的差
np. percentile( )	计算百分位在统计对象中的值
np. median( )	计算统计对象的中值
np. sum( )	计算统计对象的和

如果通过 random. randint( )函数生成的 0~100 的 100 个随机整数 data,可以利用表 9-1 中给出的简单统计函数对数据进行基本统计。例如:

```
In  [4]:     data=np.random.randint(low=0,high=100,size=100)
In  [5]:     np.mean(data),np.std(data)
Out [5]:     (51.12,27.59865214100138)
```

以上对 data 做了基本统计,从上述操作中不难看出,通过 Numpy 库进行数据操作简单。Numpy 库不仅能够对一维数组的数据进行统计,还能够对多维数组的数据进行统计。

2.Pandas 库

Pandas 在 Numpy 的基础上,优化了数据结构,在数据的存储、读取、分割、转换等方面进行了改进,使得操作更简单。由于 Pandas 在数据结构上具有优势,所以有不少关于数据分析的工具在应用中都依赖它。

Pandas 提供了三种数据对象,分别是 Series、DataFrame 和 Panel。其中,Series 用于保存一维数据,DataFrame 用于保存二维数据,Panel 用于保存三维或者可变维度的数据。在通常的数据分析中,经常使用 Series 和 DataFrame 这两种类型的数据,本节重点介绍这两种类型。

(1)Series 对象。在 Numpy 中,可以创建一个一维数组,并且该数组的每个元素都对应着从 0 开始编号的索引。例如,2016 年我国城市 GDP 前 8 名的数组,可以使用以下方式调用:

```
In [1]:     g = np.array([27466.15,24899.3,19610.9,19492.4,17885.39,17558.76,
            15475.09,12170.2])
```

若要从这组数据中找出上海的 GDP 数值,可以用 g[0],上海 GDP 排第一,比较醒目;要找苏州的 GDP 数值,虽然 g[6]对应着苏州的 GDP 数值,但是人们通常并不清楚,从数据结构的角度来看,数组的索引缺乏明确的意义。Pandas 中的 Series 对象解决了索引意义不明确的问题,如下所示,在原来数组 g 的基础上创建一个 Series 对象。

```
In  [2]:    import pandas as pd
In  [3]:    gdp=pd.Series(g,index=['shanghai','beijing','guangzhou','shenzhen',
            'tianjin','chongqing','suzhou','chengdu'])
            gdp
```

```
Out [3]:    shanghai     27466.15
            beijing      24899.30
            guangzhou    19610.90
            shenzhen     19492.40
            tianjin      17885.39
            chongqing    17558.76
            suzhou       15475.09
            chengdu      12170.20
            dtype: float64
```

在 In[3]中创建了 Series 对象，从 Out[3]的输出结果中可以看出，Series 对象有别于 Numpy 的 Ndarray 对象，它所显示的内容不仅包括元素，也包括索引，并且索引还可以有意义。对于每个 Series 象，都有 index 和 values 两个基本属性，可以分别获得标签索引和元素。

(2) DataFrame 对象。在 Pandas 中，Series 对象用于存储一维数据，DataFrame 专门用于存储二维数据。二维数据类似于电子表格中的数据。在 Pandas 中，通过实例化 pd. DataFrame( ) 创建 DataFrame 对象。这种方法跟创建 Series 对象类似，而且参数列表中也有很多相似之处。例如：

```
In [4]:    gp = pd.DataFrame([[27466.15,2419.70],[24899.30,2172.90],[19610.90,
           1350.11],[19492.60,1137.87],[17885.39,1562.12],[17558.76,3016.55],
           [15475.09,1375.00],[12170.20,1591.76]])
           gp.index = [ 'SHANGHAI','BEIJING','GUANGZHOU','SHENZHEN','TIANJIN',
                     'CHONGQING','SUZHOU','CHENGDU']
           gp.columns = ['GDP','Population']
           gp
```

Out [4]:

	GDP	Population
SHANGHAI	27466.15	2419.70
BEIJING	24899.30	2172.90
GUANGZHOU	19610.90	1350.11
SHENZHEN	19492.60	1137.87
TIANJIN	17885.39	1562.12
CHONGQING	17558.76	3016.55
SUZHOU	15475.09	1375.00
CHENGDU	12170.20	1591.76

3. Matplotlib 数据可视化库

数据可视化是数据分析中比较庞大的一个门类，所使用的工具也比较多，例如本节介绍的 Matplotlib 就是一个很流行的可视化工具。本节内容以 Matplotlib 这个应用广泛的工具为例，向读者介绍基本的、常用的数据可视化方法。读者掌握本章所述内容之后，可以将此能力较容易地迁移到其他工具中。

(1) 执行程序绘图。编写一段程序并且使用 Matplotlib 绘图，如同使用其他第三方库一样，用 import 引入即可，然后按照已经熟悉的执行 Python 程序的方法执行此程序。如下所示是一个绘制正弦和余弦函数曲线的小程序：

```
1    import numpy as np
2    import matplotlib.pyplot as plt
3    x=np.linspace(0,2*np.pi,100)
4    y1=np.sin(x)
5    y2=np.cos(x)
6    plt.plot(x,y1)
7    plt.plot(x,y2)
8    plt.show()
```

第 2 行是常用的引入方式，matplotlib. pyplot 是 Matplotlib 中最常用的模块，它提供了类似 MATLAB 的接口。第 3 行创建了自变量，作为横坐标；然后用正弦和余弦函数分别计算因变量 y1 与 y2，作为纵坐标，即可得到横、纵坐标数据，有了(x,y)的值就可以在坐标系中描点绘制曲线了。第 6 行和第 7 行分别依据(x,y1)和(x,y2)绘制相应曲线，但仅仅至此还不能显示图形。第 8 行的作用就是将第 6 行和第 7 行所绘制的图显示出来。一个程序文件只需要有一个 plt. show()，不论绘制了哪一个图，都会显示出来。

(2)在 Jupyter 中绘图。Jupyter 是一种交互操作模式。如果在这种模式中实现绘图，需要执行启用 Matplotlib 的操作。例如：

```
In [1]:    %matplotlib
```

In[1]使用了魔法命令“%matplotlib”，当得到上述反馈之后，意味着在此交互模式中也可以使用 Matplotlib。

所有的函数曲线都要绘制在坐标系内。在 Matplotlib 中，用 Axes 容器来描述数学中的坐标系。Axes 中包含了坐标系中各个轴的刻度线、刻度值，以及坐标网格、坐标轴标题等，这些都可以看作 Axes 容器里面的对象。例如：

```
In  [2]:    import numpy as np
            import pandas as pd
            import matplotlib.pyplot as plt
            x=np.arange(0.0,5.0,0.02)
            y=np.exp(-x)*np.cos(2*np.pi*x)
            plt.plot(x,y)
            plt.grid(color='gray')
```

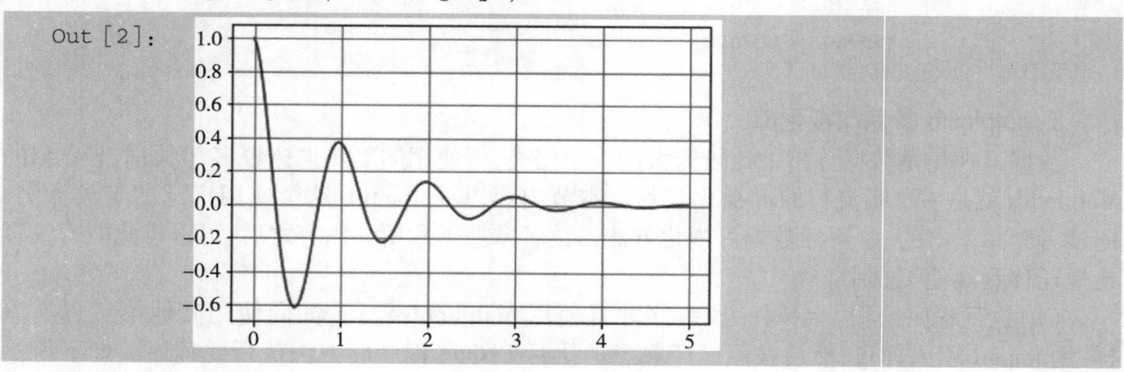

(3)面向对象绘图。虽然使用 plot( )函数能够画出各种函数曲线,用 scatter( )能够画出散点图,但常用的统计图还有很多其他样式。例如,在微软的 Excel 中,提供了很多绘制常用统计图的模板。与之相比,Matplotlib 的优势在于面对大量数据时,使用它所定义的函数就如同用 Excel 绘制统计图那样便捷,只不过 Matplotlib 是用代码实现的。用代码实现,也就意味着定制性更强。

在 Matplotlib 中绘制出来的都是 Artist 对象。Artist 对象的职责就是要绘制各种对象,它所能绘制的对象有两类,一类是基本元素(primitives)类,比如 Text、Line2D、Rectangle 等;另一类是容器(container)类,比如 Figure、Axes、Axis,这种对象可以再包含 Artis 的其他多个基本元素类型。

一般的绘图步骤都是首先创建 Figure 对象,它类似于一张画布,可以在这张画布上绘制其他对象。例如:

```
In [1]:      %matplotlib auto
In [2]:      fig=plt.figure()
```

执行此语句之后,在新建的窗口中将看到一个空白的画布,这就是 Figure 对象。这个对象也可以通过实例化 plt. figure( )来完成,通常习惯使用函数 plt. figure( )。plt. figure( )所创建的画布对象都使用了默认值,还可以向此函数的参数提供一些数值,创建一张符合某种规范的画布,如图 9-4 所示。

图 9-4　空白画布

按照面向对象的思路,接下来就要使用变量 fig 所引用的 Figure 对象的方法,实现在画布上画图的操作。执行后处于激活状态的是画布窗口,现在要切换到 Jupyter,但画布的图像窗口不要关闭。

```
In [3]:ax=fig.add_axes([0.1,0.1,0.8,0.8])
```

add_axes( )是 Figure 实例对象的一个方法。切换到图像窗口,可以看到如图 9-5 所示的效果。执行 fig. add_axes( )方法的结果是在画布上创建了一个 Axes 对象,它也是一个 Artist 的对象,与 Figure 对象类似,都是"容器",即 Axes 对象可以包含其他对象。

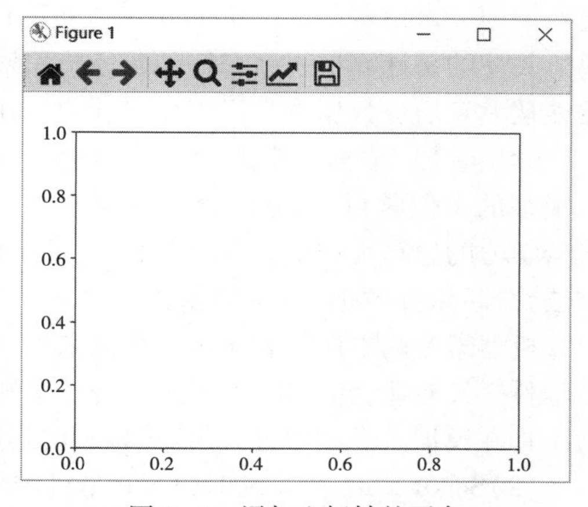

图 9-5　添加坐标轴的画布

还是按照面向对象的思路,调用变量 ax 所引用的 Axes 对象的方法。

```
In [4]:      x=np.linspace(0,2*np.pi,100)
             ax.plot(x,np.sin(x))
```

plot()是 Axes 对象的方法之一,它可以根据数据在 Axes 对象上绘图。切换到图像窗口,则可看到绘制的正弦曲线,如图 9-6 所示。

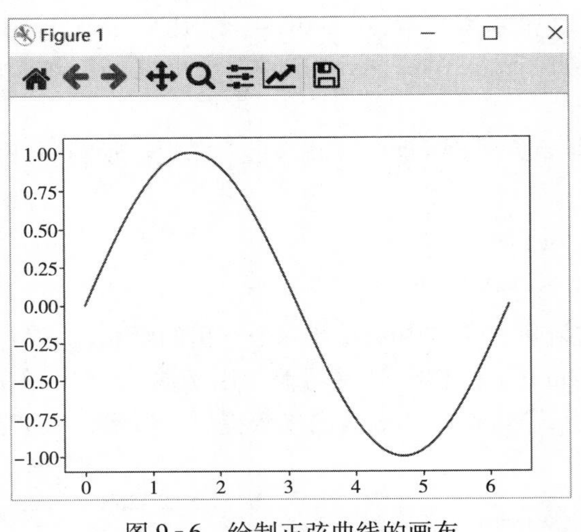

图 9-6　绘制正弦曲线的画布

最后,还可以调用 Fig 对象的一个方法,实现将图 9-6 所示的内容保存到磁盘中的要求。

```
In [5]:      fig.savefig("sine.png")
```

以上是按照面向对象的思想,使用 Matplotlib 绘制图像的基本流程。

4. 机器学习库

(1)机器学习概述。机器学习属于人工智能(artificial intelligence)研究与应用的一个分支。汤姆·米切尔(Tom Mitchell)在 1997 年出版的《机器学习》一书中指出,机器学习这门学科所关注的是计算机程序如何随着经验积累,自动提高性能。机器学习就是通过算法,使得机器能从大量历史数据中学习规律,从而对新的样本做智能识别或对未来做预测。

学生参加考试时,考试的题目在学生进考场前未必做过,但是学生在考试之前通常都会练习很多的类似题目,如果学会了解题方法,那么,在考场上面对陌生问题时也可以解出答案。机器学习的思路也类似,可以利用一些训练数据(已经做过的题),使机器能够利用它们(解题方法)分析未知数据(考场的题目)。

机器学习的本质是基于过去预测未来,其核心要素是数据、算法和模型。机器学习是一门多学科交叉专业,涵盖概率论知识、统计学知识、近似理论知识和复杂算法知识,可将计算机作为工具并模拟人类学习方式,并将现有内容进行知识结构划分来有效提高学习效率。

(2)Scikit-learn 库。Scikit-learn 是机器学习的核心程序库,依托于上述几种工具包,封装了大量经典以及最新的机器学习模型。该项目最早由 David Cournapeau 在 2007 年 Google 夏季代码节中提出并启动,后来作为 Matthieu Brucher 博士工作的一部分得以延续和完善。现在已经是相对成熟的机器学习开源项目。近 10 年来,有超过 20 位计算机专家参与其代码的更新和维护工作。作为一款用于机器学习和实践的 Python 第三方开源程序库，无论是其出色的接口设计，还是高效的学习能力，Scikit-learn 无疑是成功的。

Scikit-learn 包含众多顶级机器学习算法，它主要有六大类基本功能，分别是分类、回归、聚类、数据降维、模型选择和数据预处理。Scikit-learn 拥有非常活跃的用户社区，另外还提供了详细的英文版使用文档，是值得参考的辅助学习材料。

9.1.3　数据分析案例

下面以航空公司客户价值分析为例进行讲解。

1. 背景介绍

信息时代的到来使得企业的营销焦点从产品中心转为客户中心，为实现企业利润最大化的目标，准确地对客户进行分类，根据分类结果制订个性化服务方案，优化企业营销资源分配方案。在航空营销行业中，各个航空公司通过推出更优惠的营销方式来吸引更多的客户，而通过建立合理的客户价值评估模型，对客户进行分群，分析比较不同群体的客户价值，并制订相应的营销策略。

本案例基于以上问题对收集到的某航空公司 2012—2014 年的会员档案信息和其乘坐航班的记录进行分析，根据这些数据实现以下目标：

（1）借助航空公司客户数据，对客户进行分类。

（2）对不同的客户类别进行特征分析，比较不同类客户的客户价值。

（3）对不同价值的客户类别提供个性化服务，制订相应的营销策略。

2. 基本流程

本案例的目标是客户价值识别，即对客户进行分类。识别客户价值最广泛的模型是通过 RFM 指标（recency、frequency、monetary，最近消费时间间隔、消费频率、消费金额）来对客户进行细分，识别出高价值的客户。

基于航空机票价格的多变性，同样消费金额的不同旅客对航空公司的价值是不同的。例如，一位购买长航线、低等级舱位票的旅客与一位购买短航线、高等级舱位票的旅客相比，自然是后者对于航空公司而言价值更高。因此，在本案例中，将消费金额指标使用“客户在一定时间内累积的飞行里程 M”和“客户在一定时间内乘坐舱位所对应的折扣系数的平均值 C”来代替。由于航空公司会员入会时间的长短在一定程度上能够影响客户价值，因此在模型中增加“客户关系长度 L”这一个指标。

本案例将客户关系长度 L、消费时间间隔 R、消费频率 F、飞行里程 M 和折扣系数的平均值 C 五个指标作为航空公司识别客户价值的指标，记为 LRFMC 模型。

选取 K-Means 聚类算法来识别客户价值。通过对航空公司客户价值的 LRFMC 模型的五个指标进行 K-Means 聚类，识别出最有价值客户。

对应 9.1.2 节提到的数据分析基本流程，本案例的基本流程包括以下步骤：

（1）从航空公司系统内获取客户基本信息、乘机信息以及积分信息等详细数据。

（2）对获取的数据进行数据探索分析与预处理，包括数据清洗、属性规约和变换等。

（3）利用形成的、处理后的建模数据，基于 LRFMC 模型，对客户进行聚类分群，对每个客户群进行特征分析，识别出有价值的客户。

（4）针对模型结果得到不同价值的客户，采用不同的营销手段，提供定制化服务。

3. 实验操作

(1)数据集介绍。针对航空公司系统内的客户基本信息、乘机信息以及积分信息等详细数据,选取 2012 年 4 月 1 日至 2014 年 3 月 31 日两年的时间段作为分析观测窗口,抽取有乘机记录的所有客户的详细数据形成数据集,总共 62988 条记录。其中包含了会员卡号、入会时间、性别、年龄、会员卡级别、工作地所在城市、工作地所在省份、工作地所在国家、观测窗口结束时间、观测窗口乘机积分、飞行里程、飞行次数、飞行时间、乘机时间间隔和平均折扣率等 44 个属性。表 9-2 列出了部分属性及其说明。

表 9-2 客户数据属性及说明

属性名称		说明
客户基本信息	MEMBER_NO	会员卡号
	FFP_DATE	入会时间
	FIRST_FLIGHT_DATE	第一次飞行日期
	GENDER	性别
	FFP_TIER	会员卡级别
	WORK_CITY	工作地城市
	WORK_PROVINCE	工作地省份
	WORK_COUNTRY	工作地国家
	AGE	年龄
乘机信息	FLIGHT_COUNT	飞行次数
	LOAD_TIME	统计结束时间
	LAST_TO_END	最后一次乘机至统计结束时长
	AVG_DISCOUNT	平均折扣率
	SUM_YP	票价收入
	SEG_KM_SUM	总飞行里程
	LAST_FLIGHT_DATE	末次飞行日期
	AVG_INTERVAL	平均乘机时间间隔
	MAX_INTERVAL	最大乘机时间间隔
积分信息	EXCHANGE_COUNT	积分兑换次数
	EP_SUM	总精英积分
	PROMOPTIVE_SUM	总促销积分
	BP_SUM	总基本积分

(2)数据探索与预处理。

①数据探索:对于原始数据,需要进行探索分析,即对数据进行缺失值分析和异常分析。

通过观察原始数据发现存在部分票价属性为空,或票价为 0、折扣率最为 0、总飞行里程却大于 0 的记录。票价为空值的数据可能是客户不存在乘机记录造成的,而其他的数据是客户乘坐 0 折机票或者积分兑换产生的。

首先,查找每列属性观测值中空值个数、最大值、最小值等。代码如下:

```
1    import pandas as pd
2    datafile='./flight/air_data.csv'     #航空原始数据,第一行为属性标签
3    resultfile='./flight/explore.csv'     #数据探索结果表
4    data=pd.read_csv(datafile,encoding='utf-8')     #读取原始数据,指定 utf-8 编码
5    explore=data.describe(percentiles=[],include='all')     #数据的基本描述
6    explore['null']=len(data)-explore['count']     #计算空值数
7    explore=explore[['null','max','min']]
8    explore.columns=[u'空值数',u'最大值',u'最小值']     #表头重命名
9    explore.to_csv(resultfile)     #导出结果
```

根据上面的代码得到的探索结果如图 9－7 所示。

	空值数	最大值	最小值
MEMBER_NO	0	62988	1
FFP_DATE	0		
FIRST_FLIGHT_DATE	0		
GENDER	3		
FFP_TIER	0	6	4
WORK_CITY	2269		
WORK_PROVINCE	3248		
WORK_COUNTRY	26		
AGE	420	110	6
LOAD_TIME	0		
FLIGHT_COUNT	0	213	2
BP_SUM	0	505308	0
EP_SUM_YR_1	0	0	0
EP_SUM_YR_2	0	74460	0
SUM_YR_1	551	239560	0
SUM_YR_2	138	234188	0
SEG_KM_SUM	0	580717	368
WEIGHTED_SEG_KM	0	558440.1	0
LAST_FLIGHT_DATE	0		
AVG_FLIGHT_COUNT	0	26.625	0.25
AVG_BP_SUM	0	63163.5	0

图 9－7　数据探索结果

②数据清洗:通过数据探索分析,发现数据中确实存在缺失值,但这部分数据所占比例较小,对结果影响不大,因此对其进行丢弃处理,也称作数据清洗。具体的处理方法如下:

- 丢弃票价为空的记录。
- 丢弃票价为 0、折扣率为 0、总飞行里程大于 0 的记录。

使用 Pandas 对满足清洗条件的数据进行丢弃,添加代码如下:

```
1    datafile='./flight/air_data.csv'     #航空原始数据,第一行为属性标签
2    cleanedfile='./flight/data_cleaned.csv'     #数据清洗后保存的文件
3    data=pd.read_csv(datafile,encoding='utf-8')     #读取原始数据
4    #去除票价为空的记录
5    data=data.loc[data['SUM_YR_1'].notnull() & data['SUM_YR_2'].notnull(),:]
6    #只保留票价非零的,或者平均折扣率与总飞行里程同时为 0 的记录。
7    index1=data['SUM_YR_1'] !=0
8    index2=data['SUM_YR_2'] !=0
9    index3=(data['SEG_KM_SUM']==0) &(data['AVG_DISCOUNT']==0)
10   data=data[index1 |index2 |index3]
11   data.to_csv(cleanedfile) #导出结果
```

对于处理后的数据,可以打开“./ fight/ data_cleaned. csv”文件查看,如图 9－8 所示,此时

已将满足清洗条件的数据丢弃。

	MEMBER_NO	FFP_DATE	FIRST_FLIGHT_DATE	GENDER	FFP_TIER	WORK_CITY	WORK_PROVINCE
0	54993	2006/11/02	2008/12/24	男	6	.	北京
1	28065	2007/02/19	2007/08/03	男	6		北京
2	55106	2007/02/01	2007/08/30	男	6	.	北京
3	21189	2008/08/22	2008/08/23	男	5	Los Angeles	CA
4	39546	2009/04/10	2009/04/15	男	6	贵阳	贵州
5	56972	2008/02/10	2009/09/29	男	6	广州	广东
6	44924	2006/03/22	2006/03/29	男	6	乌鲁木齐市	新疆
7	22631	2010/04/09	2010/04/09	女	6	温州市	浙江
8	32197	2011/06/07	2011/07/01	男	5	DRANCY	
9	31645	2010/07/05	2010/07/05	女	6	温州	浙江
10	58877	2010/11/18	2010/11/20	女	6	PARIS	PARIS

图 9-8　数据清洗结果

③属性规约:原始数据中属性太多,根据航空公司客户价值 LRFMC 模型,只需选择与 LRMFC 指标相关的属性:入会时间(FFP_DATE)、结束时间(LOAD_TIME)、飞行次数(FLIGHT_COUNT)、平均折扣率(AVG_DISCOUNT)、总飞行里程(SEG_KM_SUM)、最后一次乘机时间至统计结束时长(LAST_TO_END)。删除与其不相干、弱相关或冗余的属性。添加代码如下:

```
1    outfile='./flight/data_stipu.csv'
2    df=data[['FFP_DATE','LOAD_TIME','AVG_DISCOUNT','FLIGHT_COUNT',
3              'SEG_KM_SUM','LAST_TO_END']]
4    df.to_csv(outfile)
```

对于处理后的数据,可以打开文件查看,规约后的数据格式如图 9-9 所示。

Delimiter: ,

		FFP_DATE	LOAD_TIME	avg_discount	FLIGHT_COUNT	SEG_KM_SUM	LAST_TO_END
1	0	2006/11/02	2014/03/31	0.9616390429999999	210	580717	1
2	1	2007/02/19	2014/03/31	1.25231444	140	293678	7
3	2	2007/02/01	2014/03/31	1.254675516	135	283712	11
4	3	2008/08/22	2014/03/31	1.090869565	23	281336	97
5	4	2009/04/10	2014/03/31	0.970657895	152	309928	5
6	5	2008/02/10	2014/03/31	0.967692483	92	294585	79
7	6	2006/03/22	2014/03/31	0.965346535	101	287042	1
8	7	2010/04/09	2014/03/31	0.962070222	73	287230	3
9	8	2011/06/07	2014/03/31	0.828478237	56	321489	6
10	9	2010/07/05	2014/03/31	0.7080101529999999	64	375074	15
11	10	2010/11/18	2014/03/31	0.988658044	43	262013	22
12	11	2004/11/13	2014/03/31	0.95253487	145	271438	6
13	12	2006/11/23	2014/03/31	0.799126984	29	321529	67

图 9-9　属性规约结果

④属性变换:将数据转换成适当的格式。本实验数据依据 LRFMC 五个指标,对原始数据进行提取。具体计算方式如下:

● 会员入会时间距统计结束的月数=统计结束时间-入会时间,即 L=LOAD_TIME-FFP_DATE。

● 客户最近一次乘坐公司飞机距统计结束的月数=最后一次乘机时间至统计结束时长,即 R=LAST_TO_END。

- 客户在统计时间内乘坐公司飞机的次数=飞行次数，即 F=FLIGHT_COUNT。
- 客户在统计时间内在公司累计的飞行里程=总飞行里程，即 M=SEG_KM_SUM。
- 客户在统计时间内折扣系数的平均值=平均折扣率，即 C=AVG_DISCOUNT。

将五个指标数据提取之后，对每个指标数据的分布情况进行分析，可以观察到，指标的取值范围数据差异较大，为了消除数量级数据带来的影响，需要对数据进行标准化处理。

本案例采用标准差来对数据进行标准化处理。添加代码如下：

```
1   datafile='./flight/data_stipu.csv'
2   standrandfile='./flight/data_stand.csv'
3   data =pd.read_csv(datafile)
4   df=data[['LAST_TO_END','FLIGHT_COUNT','SEG_KM_SUM','AVG_DISCOUNT']].
5   copy()
6   df['L']=(pd.to_datetime(data['LOAD_TIME'])
7   pd.to_datetime(data['FFP_DATE'])).dt.days/30     #计算日期差,单位为月
8   df.rename(columns={'LAST_TO_END':'R','FLIGHT_COUNT':'F','SEG_KM_SUM':'M',
9                          'avg_discount':'C'},inplace=True)     #列名重命名
10  from sklearn.preprocessing import StandardScaler
11  df=StandardScaler().fit_transform(df)  #数据标准化
12  df.to_csv(standrandfile)
```

对于处理后的数据，可以打开文件查看，属性变换后的数据格式如图 9-10 所示。

Delimiter: ,

		zR	zF	zM	zC	zL
1	0	-0.9449475407885868	14.034015647111065	26.76115429239847	1.2955401405721854	1.43570739900987
2	1	-0.9118944543575188	9.073212550583236	13.126864309254168	2.868175901696934	1.3071516107202552
3	2	-0.8898590634034735	8.718869472259819	12.653481479840687	2.8809499878103644	1.328381006951568
4	3	-0.4160981578915003	0.7815845178152899	12.540621997331513	1.9947136599809112	0.6584756147634835
5	4	-0.9229121498345415	9.923635938559435	13.89873577001767	1.3443346698852094	0.38603169646163926
6	5	-0.515257417184704	5.671518998678437	13.169946611710321	1.3282909558117115	0.8872813297009631
7	6	-0.9449475407885868	6.3093365396605865	12.811655754569454	1.3155987164388037	1.7010748519012768
8	7	-0.9339298453115641	4.325015301049454	12.82058571362321	1.2978729403957838	-0.04327387177156968
9	8	-0.9174033020960302	3.1202488347498383	14.447880752041476	0.5751026778315904	-0.5433440941091537
10	9	-0.8678236724494283	3.6871977600673045	16.993156581273	-0.07666358421837717	-0.14588262022291354
11	10	-0.8292617382798491	2.198956831108956	11.622783705864858	1.4417205453845863	-0.30628250285949704

图 9-10　属性变换结果

(3)聚类模型构建。根据 LRFMC 模型的五个指标的数据，本案例采用 K-Means 聚类算法对客户进行聚类分群。

K-Means 是一种迭代求解的聚类分析算法，其步骤是：预将数据分为 K 组，随机选取 K 个对象作为初始的聚类中心，然后计算每个对象与各个子聚类中心之间的距离，把每个对象分配给距离它最近的聚类中心；每分配一个样本，聚类的聚类中心会根据聚类中现有的对象被重新计算；这个过程将不断重复直到满足某个终止条件，如没有对象被重新分配给不同的聚类、没有聚类中心再发生变化等。

聚类的个数需要结合具体业务来确定，在本案例中将客户聚成 5 类。K-Means 算法使用 Sklearn 库来实现。添加代码如下：

```
1   from sklearn.cluster import KMeans      #导入 K 均值聚类算法
2   import numpy as np
```

```
3  np.set_printoptions(threshold=np.inf)
4  inputfile='./flight/data_stand.csv'   #待聚类的数据文件
5  k=5                    #需要进行的聚类类别数
6  data=pd.read_csv(inputfile).drop(['Unnamed: 0'],axis=1)   #读取数据
7  kmodel=KMeans(n_clusters=k,n_jobs=4,random_state=123)   #构建模型
8  kmodel.fit(data)    #模型训练
9  print(kmodel.cluster_centers_)    #查看聚类中心
```

运行后得到聚类中心结果，即通过使用聚类算法对客户进行聚类分群的结果，如图 9-11 所示。

```
[[-4.14986422e-01 -1.61112958e-01 -1.60948158e-01 -2.54874700e-01
  -7.00204070e-01]
 [-2.37239657e-03 -2.26797816e-01 -2.31320324e-01  2.19212533e+00
   5.21014939e-02]
 [-3.77205441e-01 -8.69500388e-02 -9.48398131e-02 -1.55877990e-01
   1.16069273e+00]
 [ 1.68609068e+00 -5.73985266e-01 -5.36777166e-01 -1.73560254e-01
  -3.13684075e-01]
 [-7.99383260e-01  2.48320160e+00  2.42472391e+00  3.08630027e-01
   4.83328454e-01]]
```

图 9-11　聚类分群结果

由于 K-Means 聚类算法是随机选择类标号，故重复实验时得到的结果可能与上述结果有些出入。另外，由于算法的精度问题，重复实验得到的聚类中心也略有不同。

(4)模型评价。针对聚类结果，首先使用雷达图使得聚类结果可视化，更加直观地分析各个用户群的特征，再结合业务深入分析每个客户群的客户价值。添加代码如下：

```
1   import matplotlib.pyplot as plt
2   labels=data.columns     #标签
3   k=5      #数据个数
4   plot_data=kmodel.cluster_centers_
5   color=['b','g','r','c','y']     #指定颜色
6   angles=np.linspace(0,2*np.pi,k,endpoint=False)
7   plot_data=np.concatenate((plot_data,plot_data[:,[0]]),axis=1)     #闭合
8   angles=np.concatenate((angles,[angles[0]]))    #闭合
9   fig=plt.figure()
10  ax=fig.add_subplot(111,polar=True)     #polar参数!!
11  for i in range(len(plot_data)):
12      ax.plot(angles,plot_data[i],'o-',color=color[i],label=u'customer'+str
        (i+1),linewidth=2)
13  ax.set_rgrids(np.arange(0.01,3.5,0.5),np.arange(-1,2.5,0.5),fontproperties
    ="SimHei")
14  ax.set_thetagrids(angles*180/np.pi,labels,fontproperties="SimHei")
15  plt.legend(loc=4)
16  plt.show()
```

结果如图 9-12 所示。

特征分析可视化雷达图说明每个客户群都有显著不同的表现特征。针对 LRMFC 模型，

其L、M、F、C指标越大越好，R指标越小越好。本例中定义五个等级的客户类别：重要保持客户、重要发展客户、重要挽留客户、一般客户、低价值客户。其中每种客户类别的具体特征如下：

客户群1，入会时间L、平均折扣率C为最小值，即入会时间短，且折扣率小，为一般客户。客户群4，R值最大，说明较长时间没有乘坐过本公司航班，在乘坐次数F、里程M上值最小，为低价值客户。这些客户的价值较低，可能是在航空公司机票打折促销时，才会乘坐本公司航班。

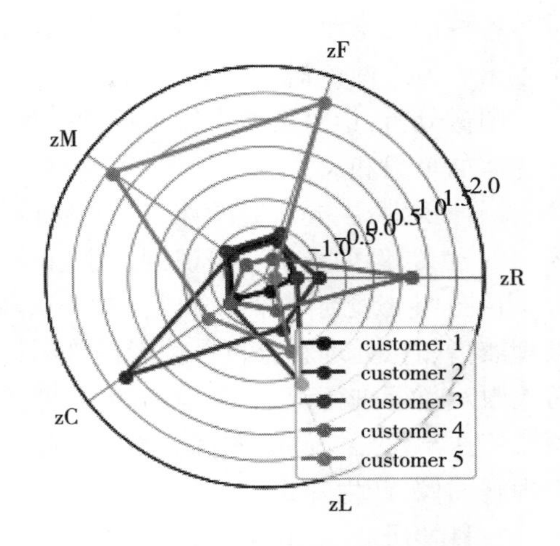

图9-12　聚类结果可视化雷达图

客户群2，在平均折扣率C上值最大，R小，说明最近乘坐过本公司航班，乘坐次数F、里程M为次小值，客户入会时间L值小。可见这类客户最近乘机次数少，但其折扣率较大，乘机次数和里程也偏小，他们是航空公司的潜在价值客户，为重要发展客户。航空公司应努力促使这类客户增加在本公司的乘机消费和在合作伙伴处的消费，提高这类客户的满意度，使他们逐渐成为公司的忠诚客户。

客户群3，在入会时间L属性上值最大，乘坐次数F、里程M为次大值，R大，说明已经较长时间没有乘坐本公司的航班。这类客户过去所乘航班频次较高，他们的客户价值变化的不确定性很高，为重要挽留客户。这些客户衰退的原因各不相同，航空公司应对其采取一定的营销手段，延长客户的生命周期。

客户群5，在乘坐次数F、里程M属性上值最大，平均折扣率C较高，R最小，说明最近乘坐过本公司航班。这些客户对于航空公司来说是高价值客户，相对来说所占的比例也偏小，为重要保持客户。航空公司应该优先将资源对这部分客户投放，提高这类用户的忠诚度与满意度，延长这类客户的高水平消费时间。

9.2　Python图像处理

图像处理是当今计算机科学中的一个热门研究领域，应用非常广泛，发展前景也十分可观。尤其是随着人工智能学科的发展，了解和学习图像处理技术已成为计算机初学者的兴趣和需求。但图像处理实际上是一门理论性很强、门槛较高的学科，要求学者具备一定的数学基础，包括高等数学、线性代数和统计学，除此之外还有信号处理、机器学习等基础知识。本节并不强调图像处理的数学理论、算法的具体步骤，而是作为Python语言工具的一种应用，向图像处理实践感兴趣的读者介绍如何运用Python的第三方库描述和处理图像数据。

9.2.1　数字图像处理的基本概念

1. 图像处理的基本概念

人类是视觉生物，自人类诞生之时就大量地依靠眼睛捕捉周围环境蕴藏的信息，这种偏好也顺理成章地促成了发明各类科学仪器来捕获自然界的画面，这种画面就是图像。常言道，一图胜千言，图像为人类了解客观世界提供了大量的信息。早期的图像处理通过计算机对图像

进行各种加工来改善图像质量,增强人们的视觉效果。后来随着计算机技术的不断深入发展,衍生出了另外两个概念:

图像分析:指对图像中感兴趣的目标进行检测和测量,以获得客观的信息,例如图像中目标物体的个数和尺寸等。

图像识别:主要研究图像中各目标的性质和相互关系,识别出目标对象的类别,从而理解图像的含义,例如光学字符识别、人脸识别等。

从图像处理到图像分析再到图像识别的过程是一个提炼有效信息的过程。本书中的图像处理兼指图像处理和分析。读者或许听过另一个概念,计算机视觉,它是用摄影机和计算机代替人眼对目标进行识别、跟踪和测量,并进一步做图像处理,使计算机处理成为更适合人眼观察或传送给仪器检测的图像。与图像处理相比,计算机视觉更注重从图像的获取、处理、分析中理解图像,产生知识。

在科学研究、工农生产、生物医学、航空航天、军事等领域普遍地应用了图像处理技术。在农业领域,从图像中获取作物的类别、生长和病虫害情况,为作物的研究提供基础数据;在水利领域,通过对采集到的遥感图像进行评估分析,可以做到对一定区域内水害灾情变化的实时检测;国土测绘机构基于 GIS、遥感等技术通过对重点地区、特定目标土地测得的遥感影像及对其他土地利用相关数据进行处理,获取土地利用现状和动态变化信息,为国土综合管理、执法检查、土地利用规划、农田保护等提供服务。图像处理领域和医学的结合产生了医学影像技术,形成了以 X 射线、磁共振成像、超声和核医学为代表的多种医学影像方法。医学影像在疾病诊断中逐渐变得不可或缺,比如计算机对病人的胸部 CT 图像进行处理,识别并标记可疑区域(肺结节,如图 9－13 所示),辅助医生对检测结果做进一步诊断。

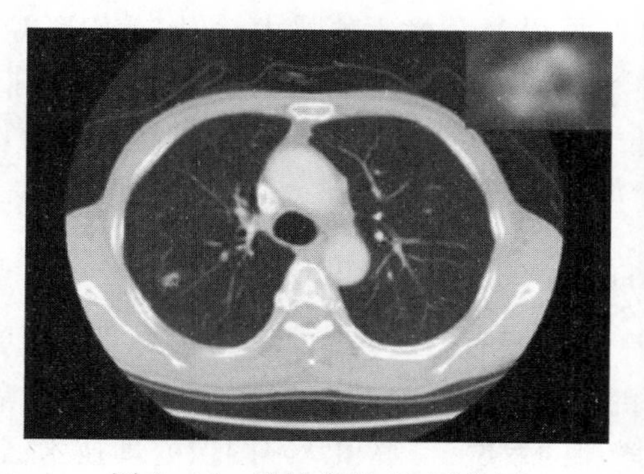

图 9－13　肺结节的 CT 影像图

互联网的发展为数字图像处理提供了更加广泛的应用场景。例如基于数字图像识别的身份验证,可以通过快速比对被检测身份图像与原始身份图像,完成被检测人员的身份验证,该系统应用在门禁、金融支付等领域;还有像抖音、美图软件等品种繁多的滤镜、美化甚至丑化等效果已经集成,并融入了社交媒体中,为人们的生活增添乐趣。光学字符识别(OCR)利用光学技术和计算机技术将打印或者写在纸上的文字读取出来,并转换成计算机可接收、人可以理解的格式,从而实现文字的高速录入。例如,登录网银或者转账汇款时,只需要上传银行卡照片即可自动识别银行卡号并输入系统。

随着计算机技术、人工智能的迅速发展,图像处理技术已然向更高、更深层次和更广泛的领域发展。

2. 数字图像的表示

现在人们所讨论、研究的图像处理几乎都是数字图像。简单地说,数字图像是将真实图像表示为一组能够在计算机中存储和处理的数字。这些数字是由行和列组成的二维矩阵,一幅 M×N 的图像可表示为矩阵,如图 9-14 所示。

$$f(x,y)=\begin{bmatrix} f(0,0) & f(0,1) & \cdots & f(0,N-1) \\ f(1,0) & f(1,1) & \cdots & f(1,N-1) \\ \vdots & \vdots & & \vdots \\ f(M-1,0) & f(M-1,1) & \cdots & f(M-1,N-1) \end{bmatrix}$$

图 9-14　一幅 M×N 的图像矩阵

矩阵中的每一个元素称为图像的像素。每个像素都有它自己的空间位置(x,y)和像素值 f(x,y)。像素值描述了像素的某些特征,如亮度(光照度)或颜色。根据像素代表信息的不同,图像可分为二值图像、灰度图像和彩色图像三类。

在二值图像中,像素只有 0 和 1 两种取值,一般用 0 表示黑色,1 表示白色。

在二值图像中加入介于黑色和白色之间的颜色深度,就形成了灰度图像。若每个像素值由 8 位二进制数组成,共可表示 2^8 即 256 种不同的灰度等级。相比二值图像,灰度图像能够呈现出更多的图像细节。

以上两种图像都只记录了亮度信息,而彩色图像的像素还记录了颜色信息。计算机显示彩色图像时采用最多的是 RGB 颜色模型,RGB 模型将自然界中几乎所有颜色都由红(R)、绿(G)、蓝(B)三种颜色分量组合表示。对于每一种颜色分量,都可以像灰度图像那样使用等级来表示含有这种颜色成分的多少,若采用 8 位二进制数表示一个颜色分量,则每个颜色分量都有 256 个量化等级。RGB 模型下的彩色图像表示如图 9-15 所示。

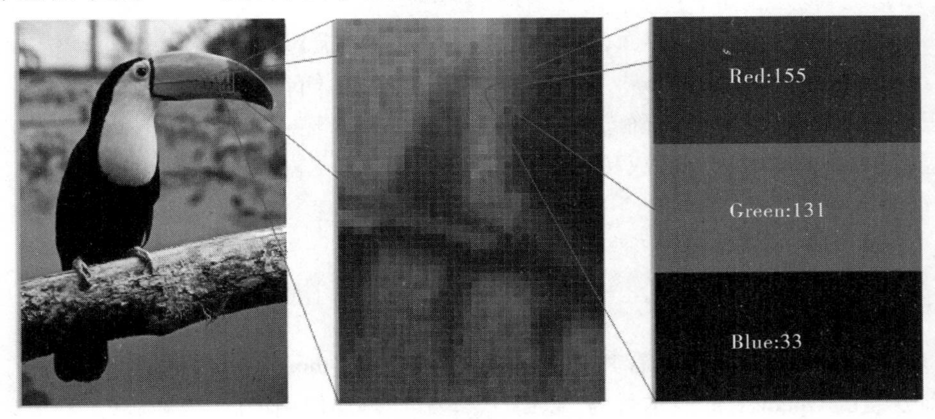

图 9-15　RGB 模型下的彩色图像表示

3. 数字图像的基本属性

图像的基本属性包括图像像素数量、分辨率、深度、大小、亮度、对比度等。

(1)图像像素数量。指图像的高和宽包含的像素数量。

(2)图像分辨率。图像分辨率指图像在单位打印长度上分布的像素的数量,主要用以表示图像信息的密度,它决定了图像的清晰程度。图像分辨率越高,单位面积上的像素点越多,数字图像的清晰度越高。常用的图像分辨率单位是 dpi(dots per inch,每英寸长度内的像素点数)。

(3)图像深度。指像素点的值所使用的二进制位数。例如,在 RGB 颜色模式图像中,若像素点的值可以用 8 位二进制数表示,则可表示的每个颜色(红、绿、蓝)从浅到深有 2^8 即 256 种。图像深度越大,对应的颜色表示越丰富细腻。

(4)图像大小。指存储图像文件所需的存储空间,一般以 MB、KB 为单位。图像占用的字节数=像素数量 × 图像深度/8。

(5)图像亮度。指数字图像中包含色彩的明暗程度,是人眼对物体本身明暗程度的感觉。

(6)图像对比度。图像对比度指图像中不同颜色的对比或者明暗程度的对比。对比度越大,颜色之间的亮度差异越大或者黑白差异越大。例如,提高一幅灰度图像的对比度,会使得图像的黑白差异更明显。当图像的对比度提高到极限,灰度图像就会变成黑白两色图像。

9.2.2 基于 OpenCV 库的图像处理

1. 安装 OpenCV 库

OpenCV 库诞生于 Inter 研究中心,是一个开放源码的计算机视觉库。它采用了 C/C++语言编写,运行速度快。它可以运行在 Linux、Windows、Mac 等操作系统上,还提供了 Python、Ruby、MATLAB 等语言的接口,跨平台、可移植性很好。OpenCV 包含了 500 多个函数,覆盖了计算机视觉方面的很多应用领域,诸如图像分割、人脸识别、运动跟踪及分析、机器视觉等。总之,借助 OpenCV 库,科研工作者以及对图像处理感兴趣的人只需在自己编写的程序中直接调用 OpenCV 库的函数即可实现图像处理的目的。

本书在 Python 环境下使用 OpenCV 库完成一些数字图像处理任务,首先需要正确安装 OpenCV 库,其安装方法如下:

第一步:Win+R 打开运行界面,输入 cmd,进入命令行窗口。

第二步:输入 pip install opencv-python,然后回车,等待 OpenCV 库安装。

第三步:确认 OpenCV 已正确安装。进入 Python 环境,输入 import cv2,回车之后没有任何报错信息,说明 OpenCV 库安装成功。

```
In  [1]:    import cv2
            cv2.__version__

Out [5]:    '4.1.2'
```

In[1]导入 OpenCV 库并查看其对应的版本号。在 Python 中,OpenCV 名为 cv2。Out[1]显示当前安装的 OpenCV 库版本号为“4.1.2”,本节代码均使用该版本编写和运行。使用上文提到的安装命令会自动安装最新版本的 OpenCV 库,若想使用某一固定版本的库,可通过“opencv==4.1.2”在安装时指定版本号。

2. 读取、显示和保存图像

(1)读取图像。OpenCV 中读取一幅图像可通过 imread()方法实现,调用方式如下:

```
cv2.imread(filepath,flags)
```

filepath:待读入图像文件的路径。

flags:读入图像的标志,默认参数为 cv2.IMREAD_COLOR,表示读入一幅彩色图像,不包括透明度;可选参数有 cv2. IMREAD_GRAYSCALE(灰度图像)、cv2. IMREAD_UNCHANGED(完整图像,包括透明度)。

```
In [2]:    img=cv2.imread(r'images\nwafu_building.jpg')
           print("像素矩阵的数据类型:{}".format(type(img)))
           print("像素矩阵的维度:{}".format(img.shape))
```

```
Out [2]:   像素矩阵的数据类型:<class 'numpy.ndarray'>
           像素矩阵的维度:(434,650,3)
```

In[2]通过 cv2. imread()方法将位于本地目录 images 文件夹下的图像文件“nwafu_building. jpg”读入变量 img 中(注意:目前 OpenCV 只支持 ASCII 编码的路径,因此最好避免路径出现中文字符)。Out[2]显示 img 变量是一个三维的 numpy 数组,第 0 维表示图像的高度,第 1 维表示图像的宽度,第 2 维表示这是一个 RGB 三色存储的彩色图像,每一个颜色分量用一个 0~255 的值描述。

(2)显示图像。OpenCV 中显示图像可通过 imshow()方法实现,调用该方法会打开一个显示图像的窗口,调用方式如下:

```
cv2. imshow(winname,img)
```

winname:显示图像窗口的名字。

img:待显示图像的变量名,窗口大小自动调整为图像大小。

当调用 imshow()方法显示图像时,通常需与 cv2. waitKey()方法和 cv2. destroyWindow()方法连用。imshow()方法能够在一个窗口内渲染显示图像,waitKey()方法控制图像显示的持续时间;若没有 waitKey()方法,相当于没有给 imshow()提供时间显示图像,只有一个空窗口一闪而过。destroyWindow(winname)方法能够通过窗口名(winname)关闭指定窗口。例如:

```
In [3]:    cv2.imshow('nwafu_building',img)
           cv2.waitKey()
           cv2.destroyWindow('nwafu_building')
```

另一种显示图像的方法不会产生新窗口,用户无须主动关闭图像窗口以结束运行程序。它借助通用绘图库 Matplotlib 的绘图工具来显示图像。具体的操作如下:

```
In [4]:    import matplotlib.pyplot as plt
           %matplotlib inline
           #设置以下参数使得 matplotlib 画布能够显示中文。
           plt.rcParams['font.family']=['sans-serif']
           plt.rcParams['font.sans-serif']=['SimHei']
           plt.figure(figsize=(8,5))    #设置画布的高和宽
           plt.imshow(cv2.cvtColor(img,cv2.COLOR_BGR2RGB))
           plt.axis('off')    #不显示坐标轴
           plt.title('西农三号教学楼',size=15)
```

In[4]给出了使用 Matplotlib 库在 Ipython 中显示 OpenCV 读入图像的一种方法。这段代码的前 4 行进行了使用 Matplotlib 库的一些必要设置,后 4 行代码显示图像,其中第 7 行代码调用了 Matplotlib. Pyplot 子库中的 imshow( )方法绘制图像,传入参数稍显复杂。这是因为 Matplotlib 和 OpenCV 默认的彩色模型不同,因此调用 Matplotlib 下的 imshow( )方法显示 OpenCV 库读取的图像像素矩阵时,需要进行彩色模型的转换。Matplotlib 的输出图像能够直接显示在当前页面中,而非产生一个窗口,本节其余部分的代码都采用此种方法。

(3)保存图像。OpenCV 中图像保存可通过 imwrite( )方法实现,调用方式如下:

```
cv2.imwrite(filename,img)
```

filename:图像本地保存路径和文件名。

img:待保存的图像变量名。

3. 图像颜色空间转换

在计算机视觉和图像处理中,颜色空间是指组织颜色的一种特定方式。颜色空间实际上由颜色模型和映射函数组成,映射函数将颜色模型映射到可以表示的所有可能颜色的集合,目前比较流行的颜色空间有 RGB、HSV、YUV、Lab 等。

需要注意的是,在 OpenCV 中,默认的彩色图像模型是基于 BGR 模型而不是 RGB 模型。BGR 与 RGB 模型的区别仅仅是读取颜色的顺序不同,BGR 模型读取彩色图像颜色的顺序是蓝、绿、红。可以看到,In[4]中使用 plt. imshow( )方法显示 cv2 的图像前,首先将 cv2 的图像进行颜色空间转换,将其转为 Pyplot 库默认的 RGB 模型。

HSV 模型是另一种主流的颜色空间,这个模型中颜色的参数分别是色调(H)、饱和度(S)

以及亮度(V)。

OpenCV 中使用 cv2. cvtColor( )方法进行颜色空间转换,调用方式如下:

```
cv2. cvtColor( img,cv2. COLOR_BGR2GRAY)   #将 BGR 模型图像转为灰度图像
cv2. cvtColor( img,cv2. COLOR_BGR2HSV)   #将 BGR 模型图像转换为 HSV 模型图像
```

实现原始图像转换为灰度图像的案例代码和结果如下:

```
In [5]:     res=cv2.cvtColor(img,cv2.COLOR_BGR2GRAY)
            plt.figure(figsize=(8,5))
            plt.subplot(121)
            plt.imshow(cv2.cvtColor(img,cv2.COLOR_BGR2RGB))
            plt.axis('off')
            plt.title('原始图像',size=15)
            plt.subplot(122)
            plt.imshow(cv2.cvtColor(res,cv2.COLOR_BGR2RGB))
            plt.axis('off')
            plt.title('灰度图像',size=15)
```

4. 图像亮度调节

图像亮度是颜色的相对明暗的程度,一般情况下可理解为图像的整体明暗程度。如果图像亮部像素较多,则图像整体看起来较为明快;反之,图像整体看起来较为昏暗。本节的图像亮度指像素点的亮度值,可通过增加或减小一幅图像所有像素点的亮度值来调节整幅图像的亮度。图像像素点的亮度值可直接通过 HSV 颜色模型中的 V 值来获取。

通过自定义一个函数实现图像亮度调节,案例代码如下:

```
In [6]:     def increase_brightness(img,value=30):
                hsv=cv2.cvtColor(img,cv2.COLOR_BGR2HSV)
                h,s,v=cv2.split(hsv)
                if value > 0:
                    lim=255 - value
                    v[v > lim]=255
                    v[v <=lim] +=value
                if value < 0:
                    lim=abs(value)
```

```
        v[v > lim] -=lim
        v[v <=lim]=0
    final_hsv=cv2.merge((h,s,v))
    img=cv2.cvtColor(final_hsv,cv2.COLOR_HSV2BGR)
    return img
```

In[6]定义了调节图像亮度值函数 increase_brightness(img,value=30),它具有两个输入参数 img 和 value,函数参数的作用如下:

img:输入图像变量。

value:需增加的亮度值(默认值为 30,负数代表减小的亮度值)。

该函数的返回值为一个亮度调整后的新图像变量。In[6]第 2~3 行代码将图像转换为 HSV 模型,然后获取到图像中每一个像素点的亮度值构成的矩阵,赋给变量 v。In[6]第 4~7 行代码对 v 中的每一个亮度值增加 value 单位。在增加的过程中需要保证像素点的亮度值最大不得超过 255,因为颜色模型中采用了 8 位二进制数编码,即上限为 255。第 8~11 行代码对 v 中的每一个亮度值减小 value 单位,同样应保证像素点的亮度值最小不得低于 0。第 13 行代码将更新后的 v(亮度)和原始图像的 h(色调)、s(饱和度)融合,重新构成完整的 HSV 像素点矩阵,即亮度值调节后的图像。

调用 increase_brightness()函数实现图像亮度调节,案例代码与输出结果如下:

```
In [7]:  brighter=increase_brightness(img,60)
         darker=increase_brightness(img,-60)
         plt.figure(figsize=(8,13))
         plt.subplot(311)
         plt.imshow(cv2.cvtColor(img,cv2.COLOR_BGR2RGB))
         plt.axis('off'),plt.title('原始图像',size=15)
         plt.subplot(312)
         plt.imshow(cv2.cvtColor(brighter,cv2.COLOR_BGR2RGB))
         plt.axis('off'),plt.title('提高亮度后',size=15)
         plt.subplot(313)
         plt.imshow(cv2.cvtColor(darker,cv2.COLOR_BGR2RGB))
         plt.axis('off'),plt.title('降低亮度后',size=15)
```

5. 图像几何变换

图像几何变换又称为图像空间变换，它将一幅图像中的坐标位置映射到另一幅图像中的新坐标位置，几何变换就是确定这种空间映射关系，以及映射过程中的变化参数。图像的几何变换改变了像素的空间位置，建立一种原图像像素与变换后图像像素之间的映射关系。原始图像可能由成像角度、透视关系导致几何失真，给观测者和图像识别程序造成困扰。通过适当的几何变换可以消除几何失真的影响，因此图像几何变换常常作为图像处理的预处理。本节介绍平移变换、图像缩放、图像旋转三种图像几何变换方法。

(1) 平移变换。图像的平移变换就是将图像所有的像素坐标分别加上指定的水平偏移量和垂直偏移量。假设原来的像素位置坐标为(x_0, y_0)，经过平移量$(\triangle x, \triangle y)$后，坐标变为$(x_1, y_1)$，如图 9-16 所示。

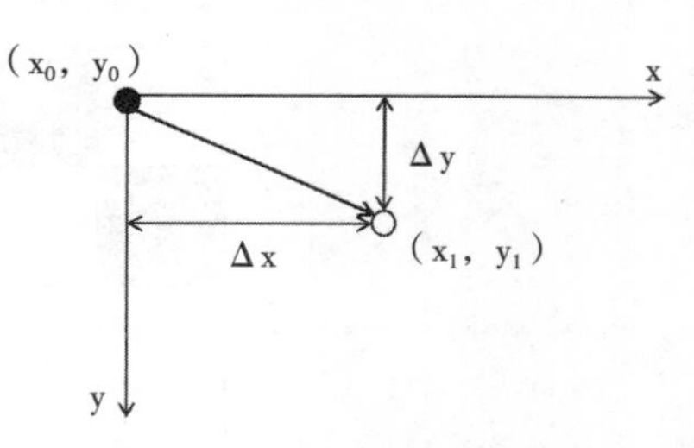

图 9-16　像素点的平移变换

用矩阵可表示为：

$$\begin{bmatrix} x_1 \\ y_1 \\ 1 \end{bmatrix} = \begin{bmatrix} 1 & 0 & \Delta x \\ 0 & 1 & \Delta y \\ 0 & 0 & 1 \end{bmatrix} \times \begin{bmatrix} x_0 \\ y_0 \\ 1 \end{bmatrix}$$

矩阵[[1,0,Δx],[0,1,Δy]]被称为平移变换矩阵，表示沿着 x 方向移动 Δx 距离，沿着 y 方向移动 Δy 距离，Δx 和 Δy 是 x 方向与 y 方向上的平移量。实现图像平移就是构造这样的平移变换矩阵。在 OpenCV 中可调用 cv2. warpAffine( ) 方法实现平移变换，调用方式如下：

```
cv2.warpAffine(img,M,size)
```

img：待变换的图像变量。

M：2×3 的变换矩阵，表示平移或旋转的关系。

size：图像的输出尺寸。

实现图像平移变换的实例代码和输出结果如下：

```
In [8]:    import numpy as np
           rows,cols,_=img.shape
           #构造平移矩阵,x 方向移动 100 个单位,y 方向移动 50 个单位
           M=np.float32([[1,0,100],[0,1,150]])
```

```
dst=cv2.warpAffine(img,M,(cols,rows))
plt.figure(figsize=(10,10))
plt.imshow(cv2.cvtColor(dst,cv2.COLOR_BGR2RGB))
plt.axis('off')
```

Out [8]:

(2)图像缩放。图像缩放是通过增加或删除像素点使得图像尺寸变小或变大的过程。图像缩小可以生成缩略图,例如网络环境较差时传给用户低分辨率的图像。图像放大使得低分辨率的图像显示在更高分辨率屏幕上,图像放大的过程中往往采用了插值法增加像素点,如图 9 - 17 所示,部分插值算法能够在一定程度上保持图像的质量。

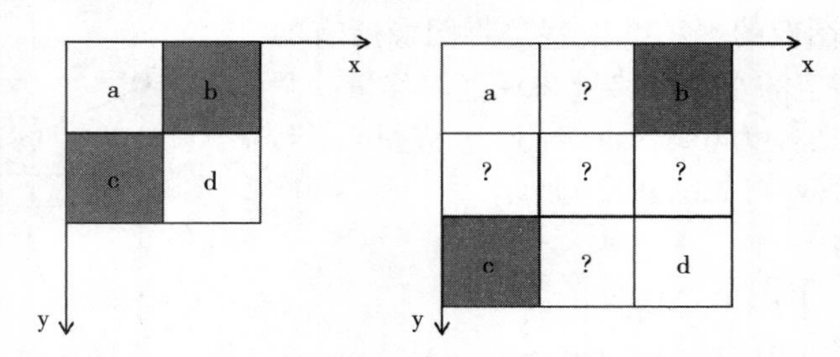

图 9 - 17　图像放大使用插值法增加像素点

在 OpenCV 中可调用 cv2. resize( )方法实现图像缩放,调用方式如下:

cv2. resize(img, size, fx, fy, interpolation)

img:待变换的图像变量。

size:输出图像尺寸(若设置 fx 和 fy,则给 size 赋值为 None)。

fx,fy:沿 x 轴、y 轴的缩放系数。

interpolation:插值方法。

实现图像缩放的实例代码与输出结果如下:

In [9]:

```
#设置伸缩系数:fx 为水平伸缩系数;fy 为垂直伸缩系数
res=cv2.resize(img,None,fx=0.5,fy=1,interpolation=cv2.INTER_
CUBIC)
plt.figure(figsize=(10,10))
plt.imshow(cv2.cvtColor(res,cv2.COLOR_BGR2RGB))
plt.axis('off')
plt.show()
```

Out [9]:

(3)图像旋转。图像旋转是将图像围绕某一定点旋转指定的角度。图像旋转后不会变形,但图像的对称轴、高度、宽度都会发生改变。

如图 9-18 所示,点(x_0,y_0)绕原点逆时针旋转角度 θ 到达点(x_1,y_1),这是一种以原点为中心的旋转方式;另一种方式则是围绕任意的指定点旋转,即先将坐标系进行平移,再以新的坐标原点为中心进行旋转,最后再变回原始的坐标系。

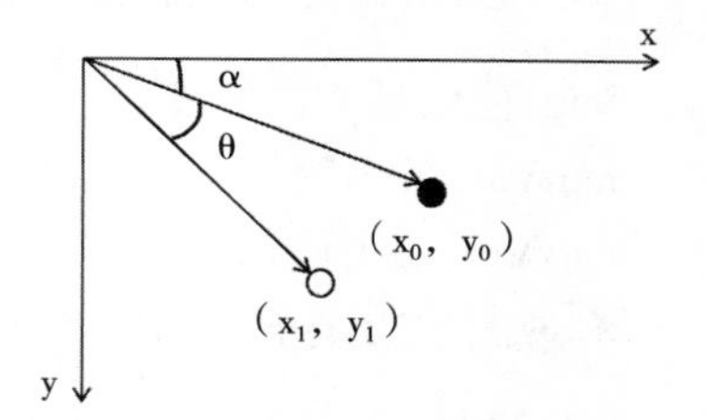

图 9-18　图像像素的旋转

在 OpenCV 中,可先调用 cv2. getRotationMatrix2D( ) 方法,设置旋转中心和旋转角度,构建旋转矩阵,再调用 cv2. warpAffine( )方法进行图像的变换。调用方式如下:

```
cv2.getRotationMatrix2D(center,angle,scale)
```

center:旋转中心。

angle:旋转角度。

scale:缩放比例(若设置为 1 则表示不进行图像缩放)。

实现图像旋转的实例代码与输出结果如下:

```
In [10]:  #设置旋转中心、旋转角度和缩放比例
          M=cv2.getRotationMatrix2D((cols/2,rows/2),90,1)
          dst=cv2.warpAffine(img,M,(cols,rows))
          plt.figure(figsize=(10,10))
          plt.imshow(cv2.cvtColor(dst,cv2.COLOR_BGR2RGB)),plt.axis('off')
          plt.show()
```

Out [10]:

6. 边缘检测

图像边缘指数字图像中亮度值变化明显的点，是一种图像特征。边缘主要存在于物体与物体、物体与背景、区域与区域之间。边缘检测是识别并只保留图像边缘，是图像分割等的重要基础，检测出边缘的图像即可进行特征提取和形状分析。

Canny 边缘检测方法是由 Canny 于 1996 年提出的一种公认效果较好的边缘检测算法，它通过计算图像梯度提取边缘。图像梯度指当前像素点的值在 x 轴和 y 轴的偏导数，决定了像素值的变化速度。Canny 算法使用了双阈值检测法，给定一个最大阈值和一个最小阈值，当梯度大于最大阈值时，认为它是一个边缘点，保留；当梯度小于最小阈值时，则认为它不是边缘点，舍弃；当梯度处于最大阈值和最小阈值之间时，需要进一步判断该点和周围边缘点的关系。

在 OpenCV 库中，使用 cv2. Canny( )方法生成边缘图像，调用方式如下：

```
cv2. Canny(img,minVal,maxVal)
```

img：待处理的图像变量。

minVal：最小阈值。

maxVal：最大阈值。

实现图像边缘检测的实例代码和输出结果如下：

```
In [11]:    img=cv2.imread(r'images\bird.png')
            edges=cv2.Canny(img,150,300)
            plt.subplot(121)
            plt.imshow(cv2.cvtColor(img,cv2.COLOR_BGR2RGB))
            plt.axis('off')
            plt.title('原始图像')
            plt.subplot(122)
            plt.imshow(cv2.cvtColor(edges,cv2.COLOR_BGR2RGB))
            plt.axis('off')
            plt.title('边缘图像')
```

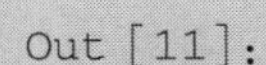

7. 图像模糊

图像模糊是对每一个像素都取周边像素的平均值，缩小像素间的差距，达到视觉上的模糊效果。图像模糊常用于图像数据的降噪，图像在数字化和传输过程中常受到成像设备与外部环境噪声等影响，因此需要通过一些技术方法降低图像中的噪声，称之为降噪。

OpenCV 中采用 cv2. blur( )方法进行图像模糊处理，调用格式如下：

cv2. blur(img, ksize)

img:待处理的图像变量。

ksize:内核像素大小,如(10,10)指核的大小为 10×10。

实现图像模糊处理的实例代码和输出结果如下:

```
In  [12]:     img=cv2.imread(r'images\flowers.png')
              blur=cv2.blur(img,(30,30))
              plt.subplot(121)
              plt.imshow(cv2.cvtColor(img,cv2.COLOR_BGR2RGB))
              plt.axis('off'),plt.title('原始图像',size=15)
              plt.subplot(122)
              plt.imshow(cv2.cvtColor(blur,cv2.COLOR_BGR2RGB))
              plt.axis('off'),plt.title('模糊后图像',size=15)
              plt.imshow(cv2.cvtColor(dst,cv2.COLOR_BGR2RGB))
              plt.axis('off')
```

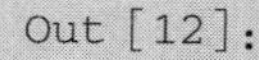
Out [12]:

8. 颜色检测

颜色检测即基于图像中某目标物体的颜色检测出该目标物体。首先将 BGR 彩色模型转换成 HSV 模型,然后调用 cv2. inRange(hsv, lowerb, upperb)提取只包含某个颜色范围的物体。具体的参数意义如下:

hsv:待检测的图像变量(HSV 模型)。

lowerb:图像中低于该值的像素值会变成 0。

upperb:图像中高于该值的像素值会变成 0,在 lowerb 和 upperb 之间的像素值变成 255。

通过颜色检测,提取图像中某颜色范围物体的实例代码和输出结果如下:

```
In  [13]:     import cv2
              import numpy as np
              import matplotlib.pyplot as plt
              %matplotlib inline
              img=cv2.imread(r"images\fish.png")
              hsv=cv2.cvtColor(img,cv2.COLOR_BGR2HSV)
              mask=cv2.inRange(hsv,(5,75,25),(25,255,255))
              #将橘色的鱼取出
```

```
imask=mask>0
orange=np.zeros_like(img,np.uint8)
orange[imask]=img[imask]
plt.figure(figsize=(15,8))
plt.subplot(121)
plt.imshow(cv2.cvtColor(img,cv2.COLOR_BGR2RGB))
plt.axis('off'),plt.title('原始图像',size=15)
plt.subplot(122),plt.imshow(cv2.cvtColor(orange,cv2.COLOR_BGR2RGB))
plt.axis('off'),plt.title('只有鱼的图像',size=15)
```

Out [13]:

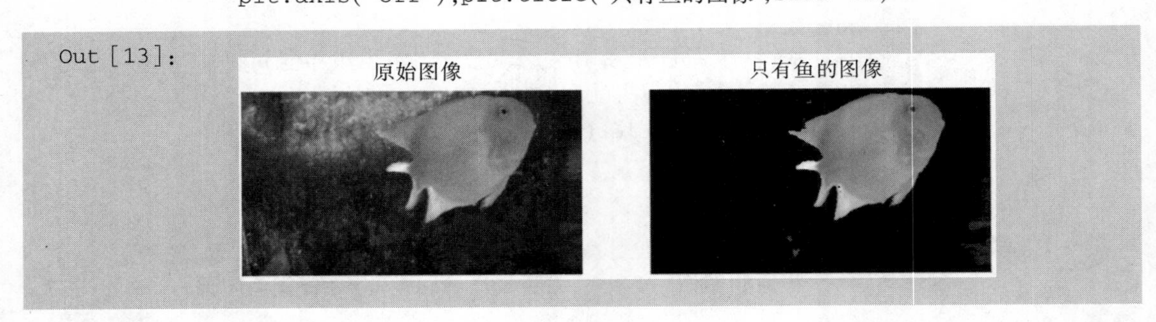

9.2.3 人脸检测

人脸检测是一种在图像中检测人脸区域的方法，即在图像中精确标定出人脸的位置和大小。它主要运用在"以貌取人"的人脸识别系统里。人脸识别是基于人的脸部特征信息进行身份识别的一种技术。人脸与人体的一些其他生物特征（指纹、虹膜等）一样与生俱来，它的唯一性和不易被复制的良好特性为身份识别提供了必要的前提。人脸识别系统包括人脸图像采集、人脸检测、人脸图像特征提取、人脸图像匹配与识别四个组成部分。人脸检测只是判断图像中是否有人脸存在，以及人脸的具体位置，并不包括在数据库内匹配人脸图像并识别用户身份。

OpenCV 库提供了一种人脸检测的方法，该方法的实现基于 Haar Cascade 算法（发表在论文《Rapid Object Detection using a Boosted Cascade of Simple Features》中，感兴趣的读者可以学习），通过算法输入大量人脸及非人脸图像，可训练出能够识别整体区域（人脸）和局部区域（如眼睛）的分类器。Haar Cascade 的核心原理如下：

第一步：使用 Haar-like 特征做检测。在人脸检测时有一个滑动窗口在待检测的图像中不断地移位滑动，窗口每到一个位置，就计算当前区域的特征值。特征值的计算基于 Haar-like 特征模板，这些特征模板是一个个黑白矩形，如图 9-19 所示。

图 9-19 Haar-like 特征模板（黑白矩形）滑动检测人脸区域的过程

这些矩形分成了白色像素区域和黑色像素区域两大部分，将它们中的任一个矩形放置在图像的某个区域中，然后将白色区域的像素和减去黑色区域的像素和，得到的值称为特征值。人脸区域的特征值和非人脸区域的特征值是不同的，所以矩形模板的目的是将人脸特征量化，以便区分人脸和非人脸。

第二步：积分图加速特征计算。

第三步：使用AdaBoost算法选择关键特征，进行人脸和非人脸的分类。AdaBoost算法产生的人脸和非人脸的函数模型又称为分类器。分类器经过多次迭代训练可以达到极高的准确率，称为强分类器。

第四步：将强分类器进行级联，提高人脸识别准确率。

OpenCV库基于上述人脸检测算法训练并得到人脸检测模型，该模型存储为haarcascade_frontalface_default.xml文件，用户可以将下载好的模型文件通过OpenCV相应的接口函数加载并调用，在自己的图像文件上实现人脸区域的检测。具体过程如下：

首先应确保本地环境中已下载并存储haarcascade_frontalface_default.xml文件（可在本书第9章的资料包中获取），然后执行以下两步：

第一步：调用cv2.CascadeClassifier(filepath)方法加载人脸检测模型文件，filepath表示人脸检测模型文件haarcascade_frontalface_default.xml的绝对路径（注意：绝对路径不可出现非ASCII码字符）。该方法返回人脸检测模型对象，用变量名face_cascade引用。

第二步：调用face_cascade.detectMultiScale(img,scaleFactor,minNeighbors)进行人脸检测。face_cascade.detectMultiScale()方法参数含义如下：

img：待检测的输入图像变量，一般为灰度图像，能够加快检测速度。

scaleFactor：检测窗口的缩放系数。默认1.1表示每次检测窗口依次扩大10%。图像中人脸因为远近不同，所以大小不同。scaleFactor设置得越大，检测窗口扩大得越快，可能因此错过某个人脸。

minNeighbors：每一个"人脸"区域至少要被检测到minNeighbors次才算是真的人脸。

实现人脸检测的实例代码和输出结果如下：

```
In [14]:    import numpy as np
            import cv2
            import os
            import matplotlib.pyplot as plt
            %matplotlib inline
            #加载人脸检测训练好的模型
            face_cascade=cv2.CascadeClassifier(os.getcwd()+'\\data\\
              haarcascade_frontalface_default.xml')
            #读取照片并转为灰度图像
            img=cv2.imread(r'images\China_Volleyball_team.jpg')
            gray=cv2.cvtColor(img,cv2.COLOR_BGR2GRAY)
            #使用模型识别图像中的脸部及眼部区域，并使用矩形框标注
            faces=face_cascade.detectMultiScale(gray,1.3,5)
            for(x,y,w,h) in faces:
                img=cv2.rectangle(img,(x,y),(x+w,y+h),(255,0,0),2)
            plt.imshow(cv2.cvtColor(img,cv2.COLOR_BGR2RGB))
            plt.axis('off')
```

Out [14]:

In[14]第 14 行代码调用了 cv2.rectangle()方法对检测出的人脸区域绘制矩形边框。其中,(x,y)和(x+w,y+h)指矩形边框中顶点坐标与右上顶点坐标;(255,0,0)指 BGR 矩形边框的颜色,即蓝色;最后一个参数指矩形边框的线条粗细。

9.3 基于 KNN 的葡萄酒识别

葡萄酒行业是我国食品工业中发展速度快、规模大、经济贡献率较高的行业。葡萄酒以次充好,假冒伪劣的问题,严重干扰了正常的市场经济活动,侵害了正规葡萄酒品牌的合法权益,造成了消费者对葡萄酒行业、政府的信任危机。因此通过对葡萄酒的化学成分,如酒精、苹果酸、灰分、灰分的碱性、镁、总酚、类黄酮、非黄烷类酚类、花青素等特征数据进行分析,基于机器学习建立预测模型能够实现葡萄酒种类识别、酒品真实性鉴别,进而打击假冒伪劣商品,促进葡萄酒产业健康发展。

9.3.1 KNN 原理

K 近邻算法(K nearest neighbors,KNN)是最常用的分类算法之一。算法的核心思想是在训练集中数据和标签已知的情况下,输入测试样本数据,将测试样本数据的特征与训练集中对应的训练样本特征进行比较,找到训练集中与之最为相似的前 K 个样本数据,则该测试样本数据对应的类别就是 K 个最近邻训练样本数据中出现次数最多的那个分类。KNN 方法主要靠周围有限的邻近的样本,而不是靠判别类域的方法来确定所属类别的,因此对于类域的交叉或重叠较多的待分样本集来说,KNN 方法较其他方法更为适合。

KNN 算法不仅可以用于解决分类问题,还可以用于解决回归问题。通过找出一个未知样本的 K 个最近邻居样本,将这些邻居样本属性的平均值赋给该样本,就可以得到该样本的属性。KNN 算法主要用于聚类分析、预测分析、文本分类、降维等,被认为是简单数据挖掘算法的分类技术之一。

KNN 算法描述如下:

(1)计算待测样本数据(如图 9-20 中正方形所示)与各个训练样本数据(如图 9-20 中圆、三角)之间的欧式距离。

(2)按照距离值降序排列。

(3)选取距离最小的 K 个点。

(4)确定前 K 个点所在类别的出现频率。

(5)返回前 K 个点中出现频率最高的类别作为测试样本数据的预测分类。当 K=3 时,判定新的待测样本是三角类别。

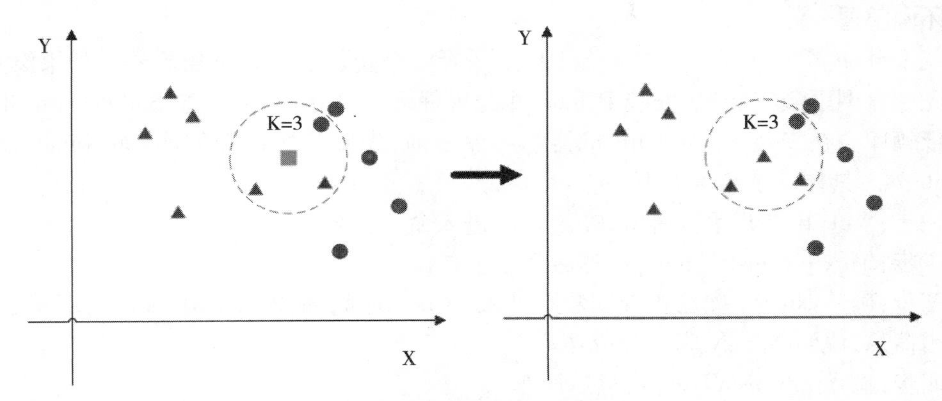

图 9-20　KNN 算法计算示例

9.3.2　Scikit-learn 机器学习库及数据集

Scikit-learn 是一个 Python 语言开发的机器学习库,简称 Sklearn,集成了几乎所有主流的机器学习算法,如 K 近邻算法、线性回归算法、逻辑回归算法、决策树、支持向量机等机器学习算法。因此开发者在完成机器学习任务时,并不需要从底层再去实现机器学习算法,只需要调用 Sklearn 库中提供的函数就能完成大多数的机器学习任务。Sklearn 库是在 Numpy、Scipy 和 Matplotlib 的基础上开发而成的,因此在使用 Scikit-learn 的时候,需要先安装这些依赖库。

Scikit-learn 中内置了一些机器学习的数据集,包括 iris(鸢尾花)数据集、波士顿房价数据集、糖尿病数据集、手写数字数据集、体能训练数据集和葡萄酒数据集等。这些数据集在官网也可以查看。葡萄酒数据集中包含 3 种同起源的葡萄酒的记录,葡萄酒类别分别为琴酒(类别 1)、雪莉(类别 2)、贝尔摩德(类别 3)3 种。数据集中共包含 178 个样本数据,其中每个葡萄酒样本数据包含 13 个特征值:酒精、苹果酸、灰分、灰分碱性、镁、总酚、类黄酮、非黄烷类酚类、花青素、颜色强度、色调、稀释葡萄酒、脯氨酸,每个特征对应葡萄酒的一种化学成分,均为连续型数据。详细信息如表 9-3 所示。通过对化学成分的分析可以推断葡萄酒的类别。本小节即利用化学成分数据建立 KNN 预测模型,预测未知葡萄酒的类别。

表 9-3　葡萄酒数据集结构(共计 178 个样本,每个样本包含 13 种化学成分)

序号	酒精	苹果酸	灰分	灰分碱性	镁	总酚	类黄酮	非黄烷类酚类	花青素	颜色强度	色调	稀释葡萄酒	脯氨酸	类别
1	14.0	1.63	2.28	16	126	3	3.17	0.24	2.1	5.65	1.09	3.71	780	1
2	14.0	1.63	2.28	16	126	3	3.17	0.24	2.1	5.65	1.09	3.71	780	1
3	12.3	0.99	1.95	14.8	136	1.9	1.85	0.35	2.76	3.4	1.06	2.31	750	2
4	12.7	3.87	2.4	23	101	2.83	2.55	0.43	1.95	2.57	1.19	3.13	463	2
5	13.1	1.9	2.75	25.5	116	2.2	1.28	0.26	1.56	7.1	0.61	1.33	425	3
6	13.2	3.3	2.28	18.5	98	1.8	0.83	0.61	1.87	10.5	0.56	1.51	675	3
⋮	⋮	⋮	⋮	⋮	⋮	⋮	⋮	⋮	⋮	⋮	⋮	⋮	⋮	⋮

9.3.3 环境部署与代码实现

1. 环境部署

安装 Python 开发环境。首先确定主机上是否已经安装了 Python 解释器。如果没有安装，则需要先到官网下载安装包，安装 Python 并配置好环境变量，然后安装 Scikit-learn 机器学习库及其依赖库。在安装 Scikit-learn 机器学习库之前，先安装所依赖的库，如 Numpy、Scipy 和 Matplotlib 等。具体安装步骤如下：

第一步：Win+R 打开运行窗口，输入 cmd 进入命令行窗口。

第二步：输入 pip install numpy，然后回车。

第三步：确认 Numpy 库已正确安装。进入 Python 环境，输入 import numpy，回车之后没有任何报错信息，说明 Numpy 库安装成功。

第四步：输入 pip install scipy，然后回车。

第五步：输入 pip install matplotlib，然后回车。

第六步：进入 Python 环境，输入 import scipy，回车之后没有任何报错信息，说明 Scipy 库安装成功；输入 import matplotlib，回车之后没有任何报错信息，说明 Matplotlib 库安装成功。

第七步：输入 pip install scikit-learn，然后回车。

第八步：进入 Python 环境，输入 from sklearn. neighbors import KNeighborsClassifier，按回车键，若没有任何报错信息，说明 Scikit-learn 库安装成功。

2. 导入第三方库

建立 Python 文件，撰写代码。首先导入构建模型所需要的库：数据处理分析的 Pandas 库和机器学习 Sklearn 库。具体代码如下：

```
import pandas as pd
from sklearn.neighbors import KNeighborsClassifier
from sklearn.preprocessing import StandardScaler
from sklearn import preprocessing
from sklearn.model_selection import train_test_split
```

3. 加载葡萄酒数据集

加载 Sklearn 库自带的葡萄酒数据集。具体代码如下：

```
from sklearn.datasets import load_wine
wine=load_wine() #加载葡萄酒数据集
```

4. 预处理数据

为了消除不同数据的量纲，对葡萄酒数据进行标准化处理。具体代码如下：

```
#获取葡萄酒数据的特征和标签
data = wine.data
target = wine.target
#将特征数据分割成训练集和测试集
data_train, data_test, target_train, target_test = train_test_split(data, target)
stdScaler=StandardScaler().fit(data_train)
data_std_train=stdScaler.transform(data_train)
```

```
data_std_test=stdScaler.transform(data_test)
```

5. 构建识别模型

使用 KNN 算法构建葡萄酒识别模型,设置 k=5,即确定最近的 5 个近邻。具体代码如下:

```
print("3、使用 KNN 算法实现红酒的分类功能")
model=KNeighborsClassifier(n_neighbors=5)
model.fit(data_train,target_train)
```

6. 测试模型

使用测试数据集对样本进行预测,测试模型的识别效果,并将模型识别的准确率打印输出到屏幕。代码如下:

```
pre=model.predict(data_test)
acc=model.score(data_test,target_test)
print("模型在测试集上的精度为:",acc)
```

模型测试结果如图 9-21 所示。

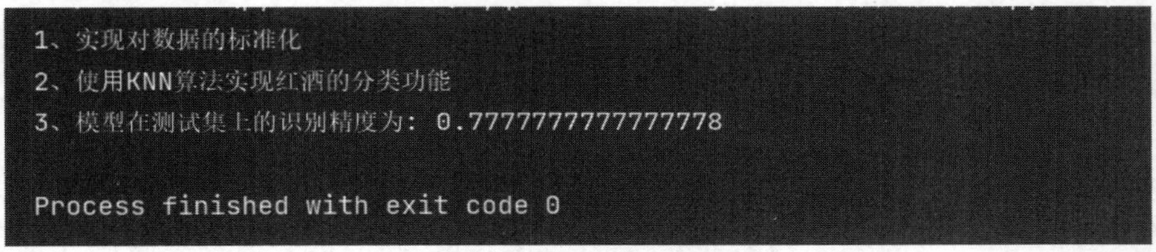

```
1、实现对数据的标准化
2、使用KNN算法实现红酒的分类功能
3、模型在测试集上的识别精度为: 0.7777777777777778

Process finished with exit code 0
```

图 9-21 模型测试结果

本节介绍的 KNN 算法是机器学习算法中最简单、最基础的方法,能够实现聚类分析、预测分析、文本分类、降维等。KNN 算法原理简单、易于理解与实现,适用于初学者入门学习机器学习原理。在实际应用中,对于适合该算法的数据模型,其测得的准确性相对较高,对异常值和噪声有较高的容忍度。但是当数据集很大时,模型的计算量很大,对内存的需求也较大,对特征数据要求较高,因此实际应用场景较少。

9.4 基于遥感图像的农作物分类

仓廪实,天下安。作为国民经济社会发展的"压舱石",粮食安全是"国之大者",如何保障粮食安全是一个永恒的课题。我国保障粮食安全的任务仍然艰巨繁重。随着我国经济发展进入新常态,供给侧结构性改革进一步推进,粮食安全产业结构优化升级,如何贯彻落实"藏粮于地、藏粮于技"成为一项新的挑战。

遥感技术是从远距离感知目标反射或自身辐射的电磁波、可见光、红外线,从而对目标进行探测和识别的技术。随着遥感技术的不断发展,遥感图像数据在各个领域的应用也越来越多,例如,在农业遥感、城市规划、灾害监测、土地利用、景观分析、国防和安全建设等领域均有广泛应用。

近年来,基于遥感图像在农业领域的应用取得了一系列成果,如农作物产量预测等,为"藏粮于技"提供了一种高度可行的思路。其中,基于遥感图像的农作物分类是通过卫星、飞机、无人机等遥感设备获取的图像对地表农作物种类进行种类区分,从而获得地面农作物的精准信息。基于遥感图像的农作物分类应用可提高农业种植效率,可靠性较强,适合于全国范围推广,因而成了遥感领域的研究热点。

9.4.1 问题背景与实现技术简介

及时获取和了解农作物种类、生长情况、种植面积等信息是我国智慧农业发展过程中需要实现的重要任务。传统农作物分类方法依赖于生物和形态学调查法,在财力和物力方面需要投入较多,无法满足智慧农业的发展需求。高光谱遥感图像具有波段数目多、信息量大等特点,不但能够对农作物进行有效的分类,而且也能够节省人力和财力,对助推智慧农业发展具有重要意义。

基于机器学习的高光谱影像分类方法有很多,例如朴素贝叶斯分类器、支持向量机、K 近邻、随机森林、决策树、逻辑回归等。本节主要介绍 SVM 分类方法。SVM 分类方法是一种基于统计学理论的机器学习算法。其分类原理为:在一定的训练样本下,寻找一个超平面,使得训练样本中的两类样本点能够被分开,并且距离该超平面应该尽量远。对于线性不可分的情况,可以利用核函数将低维的输入空间映射到高维空间,从而将原本在低维空间里线性不可分的问题,转化为高维空间中线性可分的问题。SVM 的实质是求得一个决策平面,将数据进行分类。以二分类为例,所谓最优分类线就是要求两类样本不仅能够被正确分类,而且分类的间隔最大。SVM 能够自动寻找遥感影像中的最优分类平面,同时构建出分类器。此外,SVM 分类方法也能够对同类农作物之间的间隔进行缩小,对不同农作物之间的间隔进行扩大。与传统的分类方法相比,SVM 分类结构更加准确,并且泛化能力强,能够有效缓解高光谱影像维数灾难现象。

9.4.2 实现方法与步骤

基于遥感图像的农作物分类方法一般包括如下几个步骤:环境部署、数据读取、数据预处理、计算评价指标、模型训练、模型预测。下面给出使用 SVM 对遥感图像进行农作物分类的实现思路与代码。

1. 环境部署

在构建分类模型需要的第三方库中,Numpy、Matplotlib、Pandas、Sklearn 等库在前文中已有介绍,不再赘述。Joblib 可用于保存和加载训练好的模型,无须重复训练和调优。Spectral 库能够处理高光谱图像数据(成像光谱数据),用于读取、显示和操作高光谱图像。Scipy 包含各种专用于科学计算中常见问题的工具箱,其不同的子模块对应不同的应用,如插值、积分、优化、图像处理、统计、特殊函数等。

Functools 模块提供了许多改写、拓展函数或其他可调用对象的工具,而无须完全重写。Seaborn 库是在 Matplotlib 基础上进行了高级 API 封装,图表装饰更加简易、美观。同时,Seaborn 高度兼容了 Numpy、Pandas、Scipy 等库,使得数据可视化更加方便快捷。

环境部署代码如下:

```
1    import joblib
2    import spectral
3    import numpy as np
4    import pandas as pd
```

```
5       from time import time
6       import seaborn as sns
7       from scipy.io import loadmat
8       from functools import reduce
9       import matplotlib.pyplot as plt
10      from sklearn.svm import SVC
11      from sklearn import metrics
12      from sklearn.decomposition import PCA
13      from sklearn.model_selection import train_test_split
14      from sklearn.discriminant_analysis import LinearDiscriminantAnalysis
15      from sklearn.metrics import classification_report, confusion_matrix,
        cohen_kappa_score,f1_score
```

2. 数据读取

在遥感图像分类领域,数据是描述地物分布的客观事实的原始素材,是分类任务的基本对象,因此数据读取是一个基础步骤。数据集是构建机器学习或深度学习模型的起点。常用的高光谱图像数据集有如下几个:印第安纳松树(Indian Pines)数据集、帕维亚大学(Pavia University)数据集、休斯敦大学(Houston2013)数据集等。数据集通常以 .mat 文件的格式存储。在程序设计与实现中,可以使用 Python 的 loadmat( )函数对数据进行读取。

本节的程序设计中采用了印第安纳松树数据集。该数据集是最早的用于高光谱图像分类的测试数据,在 1992 年由机载可见光成像光谱仪(airborne visible infra-red imaging spectrometer,AVIRIS)通过位于印第安纳州西北部的 Indian Pines 实验基地时所采集。该遥感影像大小为 145×145×220 像素,具有 20m 的空间分辨率,波长范围为 400~2500nm。在进行高光谱影像分类的实验之前,需要除掉原始高光谱数据中覆盖水吸收区域的波段:104~108,150~163,220。最终波段数量从 220 减少到了 200。Indian Pines 影像包含农田、森林和其他多种原生植被。本研究场景中有 16 个主要调查地物类别,包括苜蓿、玉米、小麦、树木等,如表 9-4 所示。图 9-22 显示了 Indian Pines 影像的伪彩色合成图、地面参考实物图、颜色编码。每一种颜色都代表不同的调查类别。

表 9-4　16 类地物类别 Indian Pines 统计表

类别序号	地物名称	中文对照名	样本总数
0	Background	背景	10776
1	Alfalfa	苜蓿	46
2	Corn-notill	免耕玉米地	1428
3	Corn-mintill	玉米幼苗	830
4	Corn	玉米	237
5	Grass-Pasture	草地-牧场	483
6	Grass-Trees	草地-树木	730
7	Grass-pasture-mowed	修剪后的草地	28
8	Hay-windrowed	干草-料堆	478
9	Oats	燕麦	20
10	Soybeans-notill	免耕大豆地	972

（续）

类别序号	地物名称	中文对照名	样本总数
11	Soybeans-mintill	大豆幼苗	2455
12	Soybeans-clean	修剪后的大豆地	593
13	Wheat	小麦	205
14	Woods	树林	1265
15	Building-Grass-Tree-Drives	建筑-草-树木-机器	386
16	Stone-Steel-Towers	石-钢-塔	93

（a）伪彩色合成图

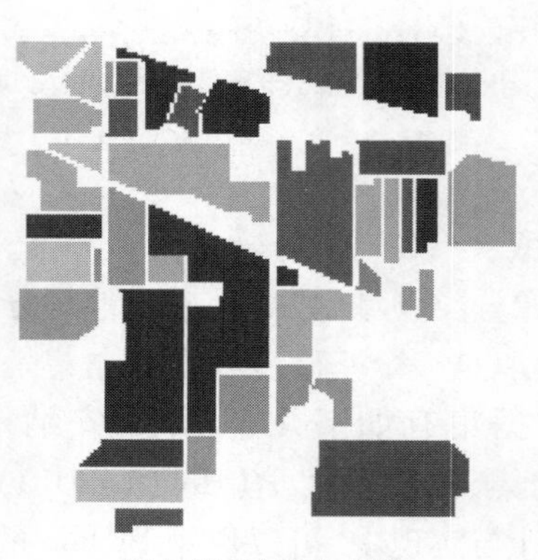

（b）地面实物参考图

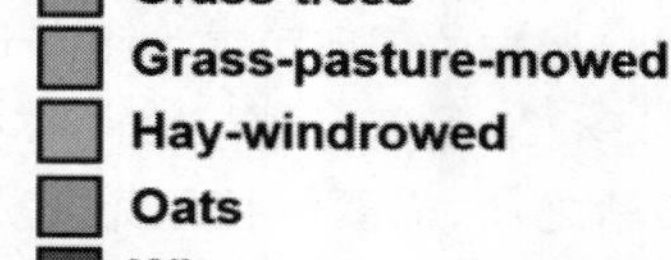

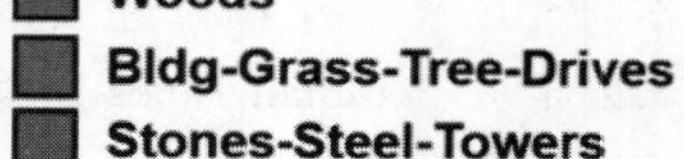

（c）颜色编码

图 9-22　Indian Pines 场景实验数据

数据读取代码如下：

```
1    #加载数据,获取 .mat 格式的数据。注意['indian_pines_corrected']变量名小写
2    #获取去掉噪声和吸水带的印第安纳松树数据集
3    input_image = loadmat('F:\data\Indian_pines_corrected.mat')['indian_
     pines_corrected']
4    #获取真实地物类别标签
5    output_image=loadmat('F:\data\Indian_pines_gt.mat')['indian_pines_gt']
6    #打印数据的形状及类别数
7    print(input_image.shape)
8    print(output_image.shape)
9    print(np.unique(output_image))
```

```
1    (145,145,200)
2    (145,145)
3    [0  1  2  3  4  5  6  7  8  9  10  11  12  13  14  15  16]
```

3. 数据预处理

高光谱影像数据由光谱成像仪所得，在成像过程中，容易受到噪声等外界环境的影响，从而导致出现数据丢失、数据畸变等现象。因此，合理的数据预处理可以降低噪声等外界因素对数据的不利影响。高光谱图像预处理方法在高光谱图像处理中具有重要意义，有效的预处理方法可以尽可能地减少甚至消除无关信息（如样品背景、电噪声和杂散光等）对高光谱图像的影响，为后续基于高光谱图像的数据分析提供更为可靠的数据来源。

在图像分析中，图像预处理是对输入图像进行特征抽取、分割和匹配前所进行的处理。图像预处理的主要目的是加强图像的某些对进一步处理和分析有用的特征，抑制图像数据中的失真，通过对图像的几何变换，如平移、旋转、尺度变化等，来获得高质量的图像。预处理方法一般有直方图均衡化、中值滤波、边缘检测等。

示例代码：

```
1    #统计每类样本所含个数
2    dict_k={}
3    for i in range(output_image.shape[0]):
4        for j in range(output_image.shape[1]):
5            if output_image[i][j] in [m for m in range(1,10)]:
6                if output_image[i][j] not in dict_k:
7                    dict_k[output_image[i][j]]=0
8                dict_k[output_image[i][j]] +=1
9    print(dict_k)
10   print(reduce(lambda x,y: x+y,dict_k.values()))
11   #去掉类标为 0 的背景像素,把所有需要分类的像素提取出来
12   need_label=np.zeros([output_image.shape[0],output_image.shape[1]])
13   for i in range(output_image.shape[0]):
14       for j in range(output_image.shape[1]):
15           if output_image[i][j] !=0:
16             need_label[i][j]=output_image[i][j]
17   new_datawithlabel_list=[]
18   for i in range(output_image.shape[0]):
19       for j in range(output_image.shape[1]):
20           if need_label[i][j] !=0:
21               c21=list(input_image[i][j])
22               c21.append(need_label[i][j])
23               new_datawithlabel_list.append(c21)
24   new_datawithlabel_array=np.array(new_datawithlabel_list)
25   print(new_datawithlabel_array.shape)
```

```
26  data_D=preprocessing.StandardScaler().fit_transform(new_datawithlabel_
    array[:,:-1])
27  #(arry[:,:-1])按逆序展示,去掉了最后一列
28  data_L=new_datawithlabel_array[:,-1]
29  #将结果存档后续处理
30  new=np.column_stack((data_D,data_L))
31  new_=pd.DataFrame(new)
32  new_.to_csv('F:/data/Indian_pines_corrected.csv',header=False,index=
    False)
33  #生成 CSV 文件后,就可以直接对该文件进行操作了
34  print('Done')
35  #展示地物
36  colors = np.array ( sns.color _palette ( palette = " hls ", n _colors = np.max
    (output_image)+1))
37  colors[0]=[1,1,1]
38  h,w=output_image.shape
39  out_rgb=np.zeros((h,w,3))
40  for i in range(h):
41      for j in range(w):
42          out_rgb[i][j]=colors[int(output_image[i][j])]
43  plt.close()
44  plt.axis('off')
45  ax=plt.gca()
46  plt.imshow(out_rgb)
47  plt.savefig("./result/output_image.png")
48  plt.show()
```

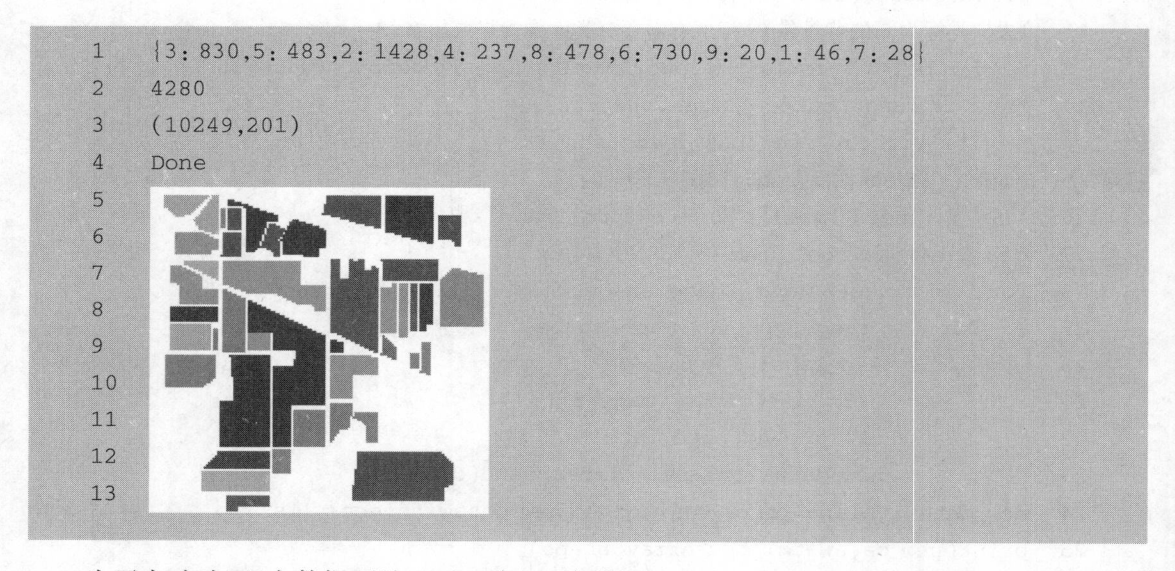

为了实验验证,在数据预处理过程中,可将数据切分为两部分:训练集、测试集。本实验将

数据集按照 8∶2 的比例切分训练集和测试集。

由于原始光谱中含有许多对光谱信息产生干扰的冗余信息，为了提高光谱处理的精度和性能，光谱预处理就显得十分重要。光谱预处理主要可以滤除噪声，实现光谱范围的优化和数据的筛选，消除其他因素对信息的影响。常用的光谱预处理方法有平滑、导数、归一化、多元散射校正、傅立叶变换、小波变换等。高光谱图像可以看作一个个三维的立方体，可以在数据预处理阶段采用主成分分析（principal components analysis，PCA）方法对数据进行降维，降低数据维度的同时，可以加快训练速度。虽然丢失了一定的光谱信息，但是保留了完整的空间信息。Python 中有 PCA 方法模块，其中“n_components”参数为保留降维后的特征数，可根据具体情况进行调节和设置。

示例代码：

```
1    #导入数据集
2    data=pd.read_csv('F:/data/Indian_pines_corrected.csv',header=None)
3    data=data.values
4    data_D=data[:,:-1]
5    data_L=data[:,-1]
6    #将训练数据与测试数据按照 8:2 的比例切分
7    data_train,data_test,label_train,label_test=train_test_split(data_D,
     data_L,test_size=0.2)
8    #使用 PCA 进行降维,保留 80 维特征
9    pca=PCA(n_components=80).fit(data_D)
10   X_train_pca=pca.transform(data_train)
11   X_test_pca=pca.transform(data_test)
```

4. 计算评价指标

评价指标用于对高光谱图像的分类结果进行客观评价。通常需要依据地面参考数据，评估分类结果的准确性。本节介绍常用的三个分类评价指标：整体分类精度、平均分类精度与 Kappa 系数。整体分类精度（overall accuracy，OA）表示分类结果与参考分类结果相一致的概率，而平均分类精度（average accuracy，AA）表示各个类别被正确分类的百分比的均值。Kappa 系数的优势在于，它考虑了不确定性对分类结果的影响。

通过自定义一个函数实现评价指标的计算，代码如下：

```
1    #定义计算准确率、混淆矩阵、Kappa 系数等指标的方法
2    def reports(X_test_ida,label_test):
3        pred=clf.predict(X_test_ida)
4        target_names=['Alfalfa','Corn-notill','Corn-mintill','Corn',
5                  'Grass-pasture','Grass-trees','Grass-pasture-mowed',
6                        'Hay-windrowed','Oats','Soybean-notill','Soybean-
                           mintill',
7                        'Soybean-clean','Wheat','Woods','Buildings-Grass-
                           Trees-Drives',
8                        'Stone-Steel-Towers']
9        classification=classification_report(label_test,pred,target_names=
         target_names,digits=4)
```

```
10      confusion=confusion_matrix(label_test,pred)
11        score=f1_score(label_test,pred,average='macro')
12        kappa=cohen_kappa_score(label_test,pred)*100
13      Test_accuracy=metrics.accuracy_score(label_test,pred)*100
14         return classification, confusion, Test _accuracy, target _names,
           kappa,score
```

5. 模型训练

在机器学习模型的开发过程中,希望训练好的模型能在新的、未见过的数据上表现良好。因此需要利用训练集建立预测模型,然后将这种训练好的模型应用于测试集上进行预测。根据模型在测试集上的表现来选择最佳模型。为了获得最佳模型,需要进行超参数优化。

超参数本质上是机器学习算法的参数,直接影响学习过程和预测性能。由于没有“一刀切”的超参数设置,可以适用于所有数据集,因此需要进行超参数优化,也称为超参数调整或模型调整。以支持向量机为例,需要优化的超参数是径向基函数(radial basis function,RBF)内核的C参数和gamma参数。C参数是一个限制过拟合的惩罚项,而gamma参数则控制RBF核的宽度。经过训练和调优后,可以将预训练的模型保存下来,方便后续调用而无须再次训练。代码如下:

```
1   t0=time()
2   #调用 SVM 库中的 SVC 进行分类,设置核函数、gamma 参数、C 惩罚参数
3   clf=SVC(kernel='rbf',gamma=0.1,C=100)
4   clf.fit(X_train_pca,label_train)
5   #存储训练好的模型,方便之后的调用
6   joblib.dump(clf,"model/rbf_indian_pines.m")
7   #调用 reports 方法获取分类结果等
8   classification,confusion,Test_accuracy,target_names,kappa,score=
9   reports(X_test_pca,label_test)
10  classification=str(classification)
11  confusion=str(confusion)
12  file_name='./report/rbf_indian_pines.txt'
13  withopen(file_name,'w') as x_file:
14      x_file.write('{} Test accuracy(%)'.format(Test_accuracy))
15      x_file.write('\n')
16      x_file.write('{} kappa accuracy(%)'.format(kappa))
17      x_file.write('\n')
18      x_file.write('\n')
19      x_file.write('{}'.format(classification))
20      x_file.write('\n')
21      x_file.write('{}'.format(confusion))
22  print("done in %0.3fs" %(time() - t0))
```

```
1   done in 2.802s
```

6. 模型预测

模型训练完成以后,需要对模型的分类效果进行预测,这个过程主要对训练的分类器进行评价,以检查模型是否得到有效的训练或是否可以完成任务。在实践中,我们经常会用到

Python 中的 predict( )方法进行预测。当使用 predict( )方法进行预测时，返回值是数值，表示样本属于每一个类别的概率。代码如下：

```
1    #数据准备
2    input_image = loadmat(' F: \data \Indian_pines_corrected.mat ')[' indian_
     pines_corrected']
3    output_image=loadmat(' F: \data \Indian_pines_gt.mat ')[' indian_pines_gt ']
4    testdata=np.genfromtxt(' F: \data \Indian_pines_corrected.csv ',delimiter=',')
5    data_test=testdata[:,:-1]
6    label_test=testdata[:,-1]
7    #对测试数据集进行 PCA 处理
8    pca=PCA(n_components=80).fit(data_test)
9    data_test_pca=pca.transform(data_test)
10   #加载训练好的模型
11   clf=joblib.load("model/rbf_indian_pines.m")
12   #调用 predict()函数进行预测
13   predict_label=clf.predict(data_test_pca)
14   #计算分类精度并打印
15   accuracy=metrics.accuracy_score(label_test,predict_label) *100
16   print(accuracy)
17   #将预测的结果匹配到图像中
18   new_show=np.zeros((output_image.shape[0],output_image.shape[1]))
19   k=0
20   for i in range(output_image.shape[0]):
21       for j in range(output_image.shape[1]):
22           if output_image[i][j] !=0:
23               new_show[i][j]=predict_label[k]
24               k+=1
25   print(predict_label)
26   #展示分类结果
27   colors = np.array ( sns.color _palette ( palette = " hls ", n _colors = np.max
     (output_image)+1))
28   colors[0]=[1,1,1]
29   h,w=output_image.shape
30   out_rgb=np.zeros((h,w,3))
31   for i in range(h):
32       for j in range(w):
33           out_rgb[i][j]=colors[int(new_show[i][j])]
34   plt.close()
35   plt.axis('off')
36   ax=plt.gca()
37   ax.get_xaxis().set_visible(False)
38   ax.get_yaxis().set_visible(False)
39   plt.imshow(out_rgb)
40   plt.savefig("./result/SRC.png")
41   plt.show()
```

输出结果如下：

地面实物参考图与分类效果图如图 9－23 所示。

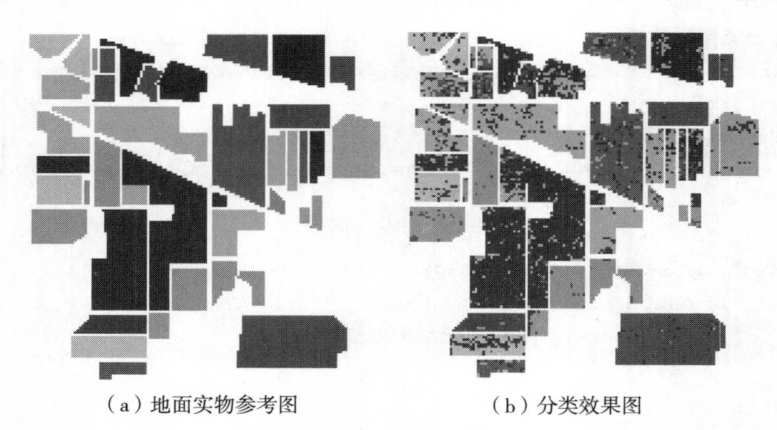

（a）地面实物参考图　　（b）分类效果图

图 9－23　SVM 分类对比图

图 9－23 是将 RBF 作为核函数的 SVM 算法分类对比图，其中图 9－23(a)是地面实物参考图，9－23(b)是分类效果图。可见 SVM 算法分类效果较好。通过不同的颜色，能够将不同类别区分开。分类结果中仍然有部分像素难以避免地被错误分类，如图 9－23(b)中心蓝色区域中的黄色散点等。值得注意的是，从每个类别看，SVM 分类算法在每个类别上差异较大，并不十分稳定，如图 9－23(b)左下角绿色与蓝色交错区域分类效果欠佳，而右下角紫红色区域分类效果较好。后续可以通过调整核函数、参数等继续提升分类性能。

7. 应用拓展

高光谱遥感数据光谱分辨率高、波段连续性强，能够获得地物在一定范围内连续的、精细的光谱曲线。正是由于高光谱遥感图像具有这样的特性，所以具有非常好的应用前景，其应用不仅仅局限于农作物分类。

在乡村振兴战略实施的大背景下，农业信息化是一条重要的途径。实现农业信息化对相关农业数据的获取和处理有着较高的要求，农业遥感技术可以实现对农田土壤、农作物长势状况等数据的快速获取，高光谱遥感技术可以获取不同区域的植被覆盖图、定量分析土壤成分、有效识别外来入侵的有害物种以及及时监测植物的营养情况,进而实现对农作物的长势预测、胁迫性分析、面积预估、灾害监测、产量估算,从而提出具有参考性的指导意见,达到增产增收的目的,更好地通过遥感技术促进我国农业的健康发展。

本章小结

本章立足于 Python 在数据分析、图像处理和人工智能等方面的基本应用认识与理解,通过应用案例方式向读者介绍应用问题相关知识、实现技术和编程实现方法,使读者理解 Python 程序设计在解决实际问题中的应用。通过上机实验验证,达到应用 Python 库及函数的功能,掌握 Python 在应用问题中求解的方法和拓展 Python 程序设计解决应用问题的能力。

习　题

一、编程题

1. 根据 9.1 节数据分析相关内容,结合自身专业,尝试利用 Python 解决本专业中的数据分析问题。

2. 根据 9.2 节图像处理相关内容,请选择一张包含人脸的图像文件,尝试编程对图像进行人脸区域的检测。

二、简答题

1. 总结基于 KNN 葡萄酒识别编程实现的方法和步骤。

2. 简要说明基于遥感图像的农作物分类实现的方法和步骤,并说明每个操作步骤的作用。

实验指导

一、实验目的

本实验要求对数据分析、图像处理和分类算法 KNN 有初步的了解,能够正确安装、配置 Jupyter Notebook 开发环境,并对相应的第三方库进行管理和使用。本章设置验证性实验内容,要求对本章节部分代码进行调试和验证。

二、实验任务

(1)安装并配置 Jupyter Notebook 开发环境。

(2)安装数据分析、图像处理和机器学习常用的第三方库。

(3)上机调试和验证本章中的案例程序。

(4)完成习题中编程题目的代码编写,进行调试和结果验证。

三、实验过程与步骤

(1)根据 9.1.1 开发环境配置相关内容,完成 Jupyter Notebook 环境的配置。

(2)使用 pip 命令安装如下第三方库(默认安装最新版本的第三方库):

```
pip install numpy
pip install pandas
pip install matplotlib
pip install scikit-learn
pip install opencv-python
```

（3）调试和验证本章中的案例程序。其中，9.1.3 数据分析案例之航空公司客户价值分析使用的数据集参考下载地址：

https://www.heywhale.com/mw/dataset/5e99aa88ebb37f002c60a074/content

（4）完成习题中编程题目的代码编写，进行调试和结果验证。

参考文献

陈波,刘慧君,2020. Python 编程基础及应用[M]. 北京:高等教育出版社.
董付国,2018. Python 程序设计基础[M]. 2 版. 北京:清华大学出版社.
范浩,等,2020. Python 程序设计基础与实践[M]. 武汉:武汉大学出版社.
龚才春,2021. 模型思维:简化世界的人工智能模型[M]. 北京:电子工业出版社.
黄蔚,2020. Python 程序设计[M]. 北京:清华大学出版社.
郎波,2016. Java 语言程序设计[M]. 北京:清华大学出版社.
李春葆,2020. 数据结构教程(Python 语言描述) [M]. 北京:清华大学出版社.
李书琴,孙健敏,2014. Visual Basic 6.0 程序设计基础教程[M]. 北京:中国农业出版社.
刘鹏,张燕,2019. Python 语言[M]. 北京:清华大学出版社.
明日科技,2018. 零基础学 Python[M]. 长春:吉林大学出版社.
潘中强,薛燚,2019. Python 3.7 编程快速入门[M]. 北京:清华大学出版社.
千峰教育,2022. 数据结构与算法(C 语言篇)[M]. 北京:人民邮电出版社.
秦小文,温志芳,乔维维,2011. 基于 OpenCV 的图像处理[J]. 电子测试(07):39-41.
裘宗燕,2017. 从问题到程序:用 Python 学编程和计算[M]. 北京:机械工业出版社.
嵩天,礼欣,黄天羽,2019. Python 语言程序设计基础[M]. 2 版. 北京:高等教育出版社.
谭浩强,2020. C++面向对象程序设计[M]. 北京:清华大学出版社.
唐培和,徐奕奕,2015. 计算思维:计算学科导论[M]. 北京:电子工业出版社.
王凯,王志,等,2019. Python 语言程序设计[M]. 北京:机械工业出版社.
王学颖,2019. Python 学习——从入门到实践[M]. 北京:清华大学出版社.
小甲鱼,2016. 零基础入门学习 Python[M]. 北京:清华大学出版社.
焉德军,2021. Python 语言设计入门[M]. 北京:清华大学出版社.
杨年华,柳青,郑戟明,2019. Python 程序设计教程[M]. 北京:清华大学出版社.
余本国,2017. Python 数据分析基础[M]. 北京:清华大学出版社.
岳亚伟,2020. 数字图像处理与 Python 实现[M]. 北京:人民邮电出版社.
张良均,2016. Python 数据分析与挖掘实战[M]. 北京:机械工业出版社.
张铮,徐超,任淑霞,等,2014. 数字图像处理与机器视觉:Visual C++与 Matlab 实现[M]. 2 版. 北京:人民邮电出版社.
赵广辉,2021. Python 程序设计基础[M]. 北京:高等教育出版社.
赵璐,2019. Python 语言程序设计教程[M]. 上海:上海交通大学出版社.
ALLEN B. DOWNEY,2016. 像计算机科学家一样思考 Python[M]. 2 版. 赵普明,译. 北京:人民邮电出版社.
DAVID BEAZLEY, BRIAN K. JONES,2015. Python Cookbook 中文版[M]. 3 版. 陈舸,译. 北京:人民邮电出版社.
DUSTY PHILLIPS,2018. Python3 面向对象编程[M]. 北京:电子工业出版社.
MAGNUS LIEHETLAND,2018. Python 基础教程[M]. 3 版. 袁国忠,译. 北京:人民邮电出版社.
WES MCKINNEY,2014. 利用 Python 进行数据分析[M]. 北京:机械工业出版社.

附录1

开发环境安装配置

1. Anaconda 简介

高级程序设计语言 Python 功能强大、应用广泛的原因是其拥有数量庞大且功能相对完善的标准库和第三方库，但管理这些数量庞大的库，并解决其依赖关系，却是一件令人非常头痛的事情。

Python 初学者在直接用“pip install”命令安装深度学习、数据挖掘、语音识别等开发环境时，会遇到冗长的软件安装列表、复杂的软件版本依赖关系，这些都让人头痛不已，极大地打击了学习者的热情。

Anaconda 是 Python 库和虚拟环境的管理工具，让 Python 使用者能方便快捷地管理 Python 运行的虚拟环境和开发应用需要的各种库，并且不用考虑各种库之间的软件版本依赖关系。

1.1 下载并安装 Anaconda

下载并安装 Anaconda，具体步骤如下：

第一步，从 Anaconda 官网下载 Anaconda 安装文件。Anaconda 一直在升级更新，读者看到的版本可能会与本书不同，这里下载的是 Python 3. x 的 64 位安装包，如附图 1-1 所示。

Individual Edition

Your data science toolkit

With over 25 million users worldwide, the open-source Individual Edition (Distribution) is the easiest way to perform Python/R data science and machine learning on a single machine. Developed for solo practitioners, it is the toolkit that equips you to work with thousands of open-source packages and libraries.

附图 1-1　下载 Anaconda

第二步，双击 Anaconda 安装文件安装 Anaconda。在用户选项页面选择 Just Me 或 All Users（本书选择 Just Me），然后单击 Next 按钮，如附图 1－2 所示。

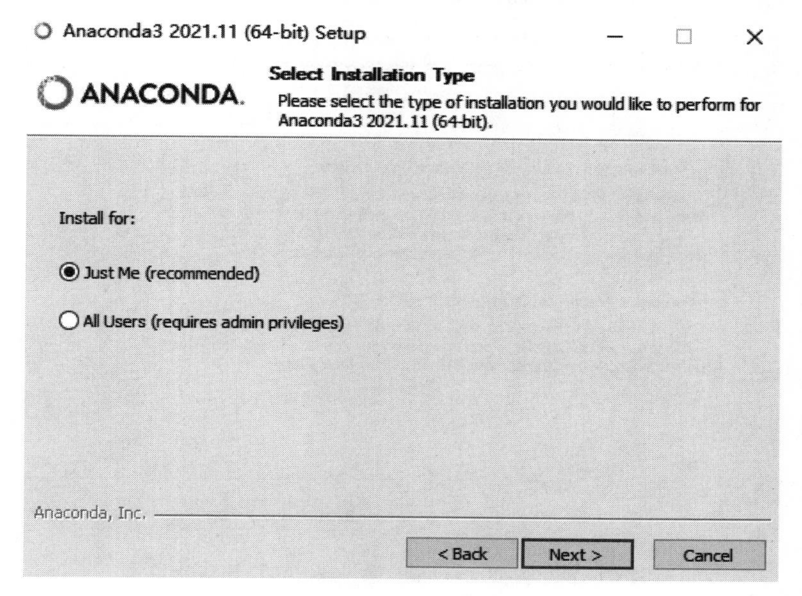

附图 1－2　用户选项页面

第三步，在安装路径设置页面，保持默认设置，然后单击 Next 按钮，如附图 1－3 所示。

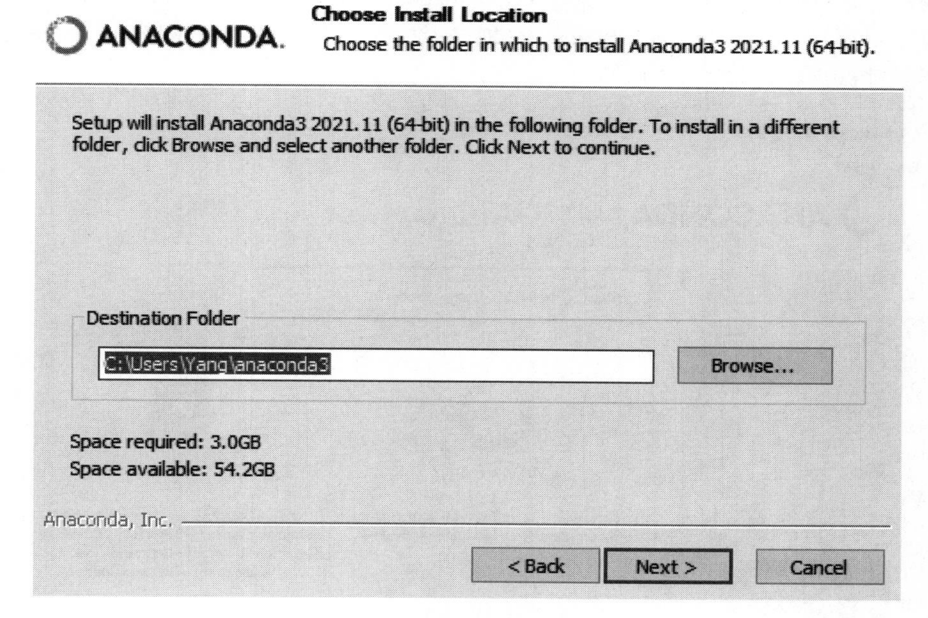

附图 1－3　安装路径设置页面

第四步，进入高级安装选项页面，勾选 Add Anaconda 3 to my PATH environment variable 复选框，添加 Anaconda 路径到 Windows PATH 环境变量，这样让 Anaconda 成为 Windows 系统默

认的 Python 运行版本，然后单击 Install 按钮，完成 Anaconda 的安装，如附图 1-4 所示。

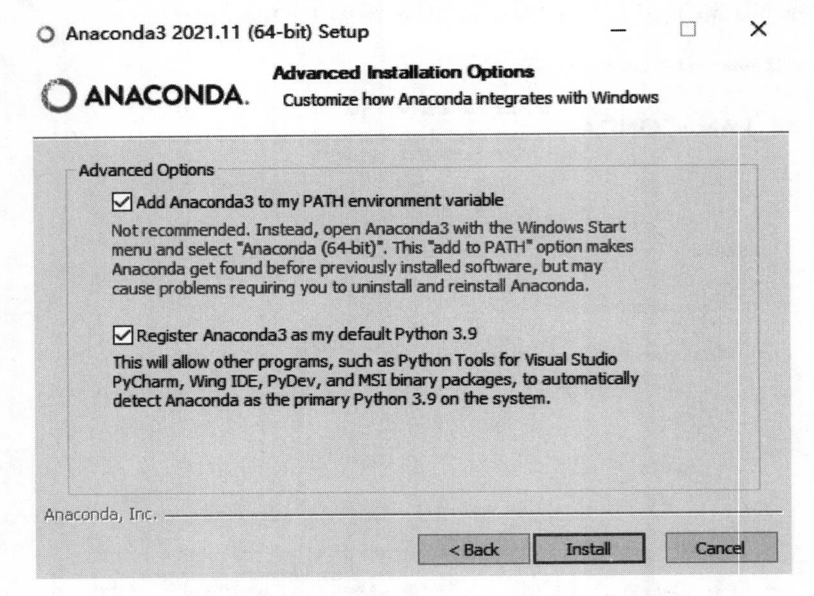

附图 1-4　添加 Anaconda 路径到 PATH 环境变量

1.2 测试 Anaconda

安装完毕后，从 Windows“开始”菜单启动 Anaconda Navigator，在 Home 选项卡处，可以看到当前的应用程序是运行在 base（root）虚拟环境上的，如附图 1-5 所示。base（root）是 Anaconda 的默认虚拟环境。

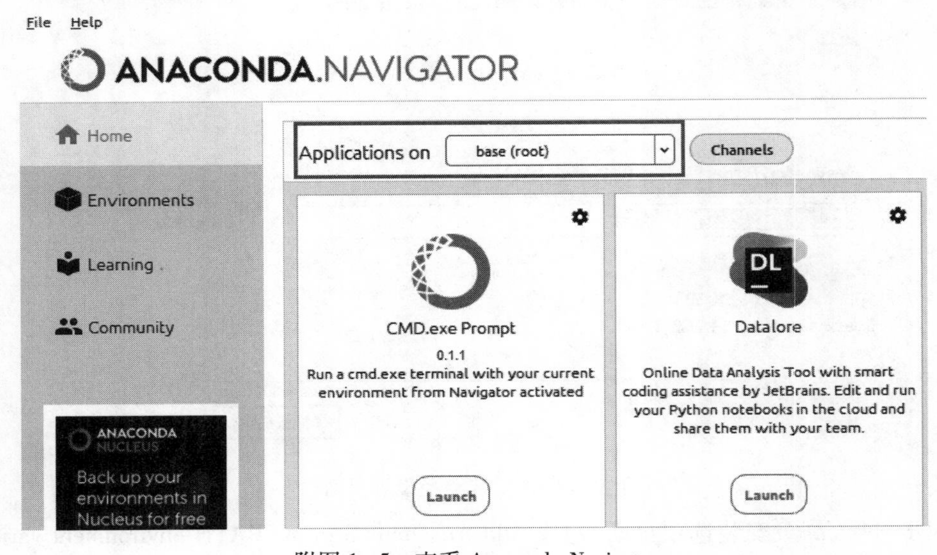

附图 1-5　查看 Anaconda Navigator

在 Environments 选项卡中，用鼠标左键单击绿色箭头，在弹出的菜单中选择 Open with Python，如附图 1－6 所示。

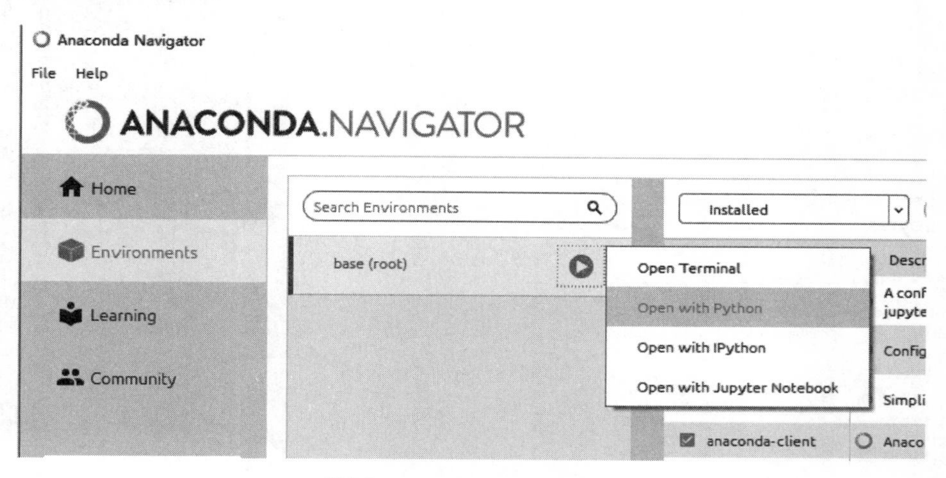

附图 1－6　Open with Python

在弹出的 Windows 命令窗口中，输入代码并运行，结果如附图 1－7 所示，这说明 Anaconda 环境部署成功了。

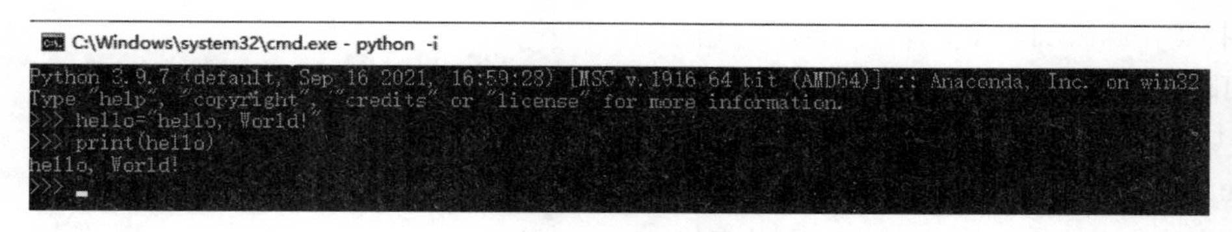

附图 1－7　在 Windows 命令窗口输入代码并运行

Anaconda 中集成了 Jupyter Notebook，它是一个交互式笔记本，支持运行 40 多种编程语言。在 Anaconda Navigator 窗口 Home 选项卡中，选择 Jupyter Notebook，单击 Launch 按钮，如附图 1－8 所示，浏览器中会出现如附图 1－9 所示的画面。在 Windows 下也可以从“开始”菜单中找到 Anaconda，然后单击 Jupyter Notebook(anaconda3)运行，如附图 1－10 所示。

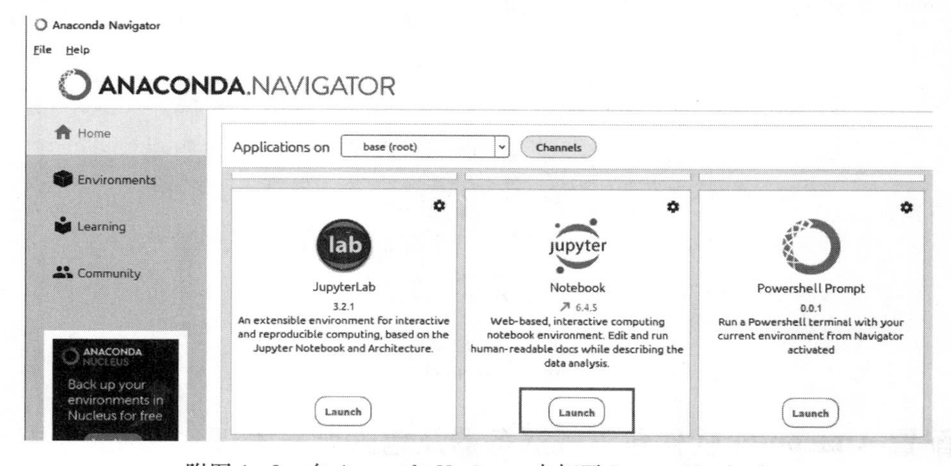

附图 1－8　在 Anaconda Navigator 中打开 Jupyter Notebook

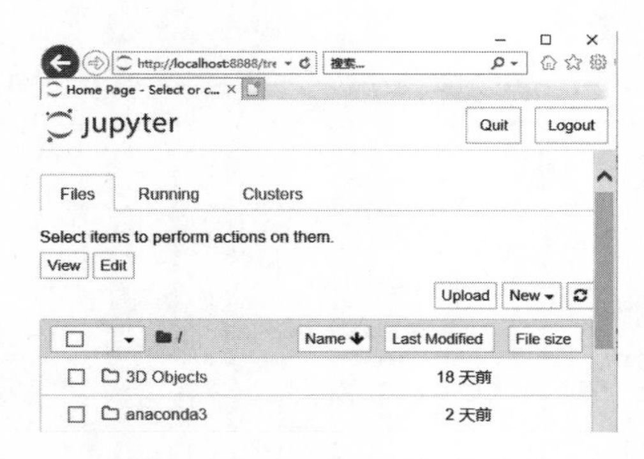

附图 1-9　Jupyter Notebook 界面

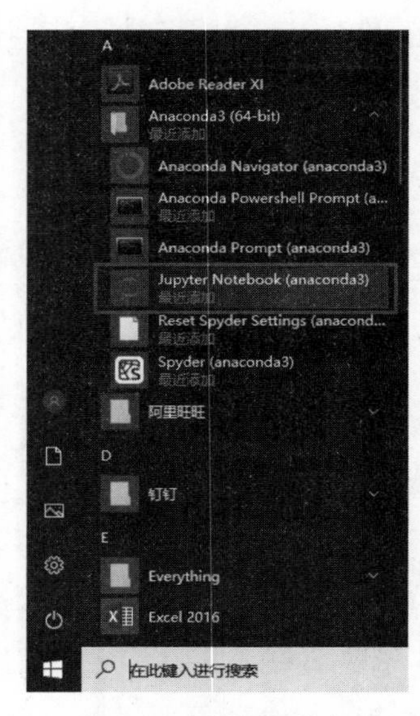

附图 1-10　从“开始”菜单启动 Jupyter Notebook

在 Jupyter Notebook 中展开右上角菜单 New，选择 Python 3，即可新建一个编写代码的页面，如附图 1-11 所示。然后在网页窗口中的 In 区域输入 1+2，最后按 Shift+Enter 键，这时在 Out 区域可以看到运行结果为 3，如附图 1-12所示。在 Jupyter Notebook 中可以多次编辑 Cell（代码单元格），在实际开发中，为了得到最好的效果，编程者往往会对测试数据使用不同的方法进行解析与探索，因此 Cell 的迭代分析数据功能变得特别有用。如果读者想对 Jupyter Notebook 进行更深入的了解，可以访问官方文档。

附图 1-11　在 Jupyter Notebook 中新建 Python3

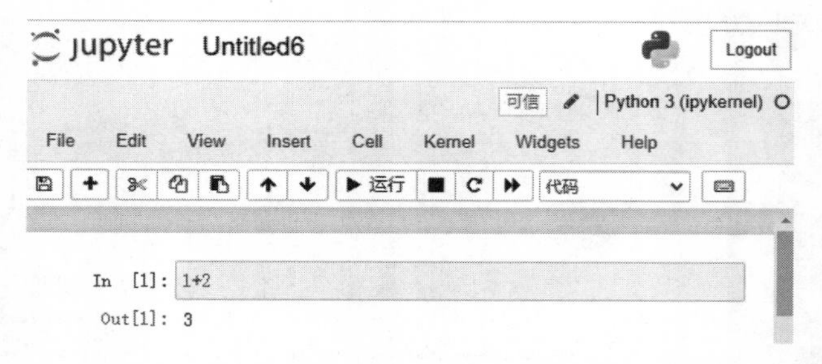

附图 1-12　在 Jupyter Notebook 中输入代码并运行

1.3　配置 Anaconda 软件包下载服务器及包安装与管理

Anaconda 软件包下载服务器的默认地址在国外，因此导致软件包下载速度不太稳定，有时较慢。软件包下载速度慢是导致 Anaconda 软件包安装失败的主要原因。解决办法是将 Anaconda 的下载服务器配置为清华大学开源软件镜像站,具体步骤如下:

第一步,在 Windows“开始”菜单中单击 Anaconda3(64-bit)下的 Anaconda Prompt(anaconda3),如附图 1-13 所示,启动 Anaconda 命令行终端。

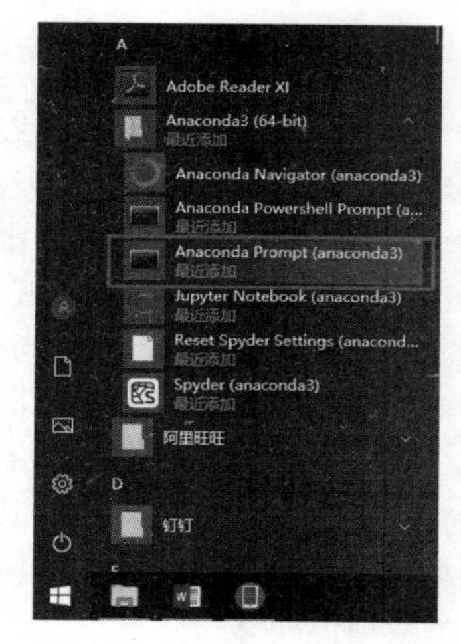

附图 1-13　启动 Anaconda Prompt (anaconda3)

第二步,在 Anaconda Prompt 中分别运行以下两条命令:

```
conda config --add channels https://mirrors.tuna.tsinghua.edu.cn/anaconda/pkgs/free/
conda config --set show_channel_urls yes
```

conda 是一个工具,也是一个可执行命令,其核心功能是包的管理与环境管理,它支持多种语言,因此用其来管理 Python 包也是绰绰有余的。这里注意区分一下 conda 和 pip,pip 可以在任何环境中安装 Python 包,而 conda 则可以在 conda 环境中安装任何语言包。因为 Anaconda 中集成了 conda,因此可以直接使用 conda 进行包和环境的管理。

conda 对包的管理都是通过命令行来实现的,若想要安装包,那么在终端中输入 conda install package_name 即可。例如,要安装 Numpy,输入如下代码:

```
conda install numpy
```

编程者可以同时安装多个包。类似 conda install numpy scipy pandas 的命令会同时安装所有这些包,也可以通过添加版本号,如 conda install numpy=1.10,来指定所需的包版本。

conda 还会自动安装依赖项。例如 Scipy 依赖于 Numpy,如果只安装 Scipy(conda install scipy),则 conda 还会安装 Numpy(如果尚未安装的话)。

conda 的大多数命令都是很直观的。要卸载包,请使用 conda remove package_name;要更新包,请使用 conda update package_name;如果想更新环境中的所有包(这样做常常很有用),请使用 conda update-all;最后,要想列出已安装的包,请使用前面提过的 conda list。

如果不知道要找的包的确切名称,可以尝试使用 conda search search_term 进行搜索。例如,编程者想安装 Beautiful Soup,但不清楚包的具体名称,可以尝试执行 conda search beautifulsoup,结果如附图 1-14 所示。

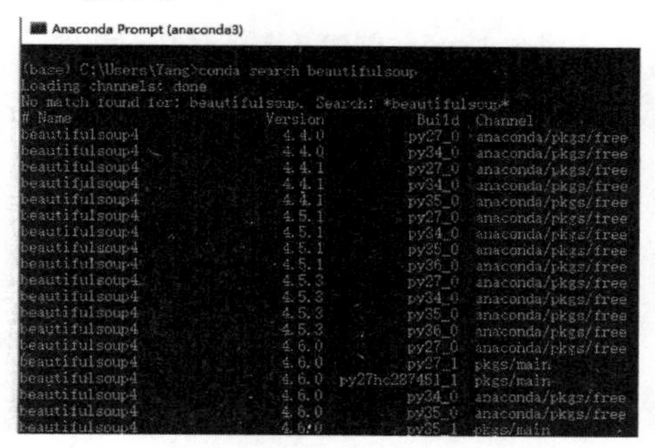

附图 1-14　通过 conda 搜索 beautifulsoup

1.4 配置虚拟环境

由于 Anaconda 的默认虚拟环境 base(root)中已安装的软件包太多,且这是唯一默认的虚拟环境,不能删除(remove),因此当编程者在开展某领域专项研究时,如深度学习等,需要搭建一个专门的虚拟环境,在这个虚拟环境中安装需要的软件包。当在这个虚拟环境安装软件包的过程中出现重大错误导致开发环境崩溃,或者不想继续使用这个虚拟环境时,可以一键删除。编程者可以针对不同的问题配置不同的虚拟环境,它们之间相互独立、互不干扰。

创建与配置 Anaconda 虚拟环境的具体步骤如下:

第一步,从 Windows“开始”菜单启动 Anaconda Navigator,在 Environments 选项卡处单击 Create 按钮,创建一个新的虚拟环境,如命名为 tf_gpu,tf 是 TensorFlow 约定俗成的简称,gpu 表明这个虚拟环境安装的是 TensorFlow GPU 版本,而不是 CPU 版本。读者也可以按自己的习惯命名该虚拟环境。

第二步,在弹出的 Creat new environment 窗口中,选择合适的 Python 版本,单击 Create 按钮,完成 tf_gpu 虚拟环境的创建和配置工作,如附图 1-15 所示。

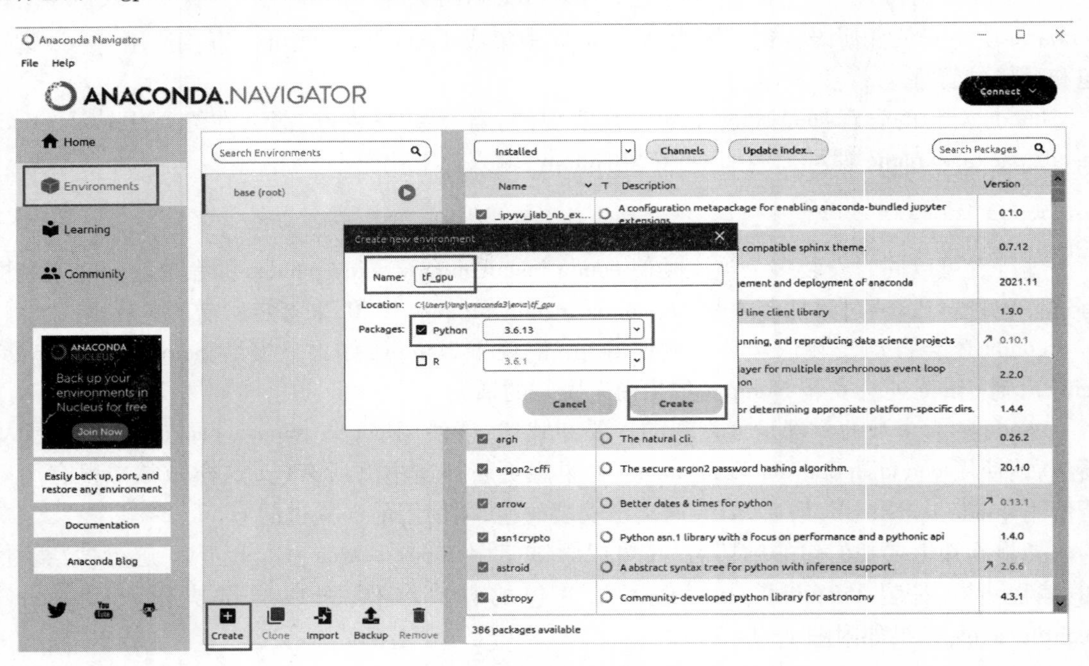

附图 1-15 创建 tf_gpu 虚拟环境

除了使用 Anaconda Navigator 搭建虚拟环境外,也可以使用 conda 命令配置不同的虚拟环境。在 Anaconda Prompt 中分别运行以下命令:

```
conda create -n basic_env python=3.7      #创建一个名为 basic_env 的环境
source activate basic_env                 #激活这个环境——Linux 和 Macos 代码
activate basic_env                        #激活这个环境——Windows 代码
```

读者可以查看 Anaconda 用户手册和 conda 命令速查手册,进一步熟悉关于 Anaconda 和 conda 命令更详细的内容。

2. PyCharm 简介

PyCharm 是一种 Python IDE(integrated development environment,集成开发环境),带有一整套可以帮助用户在使用 Python 语言开发时提高其效率的工具,比如调试、语法高亮、项目管理、代码跳转、智能提示、自动完成、单元测试、版本控制等。此外,该 IDE 提供了一些高级功能,以用于支持 Django 框架下的专业 Web 开发。

2.1　下载并安装 PyCharm

下载并安装 PyCharm,具体步骤如下:

第一步,从 PyCharm 官网上下载 PyCharm 安装文件。PyCharm 分为 Professional 和 Community 两个版本,Professional 版本提供 PyCharm 所有的功能,虽然是付费的,但是可以试用一个月,Community 版本是免费的,虽然功能相对较少,但可以满足初学者的需要。在 Windows 操作系统下,下载 Community 版本安装包,如附图 1 - 16 所示。

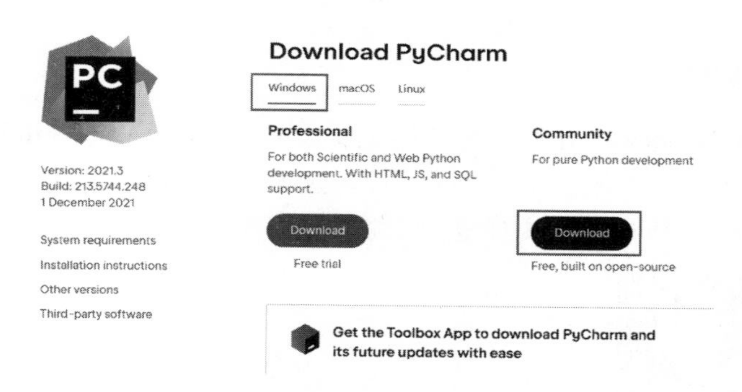

附图 1 - 16　下载 Community 版本的 PyCharm

第二步,双击 PyCharm 安装文件安装 PyCharm。在安装路径设置页面,保持默认设置,然后单击 Next 按钮,如附图 1 - 17 所示。

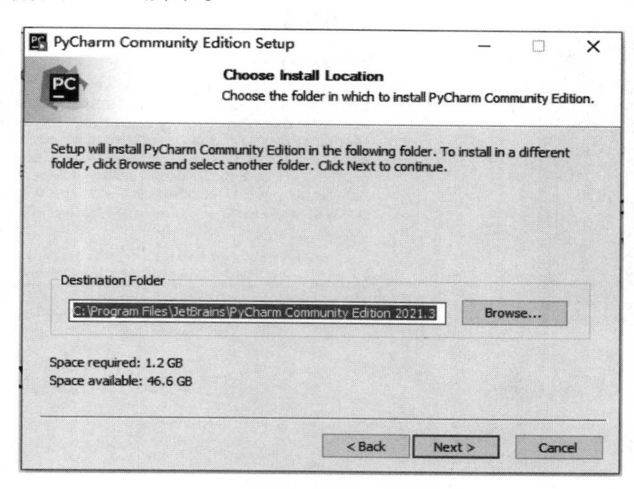

附图 1 - 17　路径保持默认

第四步，进入高级安装选项页面，勾选对应选项，如附图 1 - 18 所示，依次单击 Next 和 Install 按钮，完成 PyCharm 的安装。

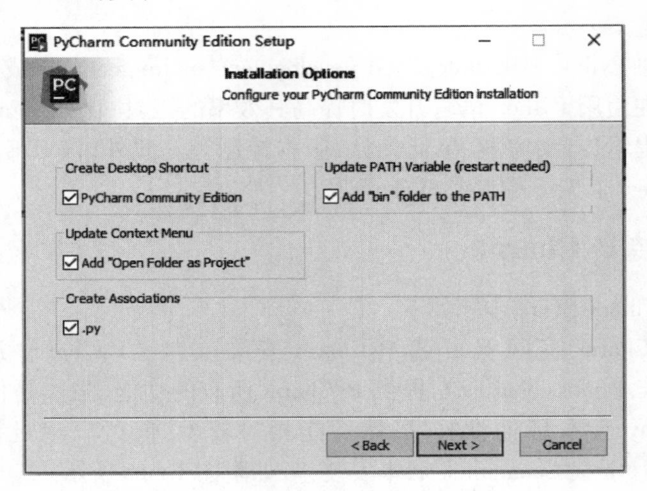

附图 1 - 18　PyCharm 高级安装选项设置

2.2　测试 PyCharm

安装完毕后，从 Windows“开始”菜单启动 PyCharm Community Edition 2021.3，如附图 1 - 19所示。初次启动时，会弹出用户同意书，勾选确认项，如附图 1 - 20 所示。然后单击 Continue 按钮，最后单击 Don't Send 按钮，如附图 1 - 21 所示。

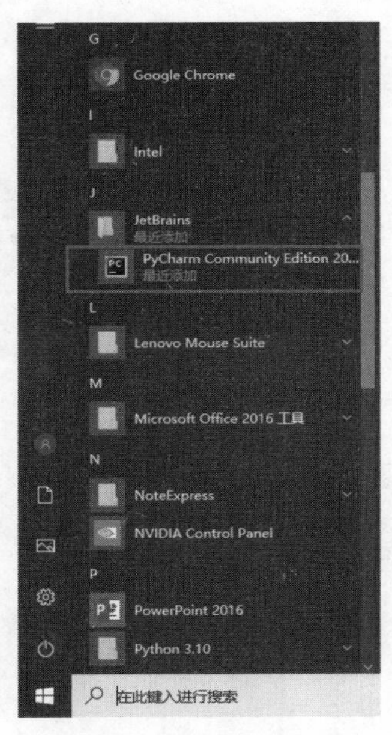

附图 1 - 19　从“开始”菜单启动 PyCharm

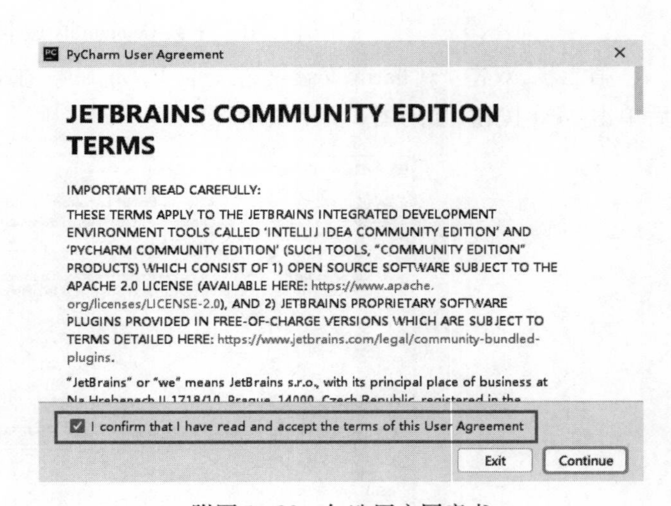

附图 1 - 20　勾选用户同意书

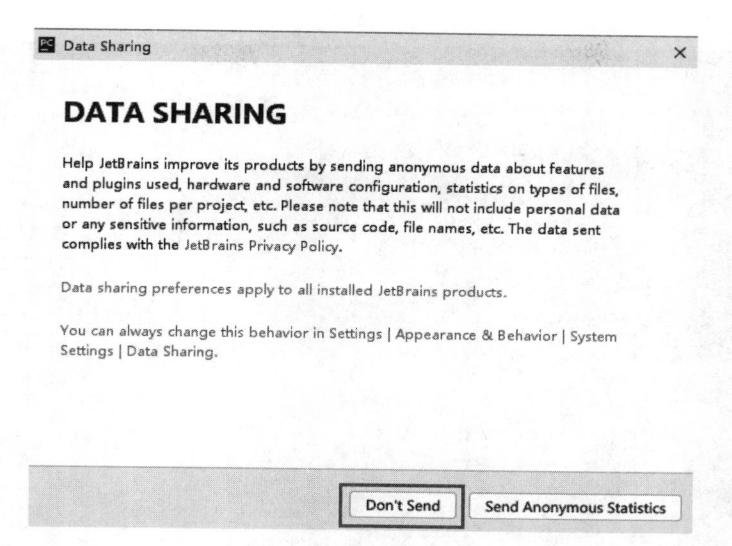

附图 1 - 21　数据分享发送

PyCharm 仅仅是一个用来编写代码的工具，若要执行 Python 代码，需要将其与指定的 Python 环境关联起来，这里推荐将 PyCharm 与 Anaconda 中的 Python 环境关联上，这样才能保证代码正常执行。

首先新建一个工程，如附图 1 - 22 所示。一个工程(project)其实就是一个文件夹，是在实际项目开发中常用的一个概念，主要为完成一个具体任务而创建。然后为创建的工程关联一个 Python 解释器(重要)，此处我们选择 Anaconda 中集成的 Python. exe 作为解释器，如附图 1 - 23 和附图 1 - 24 所示，最终完成工程的建立，如附图 1 - 25 所示。

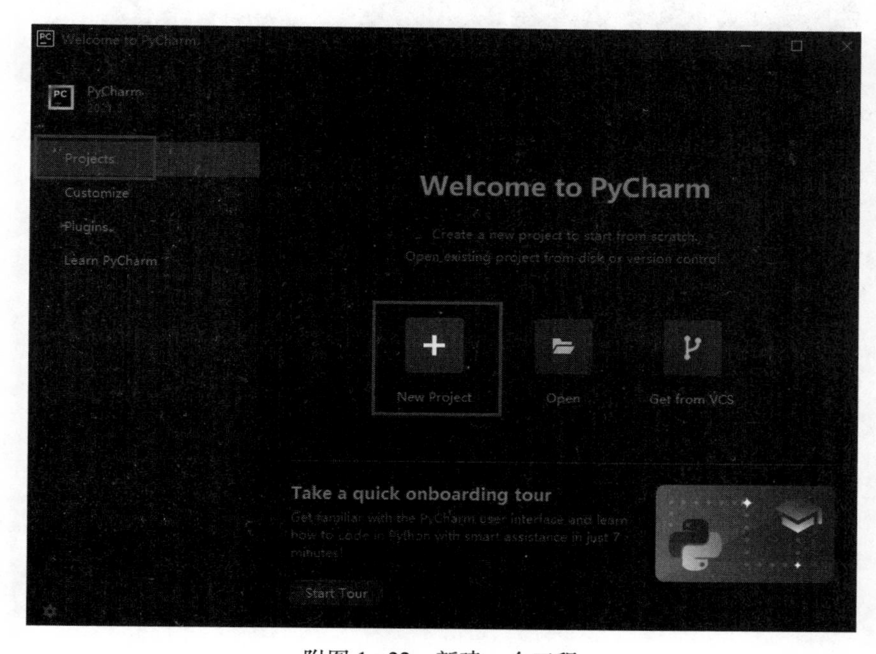

附图 1 - 22　新建一个工程

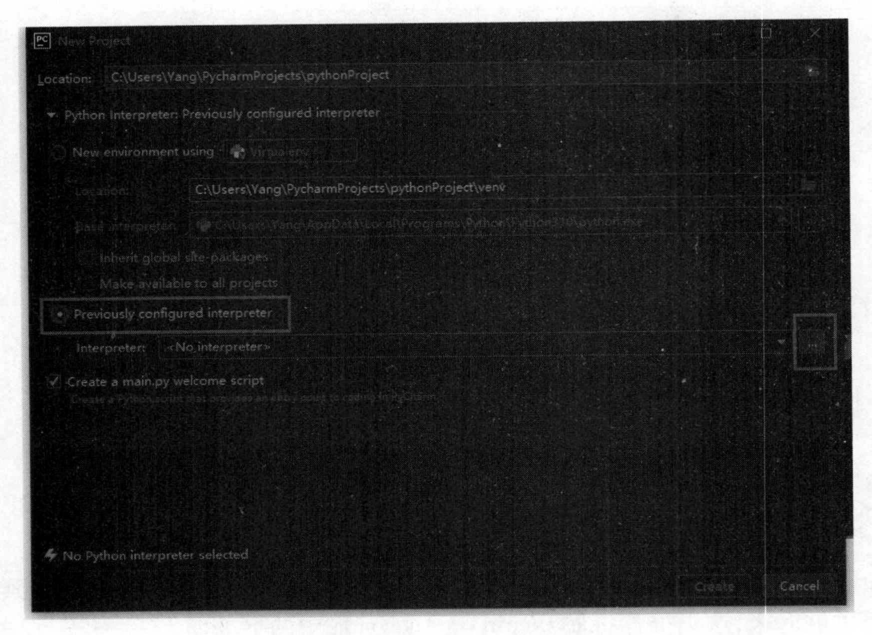

附图 1-23　选择已经配置好的解释器

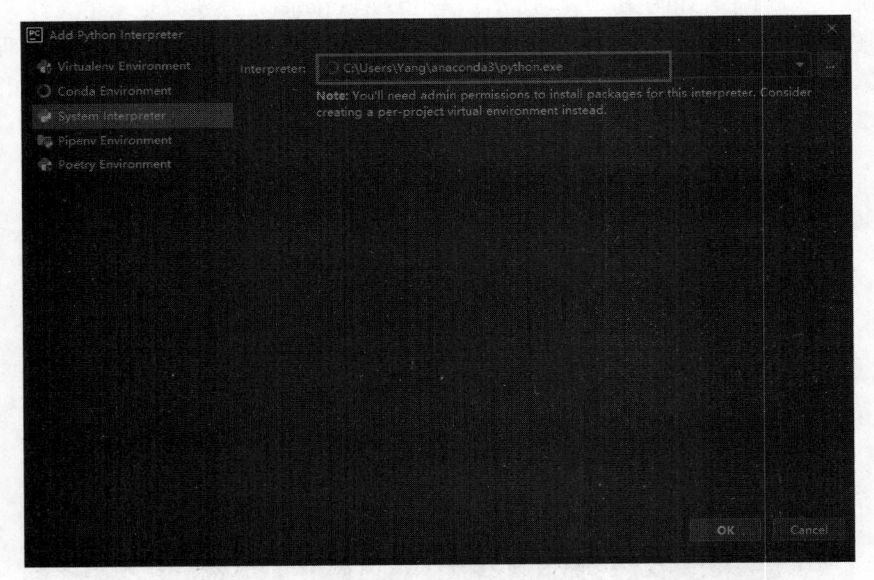

附图 1-24　选择 Anaconda 中的 Python 解释器

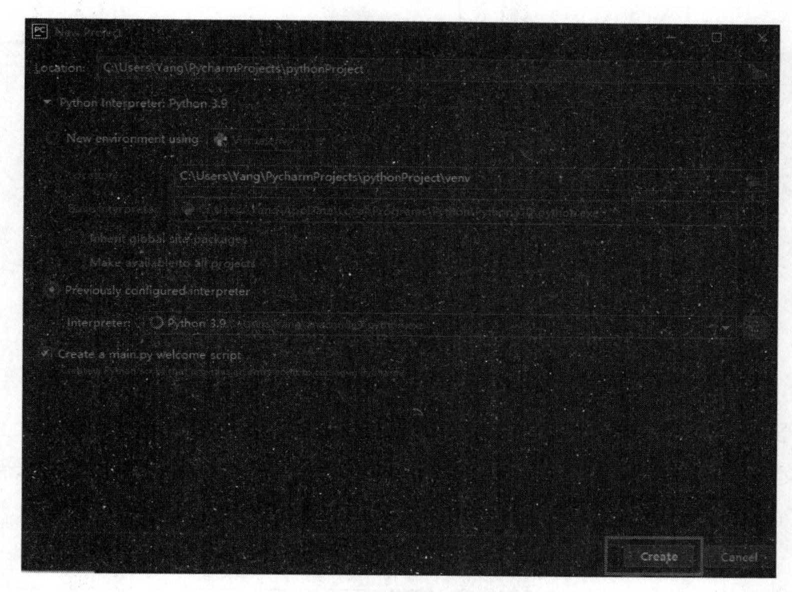

附图 1-25　完成工程的建立

附录 2

math 库常用函数

Python 语言中数值计算标准函数库 math 提供了 40 多个函数，这些函数仅支持整数和浮点数运算，不支持复数类型数据的运算。另外，math 库中的函数不能直接使用，需要用关键字 import 引用后才能使用。math 库的常用库函数如附表 2 - 1 所示。

附表 2 - 1　math 库的常用库函数

序号	函数	说明	实例
1	math. degrees(x)	弧度转度	>>>math. degrees(math. pi) 180. 0
2	math. radians(x)	度转弧度	>>>math. radians(45) 0. 7853981633974483
3	math. exp(x)	返回 e 的 x 次方	>>>math. exp(2) 7. 38905609893065
4	math. expm1(x)	返回 e 的 x 次方减 1	>>>math. expm1(2) 6. 38905609893065

5	math. log(x[, base])	返回 x 的以 base 为底的对数，base 默认为 e	>>> math. log(math. e)
			1. 0
			>>> math. log(2, 10)
			0. 30102999566398114

6	math. log10(x)	返回 x 的以 10 为底的对数	>>> math. log10(2) 0. 30102999566398114
7	math. log1p(x)	返回 1+x 的自然对数(以 e 为底)	>>> math. log1p(math. e-1) 1. 0
8	math. pow(x, y)	返回 x 的 y 次方	>>>math. pow(5,3) 125. 0
9	math. sqrt(x)	返回 x 的平方根	>>>math. sqrt(3) 1. 7320508075688772
10	math. ceil(x)	返回不小于 x 的整数	>>>math. ceil(5. 2) 6. 0
11	math. floor(x)	返回不大于 x 的整数	>>>math. floor(5. 8) 5. 0
12	math. trunc(x)	返回 x 的整数部分	>>>math. trunc(5. 8) 5

（续）

序号	函数	说明	实例
13	math. modf(x)	返回 x 的小数和整数	>>>math. modf(5. 2) (0. 20000000000000018, 5. 0)
14	math. fabs(x)	返回 x 的绝对值	>>>math. fabs(-5) 5. 0
15	math. fmod(x, y)	返回 x%y(取余)	>>>math. fmod(5,2) 1. 0

16	math. fsum([x, y, ...])	返回无损精度的和	>>> 0. 1+0. 2+0. 3
			0. 6000000000000001
			>>> math. fsum([0. 1,0. 2, 0. 3])
			0. 6

17	math. factorial(x)	返回 x 的阶乘	>>>math. factorial(5) 120
18	math. isinf(x)	若 x 为无穷大,返回 True;否则,返回 False	>>>math. isinf(1. 0e+308) False >>> math. isinf(1. 0e+309) True
19	math. isnan(x)	若 x 不是数字,返回 True;否则,返回 False	>>>math. isnan(1. 2e3) False
20	math. hypot(x, y)	返回以 x 和 y 为直角边的斜边长	>>>math. hypot(3,4) 5. 0
21	math. copysign(x, y)	若 y<0,返回-1 乘以 x 的绝对值;否则,返回 x 的绝对值	>>>math. copysign(5. 2, -1) -5. 2
22	math. frexp(x)	返回 m 和 i,满足 m 乘以 2 的 i 次方	>>>math. frexp(3) (0. 75, 2)
23	math. ldexp(m, i)	返回 m 乘以 2 的 i 次方	>>>math. ldexp(0. 75, 2) 3. 0
24	math. sin(x)	返回 x(弧度)的三角正弦值	>>>math. sin(math. radians(30)) 0. 49999999999999994
25	math. asin(x)	返回 x 的反三角正弦值	>>>math. asin(0. 5) 0. 5235987755982989
26	math. cos(x)	返回 x(弧度)的三角余弦值	>>>math. cos(math. radians(45)) 0. 7071067811865476
27	math. acos(x)	返回 x 的反三角余弦值	>>>math. acos(math. sqrt(2)/ 2) 0. 7853981633974483
28	math. tan(x)	返回 x(弧度)的三角正切值	>>>math. tan(math. radians(60)) 1. 7320508075688767
29	math. atan(x)	返回 x 的反三角正切值	>>>math. atan(1. 7320508075688767) 1. 0471975511965976
30	math. atan2(x, y)	返回 x/y 的反三角正切值	>>>math. atan2(2,1) 1. 1071487177940904

（续）

序号	函数	说明	实例
31	math. sinh(x)	返回 x 的双曲正弦函数	>>>math. sinh(4. 5) 45. 003011151991785
32	math. asinh(x)	返回 x 的反双曲正弦函数	>>>math. asinh(45. 003011151991785) 4. 5
33	math. cosh(x)	返回 x 的双曲余弦函数	>>>math. cosh(4. 5) 45. 014120148530026
34	math. acosh(x)	返回 x 的反双曲余弦函数	>>> math. acosh(45. 014120148530026) 4. 5
35	math. tanh(x)	返回 x 的双曲正切函数	>>>math. tanh(-100) -1. 0
36	math. atanh(x)	返回 x 的反双曲正切函数	>>>math. atanh(0. 25) 0. 25541281188299536
37	math. erf(x)	返回 x 的误差函数	>>>math. erf(0. 5) 0. 5204998778130465
38	math. erfc(x)	返回 x 的余误差函数	>>>math. erfc(0. 5) 0. 4795001221869534
39	math. gamma(x)	返回 x 的伽马函数	>>>math. gamma(1. 5) 0. 886226925452758
40	math. lgamma(x)	返回 x 的绝对值的自然对数的伽马函数	>>>math. lgamma(1. 5) -0. 12078223763524543

附录3

常见语法错误与异常

在调试程序时常常会出现报错信息，而这些报错信息大部分都有很明显的提示，具体到某行，会指出错误类型以及对错误有比较清晰的解释。调试程序遇到报错时常用的解决方法主要有两种，一种是先检查基础语法是否正确，例如变量名的拼写是否正确、变量名是否没定义就调用、缩进是否正确、函数方法是否用错、想引入的库是否安装等；另一种是复制报错信息，然后在网上的搜索引擎中进行查询，基本绝大多数报错信息都能在网上找到相关的解决方案。

1. 常见语法错误

语句本身的语法存在问题，例如，循环语句后面少了冒号、用了中文的标点符号、字符串赋值时少一个引号等，这些都属于非逻辑错误。附表3-1列举了由某种语法错误导致系统显示的错误信息。

附表3-1 常见错误信息和导致错误的原因

序号	错误信息	导致错误的原因
1	SyntaxError: invalid syntax	忘记在结构语句后面添加“:”； 应该使用“==”，而不是“=”； 尝试使用Python关键字作为变量名； 使用++、--操作符
2	SyntaxError: invalid character in identifier	for循环后面错误使用了中文字符冒号
3	IndentationError: unident does not match any outer indentation level IndentationError: expected an indented block	错误的缩进量
4	TypeError: ' list ' object cannot be interpreted as an integer	for循环语句中忘记调用len()函数
5	TypeError: ' str ' object does not support item assignment”	尝试修改string(字符串)的值，即试图修改不可变数据类型
6	TypeError: can;t convert ' int ' object implicitly	尝试连接非字符串
7	SyntaxError: EOL while scanning string literal	在字符串收尾处忘记加引号

（续）

序号	错误信息	导致错误的原因
8	NameError：name ' fooba ' is not defined	变量或者函数名拼写错误
9	AttributeError：' str ' object has no atrribute ' lowerr '	方法名拼写错误
10	IndexError：list index out of range	引用超过 list 的最大索引
11	KeyError：' spam '	使用不存在的字典键值
12	NameError：name ' foobar '	在一个定义新变量过程中使用增值操作符
13	UnboundlocalError：local variable ' foorbar ' referenced before assignment	定义局部变量前。在函数中使用局部变量（此时存在与局部变量同名的全局变量）
14	TypeError：' range ' object does not support item assignment	尝试使用 range( )创建整数列表
15	TypeError：myMethod ( ) takes no atguments (1given)	忘记为方法的第一个参数添加 self 参数

2. 常见异常

异常是在程序执行过程中发生的逻辑错误，大多数异常并不会被程序处理，此时会显示错误信息。例如，6/0，因为 0 不能作为除数，所以存在逻辑错误。在系统给出的错误信息中，会发现一个异常类型“ZeroDivisionError”，具体解释是 division by zero（除数为 0）。另外，可以使用 try-except-else-finally 结构捕获和处理异常。常见的异常名称及描述如附表 3 - 2 所示。

附表 3 - 2　常见异常名称及描述

序号	异常名称	描述
1	BaseException	所有异常的基类
2	SystemExit	解释器请求退出
3	KeyboardInterrupt	用户中断执行
4	Exception	常规错误的基类
5	StopIteration	迭代器没有更多的值
6	GeneratorExit	生成器（generator）发生异常时通知退出
7	StandardError	所有内建标准异常的基类
8	ArithmeticError	所有数值计算错误的基类
9	FloatingPointError	浮点数计算错误
10	OverflowError	数值运算超出最大限制
11	ZeroDivisionError	除（或取模）零（所有数据类型）
12	AssertionError	断言语句失败
13	AttributeError	对象没有这个属性
14	EOFError	没有内建输入，到达 EOF 标记
15	EnvironmentError	操作系统错误的基类

（续）

序号	异常名称	描述
16	IOError	输入输出操作失败
17	OSError	操作系统错误
18	WindowsError	系统调用失败
19	ImportError	导入模块/对象失败
20	LookupError	无效数据查询的基类
21	IndexError	序列中没有此索引(index)
22	KeyError	映射中没有这个键
23	MemoryError	内存溢出错误(对于 Python 解释器不是致命的)
24	NameError	未声明/初始化对象（没有属性）
25	UnboundLocalError	访问未初始化的本地变量
26	RuntimeError	一般的运行时错误
27	NotImplementedError	尚未实现的方法
28	SyntaxError	Python 语法错误
29	IndentationError	缩进错误
30	TabError	Tab 和空格混用
31	SystemError	一般的解释器系统错误
32	TypeError	对类型无效的操作
33	ValueError	传入无效的参数
34	UnicodeError	Unicode 相关的错误
35	UnicodeDecodeError	Unicode 解码时的错误
36	UnicodeEncodeError	Unicode 编码时的错误
37	UnicodeTranslateError	Unicode 转换时的错误
38	Warning	警告的基类
39	RuntimeWarning	可疑运行行为(runtime behavior)的警告
40	SyntaxWarning	可疑语法的警告
41	UserWarning	用户代码生成的警告

图书在版编目（CIP）数据

Python 程序设计/孙健敏，任国霞主编．—北京：中国农业出版社，2022.12（2024.12 重印）
全国高等农林院校“十三五”规划教材
ISBN 978-7-109-30367-6

Ⅰ.①P…　Ⅱ.①孙…②任…　Ⅲ.①软件工具-程序设计-高等学校-教材　Ⅳ.①TP311.561

中国国家版本馆 CIP 数据核字（2023）第 011419 号

中国农业出版社出版
地址：北京市朝阳区麦子店街 18 号楼
邮编：100125
责任编辑：李　晓
版式设计：王　晨　　责任校对：刘丽香
印刷：三河市国英印务有限公司
版次：2022 年 12 月第 1 版
印次：2024 年 12 月河北第 3 次印刷
发行：新华书店北京发行所
开本：787mm×1092mm　1/16
印张：17.75
字数：445 千字
定价：42.50 元
